Wi-Fi 6: from Beginner to Expert

Wi-Fi 6：入门到应用

唐宏　林国强　王鹏
张爱华　宋雪娜　叶何亮 ◎ 编著

人民邮电出版社
北京

图书在版编目（CIP）数据

Wi-Fi 6：入门到应用 / 唐宏等编著. -- 北京：人民邮电出版社，2021.2（2022.8重印）
ISBN 978-7-115-55517-5

Ⅰ. ①W… Ⅱ. ①唐… Ⅲ. ①无线网—基本知识 Ⅳ. ①TN92

中国版本图书馆CIP数据核字(2020)第241691号

内容提要

本书分为两个部分：第一部分主要介绍 Wi-Fi 6 的前世今生以及关键技术，包括 Wi-Fi 的发展历程和趋势、Wi-Fi 6 与 5G 的关系，以及 Wi-Fi 6 的 OFDMA、DL/UL MU-MIMO、1024QAM、空分复用及着色等主要技术特性，并介绍 Wi-Fi 6 在安全性能方面的进步和分布式网络部署的架构；第二部分主要介绍 Wi-Fi 6 的应用与测试，包括 Wi-Fi 6 的应用场景、设备测试的关键性能，从覆盖能力、吞吐量、时延、MU-MIMO 上下行增益、BSS 着色组网增益、TWT、安全等方面对部分主流厂商芯片的设备进行实际测试，并通过对实验室仿真和网络部署真实场景仿真的描述，详细地介绍 Wi-Fi 6 应用测试系统的关键能力，同时结合运营商开展 Wi-Fi 设备维护的经验，介绍 Wi-Fi 路由器远程管理的主要方式和技术手段，并对 Wi-Fi 6 设备需要增加的管理内容进行阐述。

本书既可以作为学习 Wi-Fi 6 的入门书籍，也可以为从事 Wi-Fi 设备和终端测试工作的技术人员提供参考。

◆ 编　　著　唐　宏　林国强　王　鹏　张爱华　宋雪娜　叶何亮
　责任编辑　吴娜达
　责任印制　陈　犇
◆ 人民邮电出版社出版发行　　北京市丰台区成寿寺路 11 号
　邮编　100164　　电子邮件　315@ptpress.com.cn
　网址　https://www.ptpress.com.cn
　北京虎彩文化传播有限公司印刷
◆ 开本：700×1000　1/16
　印张：13.25　　　　2021 年 2 月第 1 版
　字数：216 千字　　　2022 年 8 月北京第 6 次印刷

定价：89.00 元

读者服务热线：(010)81055493　印装质量热线：(010)81055316
反盗版热线：(010)81055315
广告经营许可证：京东市监广登字 20170147 号

前言

Wi-Fi 路由器对于越来越多的家庭而言已成为重要性仅次于水、电、天然气的基础设施。正如移动通信技术从 2G、3G 不断演进到 4G、5G 一样，Wi-Fi 技术从问世初期的 IEEE 802.11a 逐步演进到 IEEE 802.11ax。Wi-Fi 联盟在 2018 年 10 月将 Wi-Fi 技术标准体系的命名从原来的 IEEE 802.11n、IEEE 802.11ac、IEEE 802.11ax 改为 Wi-Fi 4、Wi-Fi 5、Wi-Fi 6，可见 Wi-Fi 技术将会不断地发展下去，未来我们还会遇到 Wi-Fi 7、Wi-Fi 8 等。移动通信和终端技术的进步为个人用户带来了丰富的业务和应用，作为移动通信的一份子，Wi-Fi 技术的进步将为家庭和企业提供更快捷、更广泛、更安全的连接。自从 2019 年 9 月 Wi-Fi 联盟正式启动 Wi-Fi 6 认证计划以来，Wi-Fi 6 已逐渐成熟，越来越多的 Wi-Fi 6 产品开始出现在人们的视野中，价格也将会越来越亲民。虽然很多家庭目前仍在使用 Wi-Fi 4 路由器，但正如 Wi-Fi 5 路由器已开始占据越来越多家庭的客厅、书房、卧室一样，在不远的将来 Wi-Fi 6 路由器也一定会逐步普及，“飞入寻常百姓家”。

本书主要介绍了 Wi-Fi 6 的技术特点及业务应用。书中既包含了对基本概念的介绍，又包括了对一些前沿技术的介绍，同时也包含了测试应用实例。其宗旨是使读者通过学习本书，能够对 Wi-Fi 6 有系统的了解，并能懂得它与前几代 Wi-Fi 技术相比有何变化，以及这些变化能给用户带来什么。

本书共分为两部分，其中第一部分为第 1～2 章，主要介绍 Wi-Fi 6 的发展历程、Wi-Fi 6 与 5G 的关系以及 Wi-Fi 6 的关键技术，重点对 OFDMA、

DL/UL MU-MIMO、1 024QAM、BSS着色等技术特性进行较为详细的介绍，同时介绍Wi-Fi 6的安全特性。第二部分包括第3～7章，共5章。其中第3章从家庭应用和行业应用两个方面介绍Wi-Fi 6的应用场景。第4章和第5章主要针对Wi-Fi 6设备的测试方法进行阐述，介绍传统Wi-Fi 6设备测试方法以及目前部分新兴测试思路的不足之处，从最大限度仿真Wi-Fi 6部署和应用真实场景的角度出发，提出在测试Wi-Fi 6设备时需要关注的关键性能，并从路由器和终端两个维度，分别详细介绍这些关键性能的测试方法。第6章从运营商如何更好地为用户提供Wi-Fi设备维护和业务服务的角度出发，介绍远程管理Wi-Fi路由器的主要技术手段，并对Wi-Fi 6路由器的管理内容提出建议。第7章介绍典型业务场景下如何搭建Wi-Fi 6测试系统，包括在不同环境下所需要的测试设备类型、安装位置、信号角度以及干扰频道数量等。

本书由唐宏统稿，林国强负责编写第1章和第3章，张爱华负责编写第2章，宋雪娜负责编写第4、5、7章，王鹏负责编写第6章。扶奉超和卢琳负责本书的文字和插图编辑工作。

本书在编写过程中参考了有关作者的文献，引用了包括无线Mesh、OFDM等技术资料，已在参考文献中逐一注明。由于时间有限，书中难免有不足之处，敬请读者批评指正。

作　者

2020年8月10日

目 录

第一部分 Wi-Fi 及 Wi-Fi 6 发展现状和关键技术

第一部分

Wi-Fi及Wi-Fi 6发展现状和关键技术

第1章 Wi-Fi及Wi-Fi 6概述

2020年，我们迎来新一轮的高速无线数字化接入体验变革。特别是在国家“互联网+”的大背景下，光纤宽带接入已成为我国固定宽带的主要接入方式。物联网（Internet of Things，IoT）、高清视频和云端远程办公的飞速发展与普及，带动了无线互动VR、移动教学、远程会诊、视频会议等智能家居电信应用业务蓬勃发展，接入Wi-Fi的终端迎来“爆炸性”增长，以前接入终端较少的家庭Wi-Fi网络也将随着越来越多的智能家居设备的接入变得拥挤，Wi-Fi逐渐成为人们便捷生活的刚性需求。电气和电子工程师协会（Institute of Electrical and Electronics Engineer，IEEE）在2019年正式推出了新一代的Wi-Fi标准IEEE 802.11ax，Wi-Fi联盟（Wi-Fi Alliance，WFA）简称其为Wi-Fi 6。

本章从Wi-Fi 6发展历程入手，首先对其在新数字化时代所面临的机遇进行阐述，接下来对其在标准领域的发展情况、产业化现状以及将会面临的挑战与运营模式进行探讨。

1.1 Wi-Fi的概念及作用

1.1.1 Wi-Fi的概念

Wi-Fi，相信大家对它早已不陌生了，几乎每天都能体验到Wi-Fi给我们生活和工作上的赋能，给我们提供了既高效又便捷的新无线生活方式。虽然你看不到，摸不到，也听不到它，但它已经对现代世界产生了巨大的影响，并且这一影响力将不断延续。从家用无线网络开始，我们不必再端端正正地坐在计算机桌旁，而是可以坐在沙发上、躺在床上上网，甚至可以边做饭边视频聊天，尽情享受摆脱有线束缚带来的上网自由。再到办公室和公共场所，你所看到的景象是“低头族”人手一台计算机或者智能终端，进行各种无纸化办公和娱乐，无须依赖线缆而实现的高速连接无处不在。走进餐厅，越来越多的人第一件事不是点餐，而是询问餐厅无线网络的密码。一个典型的 Wi-Fi 家庭布局如图 1-1 所示。

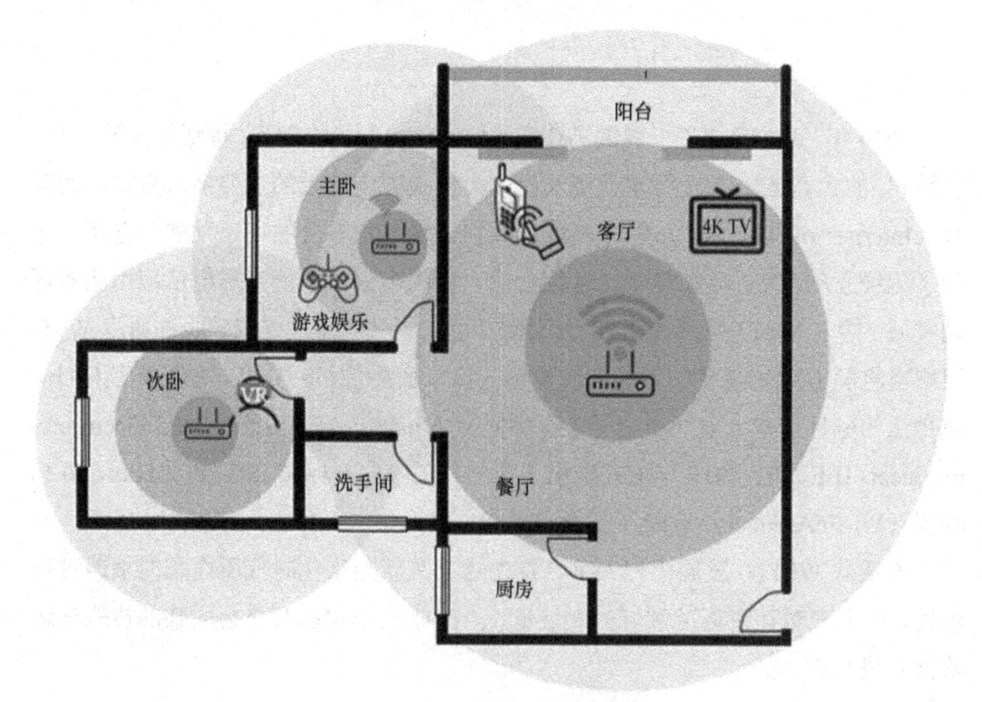

图 1-1　一个典型的 Wi-Fi 家庭布局

毫不夸张地说，因为 Wi-Fi 的随时可访问性，我们可以以一种更直接、更简单且具有高度移动性的方式使用笔记本计算机、平板计算机和便携式电子设备，从而摆脱了错综复杂的网线的束缚。

Wi-Fi 6 问世以来，引进了一种与 5G 同源的 OFDMA 技术，实现与 5G 技术相媲美的无线接入技术。越来越多的人想了解 Wi-Fi 技术，Wi-Fi 成为当前热门话题之一。

1.1.2　Wi-Fi 网络组成基本要素

一个典型的 Wi-Fi 网络由站（Station，STA）/客户端、接入点（Access Point，AP）、服务集标识符（Service Set Identifier，SSID）、基本服务集（Basic Service Set，BSS）、无线介质（Wireless Media，WM）和分布式系统（Distribution System，DS）等基本要素组成，如图 1-2 所示。

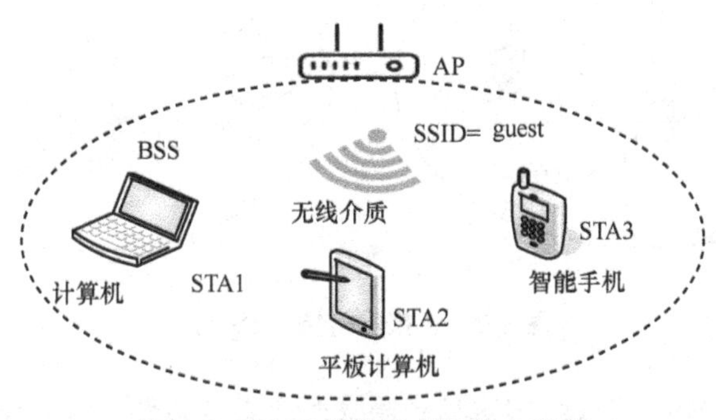

图 1-2　Wi-Fi 网络组成的基本要素

- STA 是指带有无线网卡的计算机（PC）、智能手机（Smart Phone）、平板计算机（Pad）等支持 Wi-Fi 功能的各类终端设备。
- 客户端可以通过主动扫描当前区域内的所有无线网络，选择特定的 SSID 接入某个指定无线网络，SSID 一般是一个不超过 32 个字符的字符串。SSID 又叫 ESSID（Extended Service Set Identifier），是对扩展服务集（Extend Service Set，ESS）的标识。
- AP 提供无线客户端到局域网的桥接功能，在无线客户端与无线局域网之间进行无线到有线、有线到无线的帧转换。
- WM 是在客户端和 AP 之间传输帧的介质，Wi-Fi 网络通常使用无线射频作为传输介质。
- BSS 是指使用相同 SSID 的一个单一 AP 以及一个无线设备群组，组成的一个基本服务组。
- DS 是运行在各 AP 上的一种服务，其功能主要是实现各个 AP 之间能够通过有线或无线的方式互联，同时不影响各 AP 所负责区域（BSS）内的无线覆盖。

另外，如果需要完成一个大型商场 Wi-Fi 信号的覆盖，因一个 BSS 所覆盖的地理范围有限（直径一般不超过 100 m），可以通过有线、无线的方式将多个 BSS 连接组成一个更大的服务集，即 ESS，如图 1-3 所示。

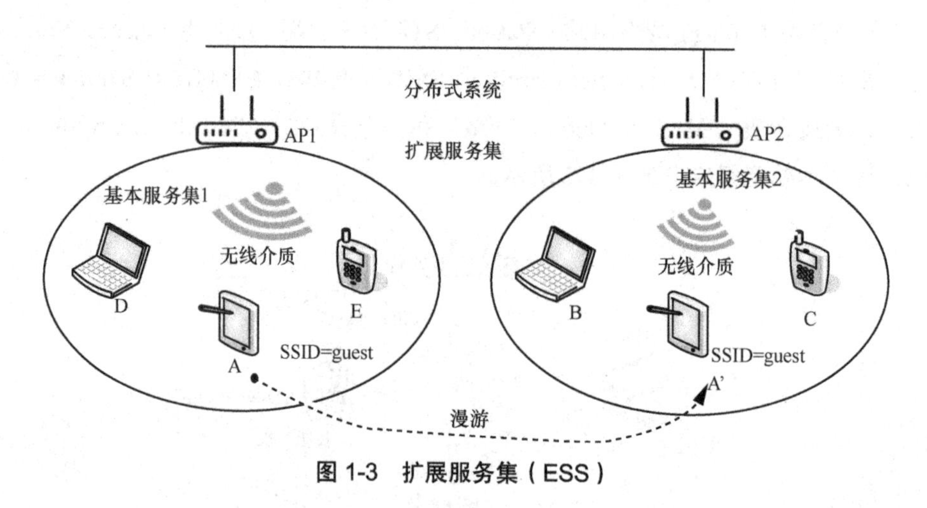

图 1-3　扩展服务集（ESS）

ESS 由多个 BSS 组成，但这其中隐含两个必备条件：（1）连接的 BSS 均为比邻安置；（2）各个 BSS 通过各种分布式系统互联，有线或无线都可以，但一般都是通过以太网互联。只有满足上述条件，才认为这些 BSS 可以被统一为一个 ESS。比如，城市里两家星巴克店均提供无线 Wi-Fi 网络，虽然提供的网络信号 SSID 一样，都叫“STARBUCKS”，但这显然不是一个 ESS。

由于在 ESS 区域内使用的是同一个 SSID，在接入无线网络时，用户根本感觉不到当前是接在多个 BSS 上，而是感觉接在同一个 BSS 上。终端在 ESS 内的通信和在 BSS 中类似，不过如果 BSS1 中终端 A 想和 BSS2 中的终端 B 通信，则需要经过 2 个接入点 AP1 和 AP2，即 A→AP1→AP2→B。

特别地，在同一个 ESS 中不同 BSS 之间切换的过程称为漫游。终端 A 从 BSS1 域（图 1-3 中 A 的位置）漫游到 BSS2 域（图 1-3 中 A’的位置），此时 A 仍然可以保持和 B 的通信，不过 A 在漫游前后的接入点（AP）改变了。

1.1.3　Wi-Fi 技术基本接入原理

（1）Wi-Fi 网络 STA 接入工作原理

为了保证无线局域网的正常运行，STA 和 AP 之间还需要分别运行相关的系统服务。具体而言，无线客户端接入并使用 Wi-Fi 网络需要经过无线扫描（Scan）、链路认证（Authentication）、关联（Association）、数据传输（Data Transmission）、解除认证（Deauthentication）和解除关联（Disassociation）等过程，如图 1-4 所示。

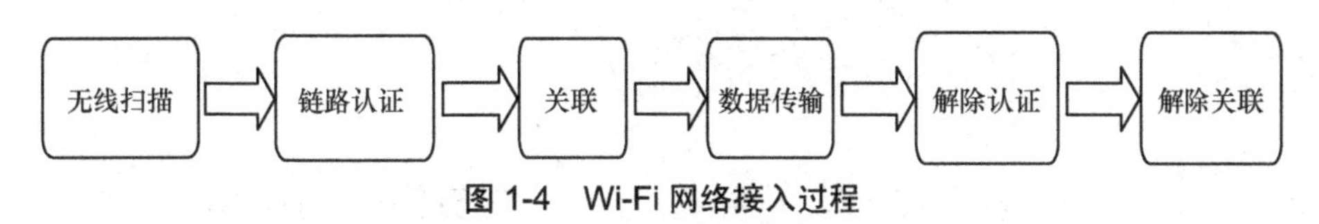

图 1-4　Wi-Fi 网络接入过程

无线用户首先需要通过主动/被动扫描发现周边的无线网络服务信号 SSID，并通过认证、关联与 AP 建立起连接后，自动获取此 SSID 分配的 IP 地址，接入无线局域网，然后进行数据传输。完成数据传输后发起解除认证和解除关联等操作，断开与 AP 的连接。

第一阶段：无线扫描

STA 有两种方式可以搜索到周边的 SSID。一种是主动扫描（Active Scanning），STA 在扫描的时候，主动在支持的信道上依次发送探测信号用于探测周围存在的无线网络。STA 发送的探测信号称为探测请求（Probe Request）帧，通过收到探测响应（Probe Response）帧获取网络信号。另外一种是被动扫描（Passive Scanning），STA 不会主动发送探测请求报文，仅通过监听并被动接收周围 AP 周期发送的信标（Beacon）帧来获取无线网络信息。

1）第一种扫描方式：主动扫描

STA 工作过程中，会定期自动扫描周边的无线网络信号，这一过程根据探测请求帧又可以分为两类：一类是未指定任何 SSID，另一类是指定了 SSID。

① 未指定任何 SSID 信息：如图 1-5 所示，STA 发送 SSID 为空的广播探测请求帧，其中不携带任何 SSID 信息，意味着这个探测请求想要获取到周围所有能够获取到的无线网络信号。所有收到这个广播探测请求帧的 AP 都会回应此 STA，并在探测响应帧通告自己的 SSID 是什么。通过这样的方式，STA 能够搜索到周围所有的无线网络。值得注意的是，如果某 AP 的无线网络在 Beacon 帧中配置了隐藏 SSID 功能，AP 不会回应 STA 的广播探测请求帧，STA 也就无法通过这种方式获取到 SSID 信息。

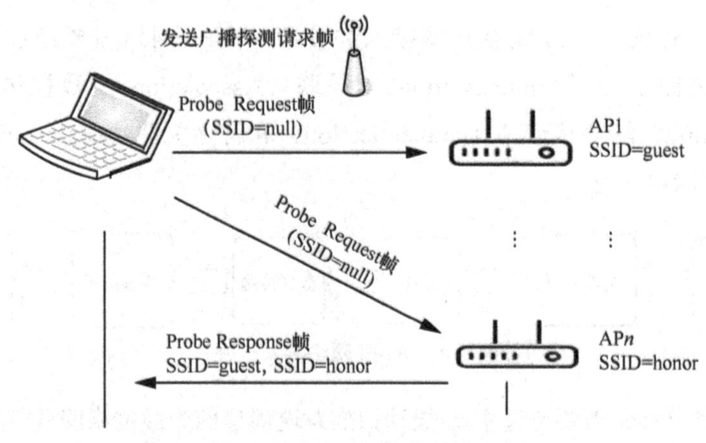

图 1-5　主动扫描接入过程（未指定 SSID）

② 指定 SSID 信息：如图 1-6 所示，客户端发送单播探测请求帧（SSID 信息为“guest”），这就表示 STA 只想找到特定的 SSID，不需要除指定 SSID 之外的其他无线网络。AP 收到了请求帧后，只有发现广播探测请求帧中的 SSID 和自己的 SSID 相同的情况下，才会回应 STA。

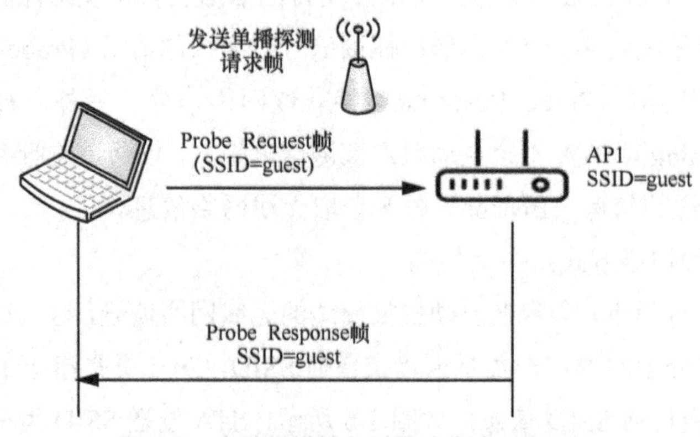

图 1-6　主动扫描接入过程（指定 SSID）

2）第二种扫描方式：被动扫描

如图 1-7 所示，STA 通过监听周围 AP 发送的 Beacon 帧获取无线网络信息。AP 的 Beacon 帧中包含 AP 的 SSID 和支持速率等信息。AP 会定期向外广播发送 Beacon 帧。例如 AP 发送 Beacon 帧的默认周期为 200 ms 时，AP 每 200 ms 都会广播一次 Beacon 帧。STA 通过在支持的每个信道上侦听 Beacon 帧，获知周围存在的无线网络。如果某 AP 的无线网络在 Beacon 帧中配置了隐藏 SSID 功能，AP

不会回应STA的广播探测请求帧，STA也就无法通过这种方式获取到SSID信息。

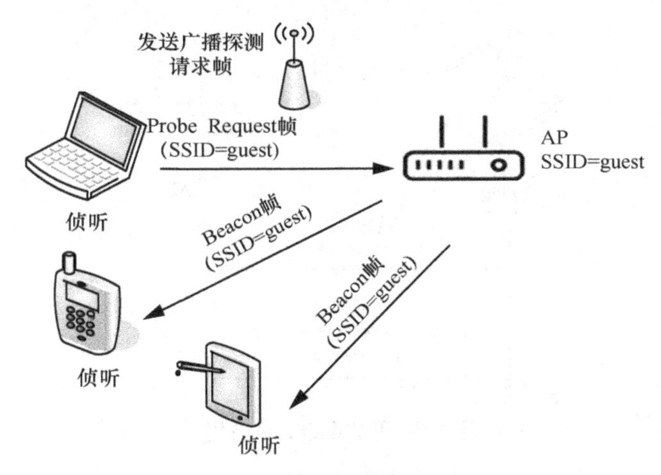

图1-7 被动扫描接入过程

综上所述，STA是通过主动扫描还是被动扫描来搜索无线信号取决于STA的软/硬件条件支持情况，如手机或计算机的无线网卡，一般来说这两种扫描方式都会支持。无论是主动扫描还是被动扫描，探测到的无线网络都会显示在手机或计算机的网络连接中，供用户选择接入。

当客户端扫描到无线网络信号后，用户就可以选择接入哪个网络了，这时STA就需要进入链路认证阶段了。

第二阶段：链路认证过程

为了保证无线链路的安全，无线用户接入过程中AP需要完成对无线终端的认证，只有通过认证后才能进入后续的关联阶段。IEEE 802.11链路定义了两种认证方式：开放系统认证（Open System Authentication）和共享密钥认证（Shared-Key Authentication）。

1）第一种认证方式：开放系统认证

开放系统认证是IEEE 802.11默认的认证方式，实质上并没有做认证。连接无线网络时，AP并没有验证客户端的真实身份，如果AP无线安全配置参数设置此认证方式，则所有请求认证的客户端均会通过认证，这是一种不安全的认证方式。为提高安全性，实际使用中这种链路认证方式通常会和其他的接入认证方式结合使用。开放系统认证过程由以下两个步骤组成：第一步，客户端发起认证请求；第二步，AP确定无线客户端是否通过无线链路认证，并回应认证结果，如果返回的结果是“Successful”，表示两者已相互认证成功，如图 1-8 所示。

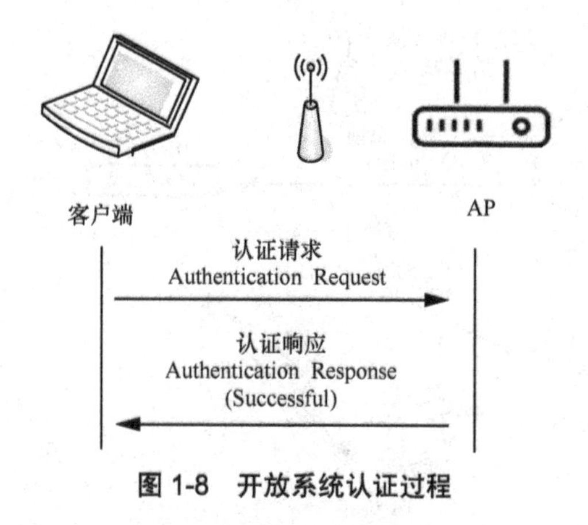

图 1-8　开放系统认证过程

2）第二种认证方式：共享密钥认证

共享密钥认证是除开放系统认证以外的另外一种链路认证方式，需要客户端和 AP 配置相同的共享密钥。共享密钥认证的过程为：客户端先向 AP 发送认证请求；AP 收到请求后会随机生成一个挑战码（Challenge），再将这个挑战码发送给 STA，假设这个挑战码是 X；STA 会用自己的密钥 Key 将挑战码 X 进行加密，加密后再发送给 AP，假设加密后变为了 Y；AP 收到 STA 的加密后信息 Y，用自己的密钥 Key 进行解密。只要 STA 和 AP 上的密钥配置得一致，解密出来的结果就会是 X，AP 会将这个结果与最开始发给 STA 的挑战码进行对比，如果一致，则告知 STA 认证成功，否则认证失败。共享密钥认证过程如图 1-9 所示。

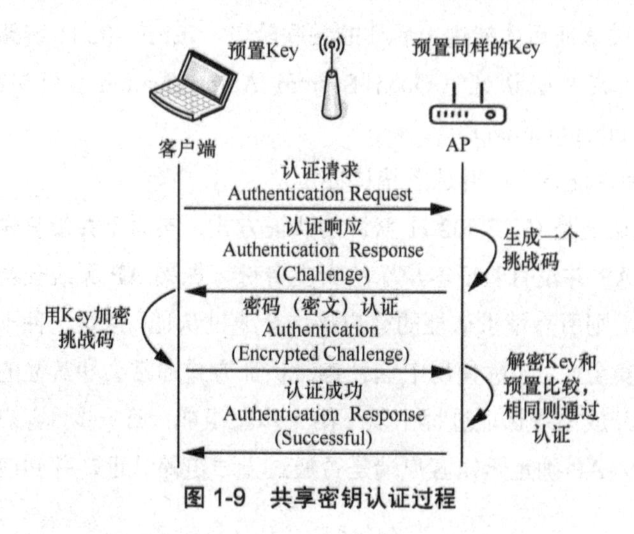

图 1-9　共享密钥认证过程

当客户端通过该 AP 链路认证后，STA 就进入关联阶段了。

第三阶段：关联

如果想接入无线网络，用户必须与特定的 AP 进行关联。一般在实际应用中，一台 STA 只可以和一台 AP 设备建立链路，而且关联由客户端发起，实际上关联就是 STA 和 AP 间无线链路服务协商的过程。当用户完成第一阶段和第二阶段后，STA 就会立即向 AP 发送关联请求。关联阶段的关联过程包含两个步骤，分别是关联请求（Association Request）和关联响应（Association Response），其过程如图 1-10 所示。

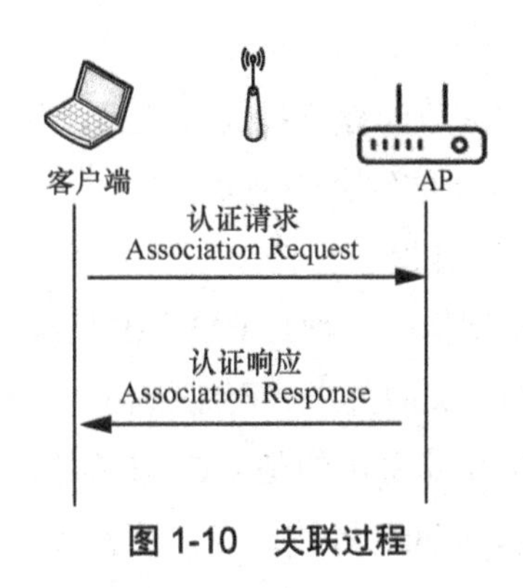

图 1-10　关联过程

STA 在发送的关联请求帧中，会携带一些无线硬件参数信息，以及根据服务配置选择的各种参数，如客户端支持的速率、信道、QoS（Quality of Service）能力，以及选择的接入认证和加密算法等。AP 收到关联请求帧后会对其上报的能力信息进行检查，最终确定该无线客户端支持的能力，并回复关联响应通知链路是否关联成功。

当客户端移动时，可能会产生漫游问题。如果是在同一个 ESS 组网下漫游就无须重新认证，而只需要重新关联。其关联过程同样包括重新关联请求和关联响应两个步骤。

第四阶段：数据传输

当 STA 与该 AP 链路关联成功后，就可以进入数据传输阶段，如图 1-11 所示。

第五阶段：解除认证

解除认证用于中断与 AP 已经建立的链路或者认证，无论是客户端还是 AP 都可以主动发起解除认证，断开当前的链路关系。

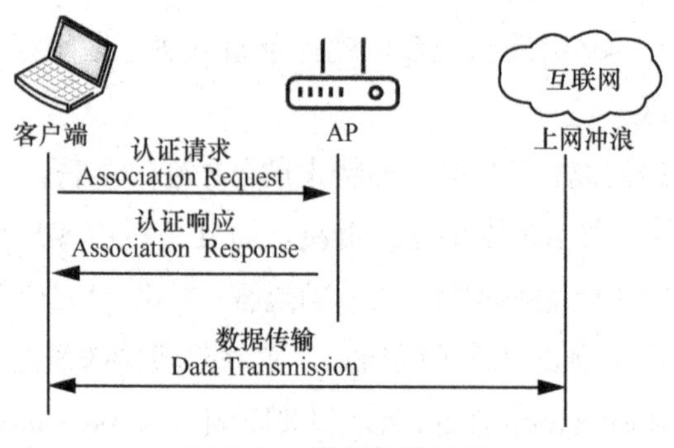

图 1-11　数据传输过程

第六阶段：解除关联

解除关联用于中断与 AP 已经建立的关联关系，无论是客户端还是 AP 都可以主动发起解除关联，断开当前的关联关系。

（2）Wi-Fi 网络 AP 上线过程

Wi-Fi 网络有两种基本架构：一种是 FAT AP 架构，又叫自治式网络架构；另一种是 AC+FIT AP 架构，又叫集中式网络架构。首先，先从最熟悉的家庭无线路由器入手，家庭无线路由器采用的是 FAT AP 架构，即自治式网络架构。FAT AP 英文全称是 FAT Access Point（胖接入点，简称胖 AP）。FAT AP 不仅可以发射射频提供无线信号供无线终端接入，还能独立完成安全加密、用户认证和用户管理等管控功能。所以，家庭使用的无线路由器就是一种 FAT AP。FAT AP 组网架构如图 1-12 所示。

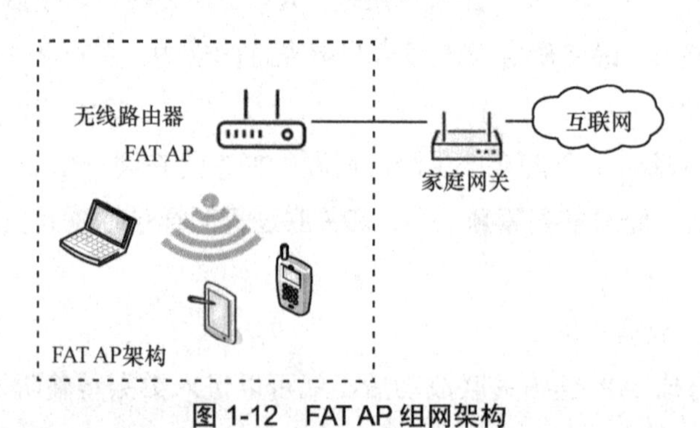

图 1-12　FAT AP 组网架构

与胖 AP 相对应的是瘦 AP，FIT AP 英文全称是 FIT Access Point（瘦接入点，简称瘦 AP）。与胖 AP 不同，瘦 AP 除了提供无线射频信号外，基本不具备管控功能。也正是因为这一特点，它被称为瘦 AP。为了实现 Wi-Fi 的功能，除了 FIT AP

外，还需要具备管理控制功能的无线控制器（Access Controller，AC）。AC 的主要功能是对 Wi-Fi 网络中的所有 FIT AP 进行管理和控制。AC 不具备射频功能（只能管理控制设备，不能发射无线射频信号），和 FIT AP 配合共同完成 Wi-Fi 功能。这种架构就被称为 AC+FIT AP 架构，如图 1-13 所示。

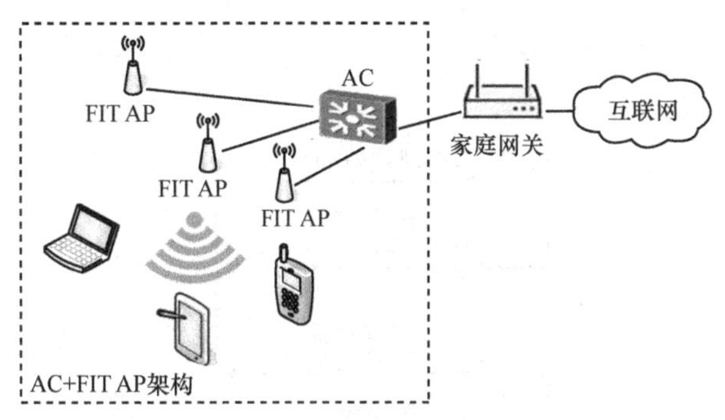

图 1-13　AC+FIT AP 组网架构

从上文中了解到 AP 分为 FAT AP 和 FIT AP。FAT AP 能够独自承担无线用户接入、用户数据加密和转发等功能，而 FIT AP 必须依赖于 AC 才能共同完成这些功能。AC 在协同 FIT AP 共同工作之前，必须先实现 FIT AP 在 AC 中上线的过程。FIT AP 完成上线过程后，AC 才能实现对 AP 的集中管理和控制。AP 的上线过程包括以下几个阶段。

第一阶段：AP 获取 IP 地址

FIT AP 通过有线（以太网线）或者无线（Mesh）介质与 AC 进行连接后，会主动向 AC 获取管理 IP 地址。FIT AP 获取 IP 地址的方式有两种，既可以是静态配置的，也可以是通过 DHCP 动态获取的。

如果是静态配置的，FIT AP 的管理 IP 地址就明确了，AP 就会向所有配置的 AC 单播发送 Discovery Request 报文，然后根据 AC 的回复，再根据优先级，选择一个 AC，准备进行下一个阶段的建立 CAPWAP（Control and Provisioning of Wireless Access Point，无线接入点控制与规范）隧道。

如果是通过 DHCP 动态获取的，AP 获取 IP 地址的过程如下：因 FIT AP 不知道网络中谁是 DHCP Server，因此会发送一个广播 Discovery 报文消息去寻找 DHCP Server；所有在此网络中收到这个广播信息的 DHCP Server，都会发送一个单播 Offer 报文消息回应 FIT AP。FIT AP 只接收第一个到达的 Offer 报文消息，并广播 Request 告诉所有 DHCP Server，已经选择好了一个 DHCP Server，其他

DHCP Server 无须再提供 DHCP 服务。FIT AP 选择的 DHCP Server 会把 FIT AP 的 IP 地址、租期、网关地址、DNS Server 的 IP 地址等信息，用 ACK 报文回应给 FIT AP，到这一步 FIT AP 获取 IP 地址完成，此时 AP 就会通过广播报文来发现 AC，然后准备进行下一阶段的 CAPWAP 隧道建立。FIT AP DHCP 获取地址过程如图 1-14 所示。

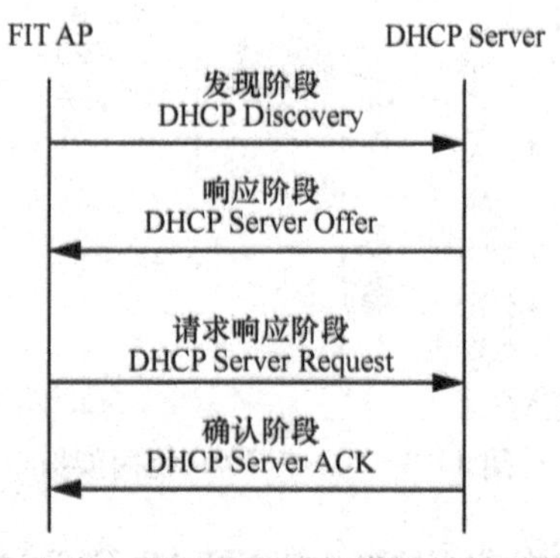

图 1-14　FIT AP DHCP 获取地址过程

第二阶段：CAPWAP 隧道建立阶段

CAPWAP 是由 RFC5415 协议定义的实现 AP 和 AC 之间互通的通用封装和传输协议。CAPWAP 隧道又细分为控制隧道和数据隧道。控制隧道用来传输 AC 管理控制 AP 的报文、业务配置以及 AC 与 AP 间的状态维护报文；数据隧道则只有在隧道转发（又称集中转发）方式下才用来传输业务数据。

CAPWAP 隧道建立过程如下：首先通过发送 Discovery Request 报文，找到可用的 AC，然后完成 CAPWAP 隧道建立，包括控制隧道和数据隧道，如图 1-15 所示。

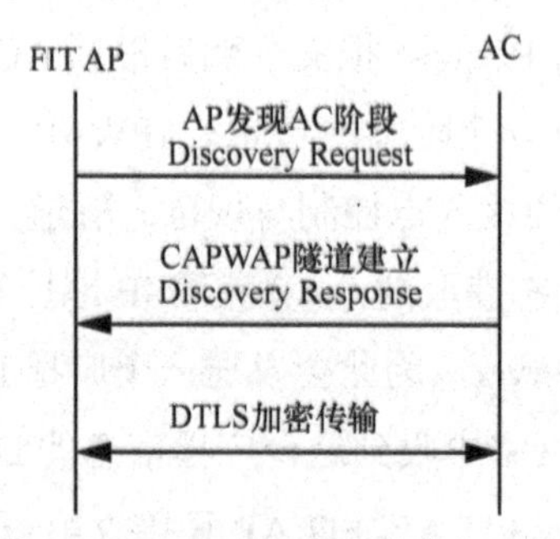

图 1-15　CAPWAP 隧道建立过程

- 控制隧道：通过 CAPWAP 控制隧道实现 AP 与 AC 之间控制报文的交互。同时还可以选择对控制隧道进行数据传输层安全 DTLS 加密，使能 DTLS 加密功能后，CAPWAP 控制报文都会经过 DTLS 加/解密。
- 数据隧道：AP 接收的业务数据报文经过 CAPWAP 数据隧道集中到 AC 上转发。

第三阶段：AP 接入控制阶段

AP 在找到 AC 后，会向 AC 发送加入请求（注：如果配置了 CAPWAP 隧道的 DTLS 加密功能，会先建立 DTLS 链路，此后 CAPWAP 控制报文都要进行 DTLS 加/解密），请求的内容中会包含 AP 的版本和胖瘦模式信息。AP 发送 Join Request 报文，AC 收到后会判断是否允许该 AP 接入，并响应 Join Response 报文，如图 1-16 所示。其中，Join Response 报文携带了 AC 上配置的关于 AP 的版本升级方式及指定的 AP 版本信息。

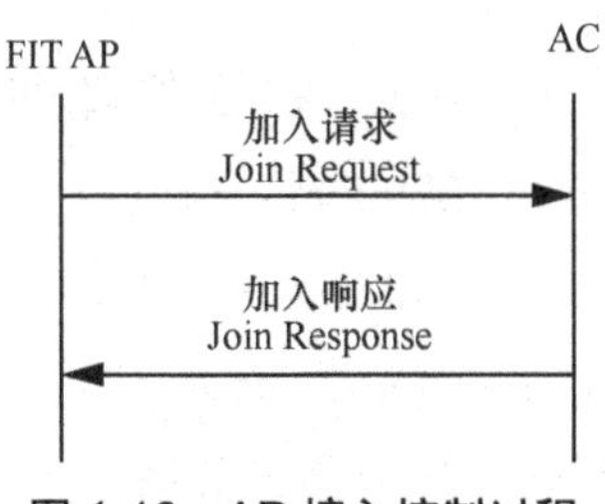

图 1-16　AP 接入控制过程

第四阶段：AP 的版本升级阶段

AP 根据收到的 Join Response 报文中的参数判断当前的系统软件版本是否与 AC 上指定的一致。如果不一致，则 AP 开始更新软件版本，升级方式包括 AC 模式、FTP 模式和 SFTP 模式。

升级完成后，AP 自动重新启动，并且重复之前的所有上线过程。如果 AP 发现 AC 响应的报文中指定的 AP 版本和自身的版本一致，或者没有指定 AP 的版本，则 AP 不需要进行版本升级。

第五阶段：CAPWAP 隧道维持阶段

根据 CAPWAP 的要求，AP 和 AC 间还需要进行一些其他报文的交互，然后 AP 和 AC 间开始通过 keepalive（UDP 端口号为 5247）和 Echo（UDP 端口号为 5246）报文来检测数据隧道和控制隧道的连通性，其中 keepalive 报文标志着数据隧道已经建立，而 Echo 报文标志着控制隧道已经建立。

第六阶段：AC 业务配置下发阶段

当 CAPWAP 隧道建立完成后，AC 就可以把配置下发给 AP。AC 向 AP 发送 Configuration Update Request 消息，AP 响应 Configuration Update Response 消息，AC 再将 AP 的业务配置信息下发给 AP。

到这一步为止，AP 就完成了上线和业务参数配置等操作，客户端接入此 AP 信号就可以开始浏览互联网业务。

1.2 Wi-Fi 的发展历史

1.2.1 WLAN、Wi-Fi 和 IEEE 802.11 之间的关系

WLAN（Wireless Local Area Network，无线局域网络）是采用分布式无线电广播 ISM（Industrial、Scientific、Medical）频段将一个区域（如学校、家庭）内的两个或者多个支持无线协议的设备连接起来的系统，其包含各类无线局域网技术（如 3G/4G/5G、IEEE 802.11 协议标准、蓝牙、Zwave、ZigBee 等）。因此 WLAN 和 IEEE 802.11 标准的无线网络之间是包含关系。

Wi-Fi（Wireless-Fidelity，无线保真）在无线局域网中是指“无线兼容性认证”，它既是一种商业认证，也是一个技术联盟，负责 Wi-Fi 认证与商标授权的工作。Wi-Fi 这个名字最早出现在 1999 年，是 Wi-Fi 联盟（当时不叫作 Wi-Fi 联盟，在 2002 年 10 月正式改名为 Wi-Fi 联盟）雇佣当时的一个商标咨询公司 Interband，为“IEEE 802.11b direct sequence”起的一个更简洁更具吸引力的名字，而当时 Wi-Fi 联盟的创始成员 Phil Belanger 主张的“Wi-Fi”最后胜出，其被称为 Wi-Fi 名字的发明人。可以看出，Wi-Fi 最开始是遵从 IEEE 802.11b 标准的一种通信技术，同时也是一个商标。随着 IEEE 802.11 新的标准和新的频段的使用，以及移动设备的井喷式增长，人们将 Wi-Fi 和 IEEE 802.11 等同起来，甚至和 WLAN 等同起来，严格意义上来讲它们是有一定区别的。

20 世纪 90 年代，研究机构 CSIRO 的教授 John O'Sullivan，带领由悉尼

大学工程系毕业生组成的研究团队发明了 Wi-Fi 无线网络技术，并于 1996 年在美国成功申请了无线网络技术专利。1999 年被 IEEE 制订的 IEEE 802.11 系列标准吸纳并选为核心技术。2013 年年底，无线网专利过期时，大概已有 50 亿台设备支付过 Wi-Fi 专利费用。自此，Wi-Fi 的使用范围不断扩大，从个人到家庭，从家庭到公共场所，Wi-Fi 走进了人们的生活。

1.2.2 Wi-Fi 技术发展历程

在免授权（ISM）频段通信技术中，目前最流行的无线技术就是 Wi-Fi 了，其实 Wi-Fi 经历了一个漫长的“修炼”过程。Wi-Fi 历经 20 年的商用发展，期间克服了众多的技术挑战，才逐渐演变成今天所熟知的超快速、高便利的无线标准。未来随着无线技术的不断发展，Wi-Fi 还将迎来更多新的里程碑。IEEE 802.11 系列标准已形成较为完善的 WLAN 商用标准体系，其技术性能和指标不断完善、突破与迭代更新，已成功商用部署到第 6 代（Wi-Fi 6）。目前，Wi-Fi 商用的主流标准包括 IEEE 802.11a/b/g/n/ac/ax 等多个版本。其主要标准的演进路线如图 1-17 所示。

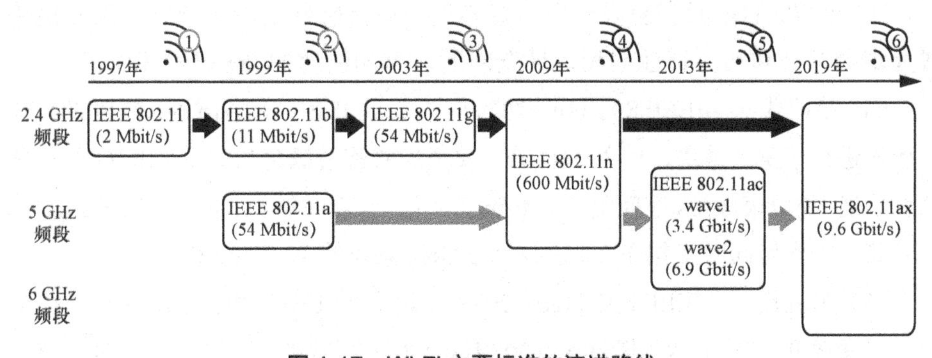

图 1-17 Wi-Fi 主要标准的演进路线

自从 1985 年美国联邦通信委员会（Federal Communications Commission，FCC）开放 ISM 频段用于通信，免授权商用无线局域网成为可能。到 1988 年，NCR 公司开始研发 WLAN；再到 1990 年，IEEE 802.11 工作组成立，至此 5 年间完成无线使用频段发布、标准组织建立。接下来详细介绍历代 IEEE 802.11 协议演进。

（1）第一代——IEEE 802.11。1997 年 IEEE 制订出第一个原始（初创）

的无线局域网标准 IEEE 802.11，数据传输速率仅有 2 Mbit/s。虽然该协议在速率和传输距离上的设计不能满足人们的需求，并未被大规模使用，但这个标准的诞生意义重大，埋下了一颗逐步改变用户接入方式的种子，为人们从有线的束缚中解脱出来奠定了坚实的基础。

（2）第二代——IEEE 802.11b/a。1999 年 IEEE 发布了 IEEE 802.11b 标准。该技术使用与初始 IEEE 802.11 无线标准相同的 2.4 GHz ISM 频段，传输速率为 11 Mbit/s，是原始标准的 5 倍。同年，IEEE 又补充发布了 IEEE 802.11a 标准，采用了与原始标准相同的核心协议，工作频率为 5 GHz，最大原始数据传输速率为 54 Mbit/s，达到了现实网络中吞吐量（20 Mbit/s）的要求，由于 2.4 GHz 频段已经被广泛使用，因此 IEEE 802.11a 采用 5 GHz 频段具有冲突和干扰更少的优点。

（3）第三代——IEEE 802.11g。2003 年作为 IEEE 802.11a 标准的 OFDM 技术在 2.4 GHz 频段运行，从而产生了 IEEE 802.11g，其载波频率为 2.4 GHz（与 IEEE 802.11b 相同），原始传输速率为 54 Mbit/s。IEEE 802.11g 在实现高速度的同时也保持了与 IEEE 802.11b 的全面兼容性，这一点至关重要，因为此时 IEEE 802.11b 已经被确立作为消费设备的主要无线标准。与 IEEE 802.11a 相比，IEEE 802.11g 具有更好的向后兼容性，而且硬件造价更便宜，因此很快成为消费领域和相关商业应用领域全新的、更加快速的 Wi-Fi 技术标准。

（4）第四代——IEEE 802.11n。2009 年发布的 IEEE 802.11n 对 Wi-Fi 的传输和接入进行了重大改进，引入 MIMO、安全加密等新概念和基于 MIMO 的一些高级功能（如波束成形、空间复用），传输速率达到 600 Mbit/s。此外，IEEE 802.11n 也是第一个支持同时工作在 2.4 GHz 和 5 GHz 频段的 Wi-Fi 技术。

（5）第五代——IEEE 802.11ac。2013 年发布的 IEEE 802.11ac wave1 标准引入了更宽的射频带宽（提升至 160 MHz）和更高阶的调制技术（256QAM），传输速率高达 3.4 Gbit/s，进一步提升了 Wi-Fi 网络吞吐量。另外，2015 年发布的 IEEE 802.11ac wave2 标准，引入波束成形和 MU-MIMO 等技术，提升了系统接入容量，传输速率高达 6.9 Gbit/s。但遗憾的是，IEEE 802.11ac 仅支持 5 GHz 频段的终端，削弱了 2.4 GHz 频段下的用户体验。

（6）第六代——IEEE 802.11ax。2019 年发布的 IEEE 802.11ax 标准引入上行 MU-MIMO（Multi User-Multiple Input Multiple Output）、OFDMA 频分复用、

1 024QAM高阶编码等关键核心技术，从频谱资源利用效率和多用户接入等方面解决网络容量和传输效率问题。与IEEE 802.11ac相比，IEEE 802.11ax提升了频谱带宽、速率和覆盖面积等方面的性能，使Wi-Fi网络能为用户提供更大的带宽、更高的传输速率和更远的传输距离，能够满足诸如AR/VR、自动驾驶与4K影视等多元化场景应用的需求。相比于IEEE 802.11ac的Wi-Fi 5，Wi-Fi 6最大传输速率由Wi-Fi 5的3.4 Gbit/s，提升到了9.6 Gbit/s，理论速率提升了近两倍，因此，Wi-Fi 6也被称为高效率无线（High-Efficiency Wireless，HEW）标准。由于采用了上行与下行的MU-MIMO和OFDMA等关键技术，Wi-Fi 6不仅提升了上传和下载速率，而且还大幅改善网络拥堵的情况，允许更多的设备同时连接至无线网络，并拥有一致的高速连接体验。

另外，2020年4月FCC投票决定，将开放6 GHz频段的频谱。这意味着与之前仅使用2.4 GHz和5 GHz频段的Wi-Fi技术相比，Wi-Fi 6可以使用更多开放的无线电波来广播Wi-Fi信号，因此下一代设备的连接更快、更可靠。6 GHz Wi-Fi并不是遥不可及的，在2020年年底开始出现支持6 GHz Wi-Fi的硬件设备。但考虑到相关设备需要通过Wi-Fi联盟的认证，预计6 GHz Wi-Fi的规模部署会在2021年开始。当6 GHz Wi-Fi真正到来时，期望看到它的商标为“Wi-Fi 6E”。从技术上讲，6 GHz Wi-Fi具有与5 GHz Wi-Fi相同的理论最高速度9.6 Gbit/s，这也是当前版本的Wi-Fi 6标准提供的最高速率。

从上面的发展历程可以发现，自1997年IEEE 802.11诞生以来，Wi-Fi协议几乎每经过4～5年的沉淀就会升级一次，并总能带来技术的变革与创新。

主流IEEE 802.11商用技术指标见表1-1。纵观前几代Wi-Fi技术的发展，Wi-Fi技术的能力提升主要集中在如何实现更快的数据传输速率，但在生活、工作和网络接入场景中，仅仅依靠简单的速率提升已无法解决所面临的更细节的问题。不同的应用对网络质量需求不同，有的应用如语音通信需要低时延、低抖动但对带宽要求不高，有的应用如下载业务则需要高带宽，但是对时延和抖动不敏感。

Wi-Fi 6的降临将打破传统单一业务场景应用模式，不仅拥有高带宽、低时延等特性，能为用户提供便捷舒适的体验，而且能够应对不断增长的不同连接需求的设备、应用和服务所带来的问题。

表 1-1　主流 IEEE 802.11 商用技术指标

标准名称	主要技术指标								
	传输技术	工作频段	工作带宽/MHz	最高调制	码率	最大空间流	单流带宽	最大理论带宽	关键技术
IEEE 802.11	FHSS DSSS	2.4 GHz	NA	NA	NA	NA	NA	2 Mbit/s	NA
IEEE 802.11a	OFDM	5 GHz	20	64QAM	3/4	NA	NA	54 Mbit/s	DSSS/OFDM
IEEE 802.11b	HR-DSSS	2.4 GHz	20	DBPSK DQPSK	NA	NA	NA	11 Mbit/s	DSSS
IEEE 802.11g	OFDM	2.4 GHz	20	QPSK	3/4	NA	NA	54 Mbit/s	DSSS/OFDM
IEEE 802.11n	OFDM	2.4 GHz 5 GHz	20/40	64QAM	5/6	4×4	150 Mbit/s	150 Mbit/s（40 MHz 1SS） 600 Mbit/s（40 MHz 4SS）	OFDM、64QAM、4×4 SU-MIMO
IEEE 802.11ac	OFDM	5 GHz wave1	20/40/80	256QAM	5/6	8×8	433 Mbit/s	200 Mbit/s（40 MHz 1SS） 3 466.4 Mbit/s（80 MHz 8SS）	OFDM、256QAM、DL MU-MIMO、波束成形
	OFDM	5 GHz wave2	20/40/80 160/80+80	256QAM	5/6	8×8	866 Mbit/s	433 Mbit/s（80 MHz 1SS） 6 933.3 Mbit/s（160 MHz 8SS）	
IEEE 802.11ax	OFDMA	2.4 GHz 5 GHz 6 GHz	20/40/80 160/80+80	1 024QAM	5/6	8×8	1.2 Gbit/s	600 Mbit/s（80 MHz 1SS） 9 607.8 Mbit/s（160 MHz 8SS）	UL/DL OFDMA、UL/DL 8×8 MU-MIMO、1 024QAM、空间复用、TWT 节能、BSS Coloring 抗干扰

1.3　Wi-Fi 发展趋势展望

作为 Wi-Fi 技术史上最大的革命，Wi-Fi 6 所具备的高速率、大容量、低功耗、低时延等新特性，加之合理的部署和维护成本，使其成为当前室内无线连接的理想选择。它开启了无线网络的新时代，将为用户、企业和供应商带来巨大的变革与机遇。与此同时，Wi-Fi 6 还将催生出许多前所未有的应用场景，包括 4K/8K 视频、VR/AR、远程医疗、远程教育、实时沉浸式游戏等，深刻改变人与信息、人与物理世界、人与人的交互方式，开启万物互联的全新时代。

1.3.1　国家布局下一代互联网发展战略要求

全球已进入移动互联时代，科技创新能力成为国家竞争力的关键因素，世界各主要国家都做出了基本相同的战略选择，把科技创新作为国家战略，超前部署和发展战略技术及产业，把科技投资作为战略性投资。截至 2020 年 3 月，我国网民规模约为 9.04 亿人，互联网普及率达 64.5%，较 2018 年年底提升 4.9 个百分点。目前我国网民数量约占全国人口的 64%，其中手机网民数量约为 8.97 亿人，网民中使用手机上网的比例为 99.3%，较 2018 年年底提升 0.7 个百分点，如图 1-18 和图 1-19 所示。

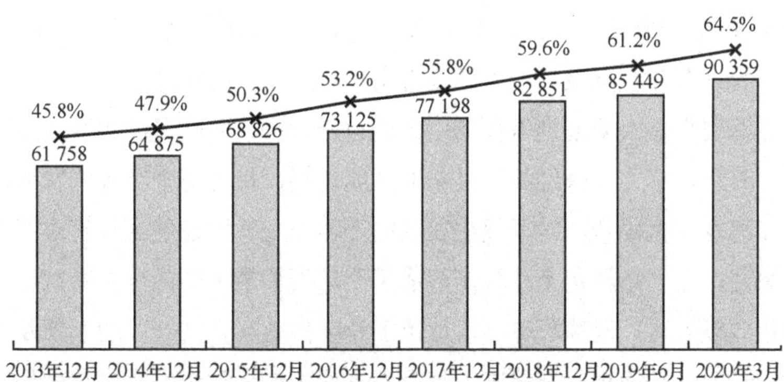

来源：CNNIC中国互联网络发展状况统计调查，2020年3月

图 1-18　我国网民规模和互联网普及率

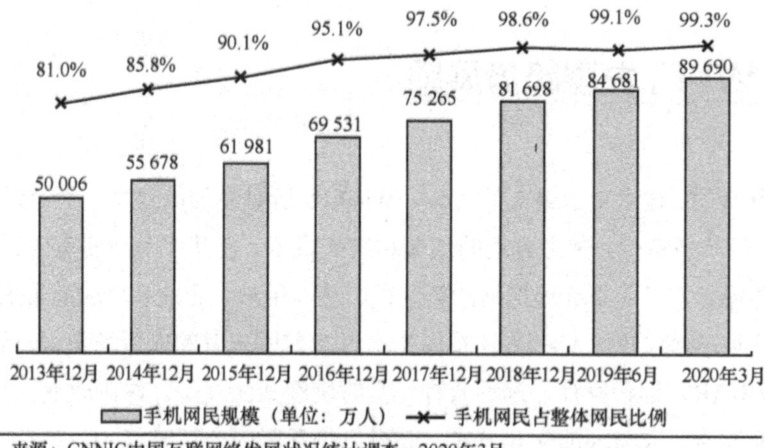

图 1-19　我国手机网民规模及其占整体网民比例

由此可见，无线网络改变了人们工作、生活和学习等的习惯，人们对无线网络的依赖性越来越强。

国家在“十三五”规划中明确要求，加快构建高速、移动、安全、泛在的新一代信息基础设施，推进信息网络技术广泛应用，形成万物互联、人机交互、天地一体的网络空间，在城镇热点公共区域推广免费高速无线局域网接入。

随着我国光纤宽带的普及以及“提速降费”政策的落实，智能手机用户的网速变快了，用户宽带的速度增加了。国家层面大力推进和鼓励电信运营企业提供更加优惠的提速降费计划方案，使城市平均宽带接入速率提升 40%以上，并推出流量不清零和流量转赠等服务。

提速降费看似始于运营商，落脚于千家万户，但却事关国计民生和经济社会发展。作为光纤覆盖全球最广、光纤宽带用户总量及占比全球最高的国家，我国需要通过提速降费来最大限度地发挥网络基础设施优势，以此促进数字经济发展和信息消费扩大升级，有力支撑经济发展新旧动能转换，带动整个经济的发展。网络提速降费不仅惠及广大民众，对于促进我国经济转型与长期发展也具有重要意义。从直接成果来看，在网络覆盖上，我国建成了全球规模最大的固定宽带网络和 4G 网络；从间接效果来看，提速降费不仅加快了我国移动互联网产业的创新发展，催生了一大批新技术、新应用、新模式，也有力支撑了经济社会的数字化转型。

我国的互联网发展取得了世人瞩目的成就。互联网已经成为经济发展的新引擎、改善民生的新抓手、信息传播的新渠道、民众生活的新方式、观察时代的新窗口，成为这个时代最大的变数和机遇。

1.3.2　企业 Wi-Fi 互联网发展需求

随着移动互联网时代的到来，无线网络给人们的工作、学习和生活带来了极大的便利，随时随地上网成了人们的基本诉求，Wi-Fi 网络成为与水电同等重要的基础设施。Wi-Fi 诞生 20 多年来，其重要性及应用价值、商业价值被行业广泛认可。新一代 Wi-Fi 技术将在性能、容量及覆盖效果等方面持续创新以提高人们的使用体验。

Wi-Fi 网络是企业数字化转型的重要组成部分，有了 Wi-Fi 网络，可以实现“网随人动”，企业员工可以实现移动协同办公，或通过移动 App 随时办公，当前超过 70%的企业已经实现无线办公，极大程度地提高工作效率。通过 Wi-Fi 网络，学校师生可以便利地获取在线学习资源，学校也可以通过 VR/AR 提供更丰富的教学内容，使“教”与“学”都变得更加方便高效。

Wi-Fi 网络可以节约企业网络建设开支。以一台（套）普通 Wi-Fi 无线 AP 覆盖一个 20 人的中小型办公区域为例，20 位员工可以通过这一台（套）AP 实现网上办公，再也不需要像传统的办公方式那样每个办公桌下部署一条网线。尤其是体育场馆或大型会议室等场景，部署有线网络实现所有人都上网根本不现实，使用 Wi-Fi 实现全覆盖是必然选择。

现在是万物互联的时代，据预测 2025 年全球连接设备数将达 1 000 亿台。NB-IoT 或 LoRa 等技术被广泛应用于物联网远距离传输，例如远程抄表、智慧停车、智慧水务、环保监测等物联网应用。这些应用都具有数据带宽需求小、对时延要求低、覆盖范围大的特点。但是企业的物联网数据通常要求安全传输、对时延要求高，例如生产车间生产指令下达、仓储物流盘点及机器人的控制指令下发、医疗生命体征的实时监控、园区摄像头的实时监控等。Wi-Fi 网络天然具有高带宽、局域网内安全传输、低时延的特点，因此，将企业的物联网数据承载在 Wi-Fi 网络之上是顺理成章的过程。当前许多厂商提出物联网 AP、内置蓝牙或 ZigBee 模块向下对接物联网设备，通过无线 AP 进行数据传输。

商场、机场、酒店、地铁等人员密集又流动性比较大的地方，为消费者提供免费 Wi-Fi，并通过 Wi-Fi 提供定位、导航、移动支付等功能，增加用户黏度，提升用户满意度。

1.3.3　Wi-Fi 互联网发展对用户的影响

科技改变了世界，让世界变得更加丰富多彩，充满了传奇。现代人在生活中最离不开的是手机，手机最离不开的是 Wi-Fi。曾几何时，人们还在为网络流量而发愁，而 Wi-Fi 的到来，立即改变了这一格局，无论是去商场，还是走亲访友，总免不了主动问询"这附近哪儿有免费 Wi-Fi""你家 Wi-Fi 密码是多少"……如今这样的对话已经成为不少年轻朋友间常用的见面语，连接 Wi-Fi 几乎成为下意识动作。据相关研究机构调查，截至 2020 年 3 月，我国网民的人均每周上网时长为 30.8 h，即日均上网 4.4 h，特别是在新冠肺炎疫情期间，网民上网时长明显增长，如图 1-20 所示。

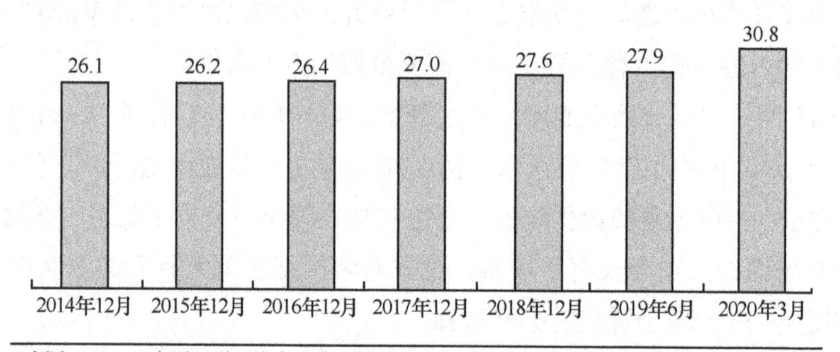

来源：CNNIC中国互联网络发展状况统计调查，2020年3月

图 1-20　我国网民人均每周上网时长（单位：h）

随着 5G 时代的来临，Wi-Fi 在加速发展，作为蜂窝网在室内覆盖的补充，Wi-Fi 承担的数据传输量约为用户使用总量的 70%。随着接入网络的智能设备数量越来越多，数据传输量越来越大，当多个家庭成员同时尝试在自己的设备上播放带宽密集型视频时，便会受到带宽总量的限制，导致每个连接 Wi-Fi 的成员或多或少都遇到了一定的网络连接性问题。在特殊历史潮流和高科技突飞猛进的背景下，Wi-Fi 6 技术应运而生，将为室内无线网络带来一次革新，彻底改变物联网和智能家居的实现方式，给人们带来前所未有的网络体验，Wi-Fi 将开启全新连接时代。

2020 年，是 Wi-Fi 6 大规模应用的一年。IDC 发布的《中国 WLAN 市场季度跟踪报告（2019 年第三季度）》显示，WLAN 市场总体规模在 2019 年第三季度达到 2.3 亿美元，处于平稳上升趋势。其中 Wi-Fi 6 从 2019 年第三季度开始在一些主流厂商陆续登场，首次登场的 Wi-Fi 6 产品在 2019 年第三季度便有 470 万美元的销售规模。IDC 曾预计在 2020 年，Wi-Fi 6 将在无线市场中大放异彩，仅在我国市场的规模接近 2 亿美元。我国无线网络市场规模预测如图 1-21 所示。

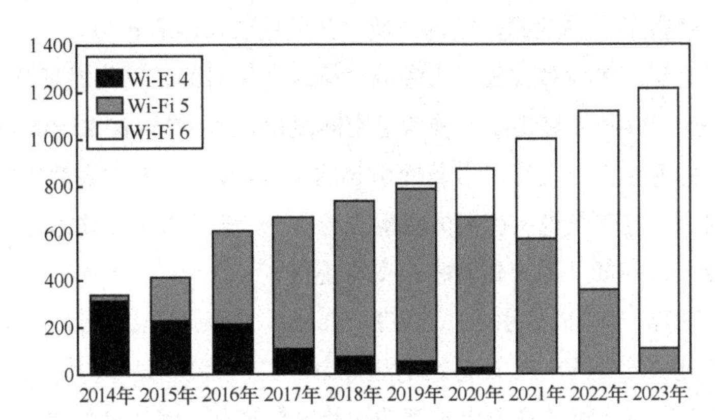

来源：IDC中国，2020

图 1-21 我国无线网络市场规模预测（单位：百万美元）

未来，在企业办公、智慧教育、智慧医疗、智能制造等领域，Wi-Fi 6 技术将承载起核心业务网的功能。目前，Wi-Fi 6 助力行业变革，电商、线上教育、云办公、生鲜到家、云医疗等行业迎来了大规模增长，高速、稳定、安全的无线网络是行业变革的新型基础设施，这些都是 Wi-Fi 6 的重要发力点。企业开始思考并且争分夺秒地进行数字化改造，无线路由器的应用不断被重构，如今的路由器不只是上网工具，同时也是智能家居中不可或缺的一环，这一过程中“连接”是至关重要的一环。在 Wi-Fi 6 新技术的加持之下，借助低时延、高效网络利用率和节能技术，从高密度应用场景到实现电池供电的低功耗物联网设备，这些技术可带来实质性的好处。

接下来，先简单了解一下 Wi-Fi 6 都有哪些关键技术功能加持，后面的章节会详细阐述其核心工作原理和功能点，其优点可以简单概括为“三高两低”。

（1）高带宽。网络带宽提升数倍。与之前相比，Wi-Fi 6 采用的是更高阶的调制编码方案 1 024QAM（Wi-Fi 采用的是 256QAM），使其最大连接速率提升至 9.6 Gbit/s。

（2）高并发。智能分频，多台设备并发连接，并发用户数提升数倍。打个比方：Wi-Fi 5 方案（OFDM）是按订单发车，不管货物大小，来一单发一趟，哪怕是一小件货物，也发一辆车，这样就导致了效率低下、浪费资源；而 Wi-Fi 6

新方案（OFDMA）则会将多个订单聚合起来，尽量让卡车满载上路，使得运输效率大大提升。

（3）安全性能高。由于 Wi-Fi 6 采用的是新的安全协议 WPA3，Wi-Fi 技术获得了十年来最大的一次安全更新。这一安全协议不易被黑客入侵，并且即使黑客入侵了，获得了一些数据，它也会使这些数据变得没有价值。

（4）低时延。多设备并发，大幅减少排队等待时间，网络时延从平均 30 ms 降低至 20 ms。Wi-Fi 6 提出了一种信道空间复用技术（Spatial Reuse Technique），大大解决了此前由信号的交叉覆盖而引起的干扰，理论上能彻底解决普通家庭的信号覆盖问题。也就是说，在人员密集的场所中，多个 Wi-Fi 路由器之间信号干扰问题将会大大降低，用户体验将会变得更好。

（5）低功耗。Wi-Fi 6 引入了 TWT（Target Wake Time，目标唤醒时间）机制，它能够延长连接 Wi-Fi 设备的电池寿命。TWT 机制是专门针对低速设备设计的，主要面向对网络带宽要求不高的智能家居产品，例如只配置有 2.4 GHz 频段、20 MHz 频带的 Wi-Fi 设备等。

简单来说，时代的进步造就了最新一代的 Wi-Fi 6 技术。Wi-Fi 6 技术将为室内无线网络带来一次革新，彻底改变物联网和智能家居的实现方式，进一步实现我们想象已久的智能化生活。

1.4 Wi-Fi 6 与 5G 的关系

有人说 Wi-Fi 6 会被 5G 替代，也有人说不可能，真相到底如何？首先这不是一个新颖的话题，早在 1999 年就有人提出 2G 将替代 Wi-Fi 的话题；2008 年又有人提出 4G 将代替 Wi-Fi 的猜想；2020 年随着 5G 商用的落地，5G 代替 Wi-Fi 的言论又开始不绝于耳。正所谓事实胜于雄辩，让我们通过技术对比，从岁月的长河中看看能否找到一种恰当的关系来形容 Wi-Fi 6 和 5G。

1.4.1 5G 技术简介

移动通信技术自 20 世纪 80 年代诞生以来，经过了三十多年的爆发式增长，已经成为连接人类社会的基础信息网络。从 1G 到 5G，整个移动通信技术标准经历了快速的演进，带宽、时延和覆盖等关键指标都实现了质的飞跃式发展，从而推动了移动应用从简单的语音通话向现在的万物互联发展的进程。而面向 2020 年及未来的 5G 移动通信，已成为当今全球研发的热点。

5G 是最新一代蜂窝移动通信技术，也是继 4G（LTE-Advanced、WiMAX）、3G（WCDMA、cdma2000、TD-SCDMA）和 2G（GSM、CDMA）系统之后的延续性更新。2017 年 12 月，葡萄牙里斯本 3GPP RAN 第 78 次全会正式发布了第一个 5G 新空口（New Radio，NR）标准，并于 2018 年 6 月 3GPP 全会批准了第五代移动通信技术标准（5G NR）独立组网功能。随着人们对 5G 研究的不断深入，全球移动通信行业逐步就 5G 应用的场景达成了共识。ITU-R（国际电信联盟无线电通信组）定义了 5G 应用的三大业务类型，如图 1-22 所示：

- 增强型移动宽带（enhanced Mobile Broadband，eMBB）；
- 超高可靠低时延通信（ultra-Reliable and Low-Latency Communications，uRLLC）；
- 大规模机器类通信（massive Machine Type Communications，mMTC）。

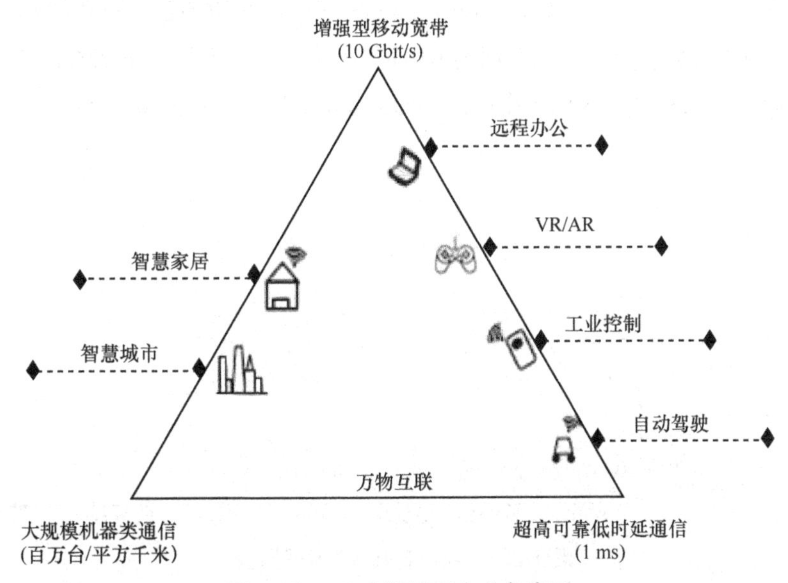

图 1-22 5G 应用的三大业务类型

其中，从 3G 网络演进到 4G 网络是网络整体演进，即从接入网到核心网的设备全部需要更换，不支持向后兼容。而 5G 网络演进方式有所不同：首先考虑对现有 4G 网络成本投资进行保护；其次考虑方便向三大场景演进，5G 网络的接入网和核心网可以分别演进到 5G 时代。因此，出现了 5G 接入网、5G 核心网、4G 核心网混合搭配演进方案，就有了非独立（Non-Standalone，NSA）组网架构和独立（Standalone，SA）组网架构。我国主要采用 SA 方式，基于我国市场份额大、部署设备多的国情，经工业和信息化部组织各方讨论与研究，提出可直接一步到位部署 SA 架构，满足未来万物互联的需求。

2019 年 10 月 31 日，我国三大运营商公布 5G 商用套餐，并于 11 月 1 日正式上线 5G 商用套餐。

1.4.2 Wi-Fi 6 与 5G 共用关键技术分析

在无线通信领域中，Wi-Fi 网络和移动通信网络一直是无线传输与连接的两大关键技术，制订和实施这两个技术标准的研究人员都有一个共同的奋斗目标，就是最大限度地提升连接速度及用户的满意度。在新技术、新功能的迭代演进过程中，两者或多或少在不断相互吸收与互相借鉴对方的长处补其短板，两者发展历程如图 1-23 所示。因此，Wi-Fi 6 和 5G 在物理层基本流程中的规范标准是一致的，特别是两者均采用了上下行 OFDMA、上下行 MU-MIMO 以及高阶 QAM（Quadrature Amplitude Modulation）的 LDPC 编码等技术。

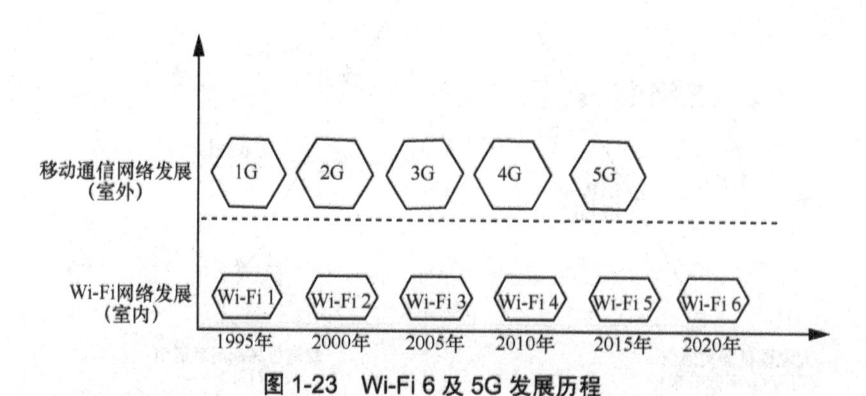

图 1-23 Wi-Fi 6 及 5G 发展历程

（1）OFDMA 技术

OFDMA 是从 OFDM 演进过来的，最早应用于 4G LTE 通信技术，后来被引入 Wi-Fi 6 标准中。在此之前的几代 Wi-Fi 技术中，处理每个用户发送数据的时候（无论数据包的大小）都会占用整个通信信道。除此之外在 Wi-Fi 网络中还需要传输大量的管理帧与控制帧，虽然此类帧数据包小，但要占用整个信道，以维持整个 Wi-Fi 系统的正常运作，就像一辆大货车只拉了一件小货品。而 Wi-Fi 6 使用了 OFDMA 技术后，在频域上可以将无线通信信道划分为多个子信道（子载波），将最小的子信道称为“资源单位（Resource Unit，RU）”，每个 RU 中至少包含 26 个子载波，用户是根据时频资源块 RU 区分出来的，形成一个个频率资源块，每个用户数据承载在每个资源块上，而不是占用整个通信信道，从而实现在每个时隙内有多个用户同时并行传输，不必排队等待、相互竞争，既提升了效率，又降低了排队等待时延。因此，OFDMA 特别适合传输大量小数据包的多用户场景，例如物联网或语音等。

Wi-Fi 6 标准里采纳了这种新技术来提高频谱的利用效率，以 160 MHz 的带宽为例，最多可以分成 74 个资源单元，同时供 74 个用户并发。

5G 标准的空口技术也源于 OFDM，在子载波及带宽设计上与 OFDMA 有类似的地方，目前呼声最高的是采用华为提出的 F-OFDM 技术，可实现子载波带宽根据需求进行调整，以满足不同业务的时频资源需求。将系统带宽划分若干子带，子带之间只存在极低的保护带开销，每种子带根据实际业务场景需求配置不同的波形参数。各子带通过滤波器进行滤波，从而实现各子带波形的解耦。

（2）MU-MIMO

多进多出（Multiple-Input Multiple-Output，MIMO）技术最早起源于 Wi-Fi，并应用于 Wi-Fi 4，之后又被应用于 Wi-Fi 5 与 LTE。

多用户的多进多出（Multi-User Multiple-Input Multiple-Output，MU-MIMO）技术最早用于 Wi-Fi 5 的 IEEE 802.11ac wave 2 阶段，但只支持 AP 到终端的下行传输过程，其 AP 节点可以同时向多个支持 MU-MIMO 的客户端发送数据包，解决了之前无线 AP 一次只能和一个终端通信的问题。Wi-Fi 6 保持了这一技术，并进一步增强，在 Wi-Fi 6 里增加了支持上行（Uplink MU-MIMO）传输，而且最多支持 8×8 的天线，即最多支持 8 个 1×1 用户的并发上行或下行。

在 5G 里同样使用这个技术，改了个名字叫 Massive MIMO，为了实现在室外的更大范围的用户覆盖，天线的数量可以为 64T64R，而且支持水平方向和垂直方向的波束成形，故此又被称为“3D MIMO”。

总的来说，OFDMA 与 MU-MIMO 分别从频率空间和物理空间两方面提高多路并发处理能力，从而带来了整体网络性能和速度的极大提高，全面优化用户和应用体验，更好地适应万物互联以及高带宽、多并发场景应用。另外，需要注意 Wi-Fi 6 标准允许 OFDMA 与 MU-MIMO 同时使用，但不要将 OFDMA 与 MU-MIMO 的应用场景混淆。OFDMA 支持多用户通过细分信道（子信道）来提高并发效率，而 MU-MIMO 支持多用户通过使用不同的空间流来提高吞吐量，具体见表 1-2。

表 1-2　OFDMA 与 MU-MIMO 的技术特性对比

OFDMA	MU-MIMO
提升效率	提升容量
降低时延	每个用户速率更高
适合低带宽应用	适合高带宽应用
适合小包报文传输	适合大包报文传输

1.4.3　Wi-Fi 6 与 5G 的技术特性和应用场景对比

在 Wi-Fi 与移动通信网络之间，长期存在着一种微妙的紧张关系，通过研究与分析，发现其实 Wi-Fi 与移动通信网络之间存在大范围重叠，而且这种重叠不仅存在于关键技术方面，也体现在业务应用方面。目前两者最大的共同点就是两种技术均可以提供宽带接入服务，都可以对所有应用提供支持，无论是收发邮件和网页浏览、语音和视频应用，还是物联网应用，均无一例外。下面通过一些技术特性和应用场景的对比分析，让用户了解 Wi-Fi 6 与 5G 并选择最佳的组网方式。

（1）Wi-Fi 6 与 5G 的技术特性简单对比

Wi-Fi 6 及 5G 技术特性对比见表 1-3。

从表 1-3 的技术特性对比中，可以得出以下结果。

- Wi-Fi 6 优势：主流的企业无线方案，在频谱、终端生态、网络成本、用户无限流量体验、部署简单灵活性和管理要求上更胜一筹。
- Wi-Fi 6 劣势：大规模室外覆盖能力弱，无法满足超低时延（小于 10 ms）要求。

表 1-3　Wi-Fi 6 及 5G 技术特性对比

项目		Wi-Fi 6	5G
技术	工作频谱	免授权频段	授权频段
	调制技术	1 024QAM	256QAM
	MIMO	8T8R/4T4R 2T2R/1T1R	室外：64T64R 室内：4T4R
	典型带宽	160 MHz、80 MHz、40 MHz、20 MHz	100 MHz
	调度及协调方式	协调（OFDMA+TWT）+竞争	基站协调（OFDMA+NOMA）
	理论速率	10 Gbit/s（8T8R）	20 Gbit/s（64T64R）
用户体验	时延	平均：20 ms QoS 保障：10 ms	eMBB：4 ms uRLLC：0.5 ms
	室内单用户体验速率	3～4 Gbit/s（8T8R）	1.5～2 Gbit/s（4T4R）
	干扰	非授权频段，可能存在干扰	授权频段，无干扰
	流量限制	无限制	有限制，当超出用户套餐的流量之后，网络会自动降为 2G 模式，最高速度只有 128 kbit/s
	移动性	50 ms	10 ms
单设备覆盖范围		500～1 000 m²（室内）	5 000～10 000 m²（室内），千米级别覆盖范围（室外）
物联网连接数量		74 个设备同一时间内在线接入 AP，局域网覆盖（室内）	十万级连接数、广域覆盖、超低功耗
终端生态		企业终端丰富（投影、监控、AGV 和 VR 头盔等）	以个人移动终端为主，极少企业设备内置 SIM 卡
建设周期		施工周期短	施工周期长
建网标准		业务导向，依据企业用网需求	收益导向，依据运营商的 KPI
成本		低	高
安全性		最新 WPA3 协议，安全有保障	空口安全性高
管理要求		企业现有网络管理人员，具有建设、管理和使用权	仅能由运营商建设和管理，客户只有使用权

- 5G 优势：领先无线技术的代表，在 MIMO、业务时延、移动漫游、室外覆盖等方面领先 Wi-Fi 6。
- 5G 劣势：室外受制于用户套餐流量；室内覆盖成本高，终端兼容性弱，必须有运营商参与，网络结构变更困难。

（2）Wi-Fi 6 与 5G 的应用场景对比

Wi-Fi 主要应用在可以快速建立企业自有网络，根据业务变更构建需要的网络结构，满足企业定制化需求的场景，如企业办公、学校学生上网等。Wi-Fi 6 除了满足传统 Wi-Fi 的场景外，还可以用于企业 VR/AR/4K 应用、仓储物流、AGV、商超、工厂资产管理的 IoT 等场景。

5G 主要以公网为主，应用在对漫游、时延有极高要求的场景，例如自动驾驶、无人机、城市覆盖实现个人网络访问、工厂超低时延（小于 10 ms）要求的场景，如图 1-24 所示。

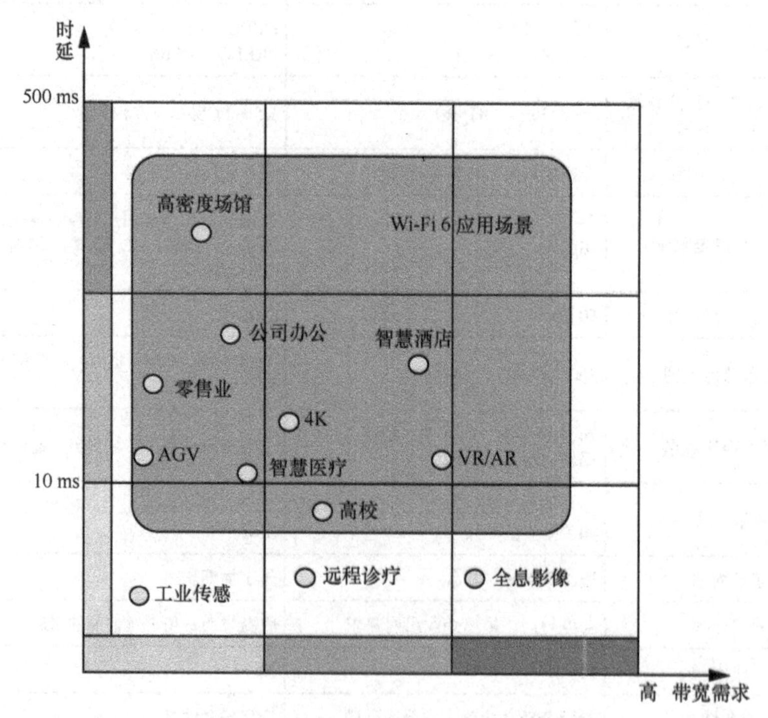

图 1-24　Wi-Fi 6 与 5G 的适用场景

因此，在技术演进上两者“英雄所见略同”，而在实际组网中各有所长。其中 5G 技术的场景以室外为主，考虑的是广覆盖、连续性和可移动性，特别是在室外三大移动场景中是当仁不让的首选；而 Wi-Fi 6 技术场景以室内为主，考虑的是近距离、高密度覆盖和高性能，特别是可以解决室内覆盖速率等问题。两者融合则能实现“内外兼修”的目标，在很多场景下两者是互相补充的，如图 1-25 所示。

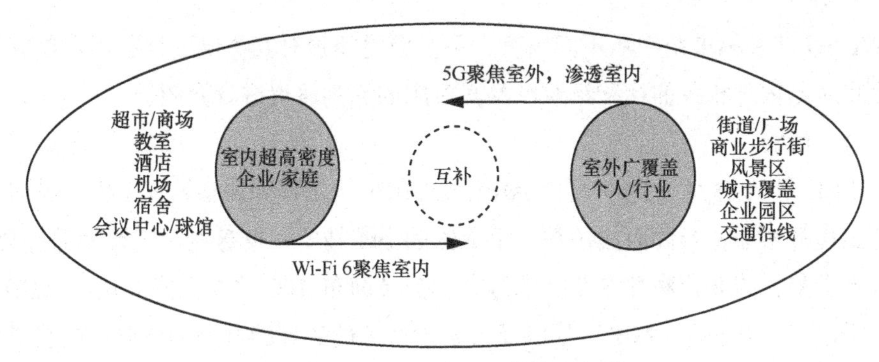

图 1-25 Wi-Fi 6 与 5G 的部署场景

Wi-Fi 6 网络与 5G 网络各有自己的最佳使用场景，用“一切都关乎应用”来形容当今网络最重要的要求也不算不公平。从网络演进长期趋势看，Wi-Fi 6 和 5G 将会实现深度融合。具体而言，在不久的将来两者可能在协议底层实现互通，支持相互之间的无缝漫游，共同构建一张密集覆盖全国甚至全球、保证高质量传输、提供增值能力的基础通信网络。

所以，5G 和 Wi-Fi 6 的共存和互通会带来巨大的好处，Wi-Fi 6 取代不了 5G，同样，5G 也取代不了 Wi-Fi 6。只要大家认识到“没有一个最好的技术，只有一个最适用的技术”这一点，在合适的场景选取合适的技术，就能够为企业节约成本、提高效率，加速企业的数字化转型。

1.5 Wi-Fi 及 Wi-Fi 6 的标准化

1.5.1 Wi-Fi 的标准化组织

在创新型知识经济时代，标准已经被称作世界的通用语言。无论你说哪种语言，标准的图形符号都能帮助你快速清楚地识别信息。在没有标准的世界，不仅人与人之间难以沟通，机器、零部件以及产品之间的联络也将变得困难重重。

Wi-Fi 是当下人们最常用的无线局域网连接技术，从家庭娱乐终端、移动便携、手机终端到企业的各种应用，Wi-Fi 应用的身影无处不在。它之所以应用这么广，影响这么深，是因为 Wi-Fi 技术的广泛应用离不开技术标准化的支持。目前 WLAN 诸多标准组织从不同角度、不同应用场景对其协议进行了规范制订，下面将对国内外相关的标准组织以及其对应的系列协议进行介绍。

（1）IEEE

IEEE 于 1963 年 1 月 1 日由 AIEE（美国电气工程师协会）和 IRE（美国无线电工程师协会）合并而成，是一个美国的电子技术与信息科学工程师的协会，是世界上最大的非营利性专业技术协会，会员遍布 170 多个国家和地区。IEEE 致力于电气、电子、计算机工程以及与科学有关的领域的开发和研究，在航空航天、信息技术、电力及消费性电子产品等领域已制订了 900 多个行业标准，现已发展成为具有较大影响力的国际学术组织。

IEEE 802 委员会，是 IEEE 标准组织中专门负责制订局域网国际标准的组织，下属 12 个分委员会，其中 IEEE 802.1 分委员会主要负责局域网体系结构、网络管理和性能测量方面的研究；IEEE 802.2 分委员会负责逻辑链路控制方面的研究；IEEE 802.3 到 IEEE 802.6 分委员会则负责相应网络拓扑下的介质访问控制协议。与 WLAN 相关的是 IEEE 802.11 分委员会，其主要制订与 WLAN 相关的物理层和 MAC 层协议，发布了著名的 IEEE 802.11 系列标准，为 WLAN 的发展做出了非常巨大的贡献。

（2）FCC

FCC 于 1934 年由 COMMUNICATION ACT 建立，是美国政府的一个独立机构，直接对美国国会负责。FCC 通过控制无线电广播、电视、电信、卫星和电缆来协调国内和国际的通信。许多无线电应用产品、通信产品和数字产品要进入美国市场，都要得到 FCC 的认可——FCC 认证。FCC 委员会调查和研究产品安全性的各个阶段以找出解决问题的最好方法，同时 FCC 也包括无线电装置、航空器的检测等。

FCC 管理进口和使用无线电频率装置，包括计算机、传真机、电子装置、无线电接收和传输设备、无线电遥控玩具、电话、个人计算机以及其他可能伤害人身安全的产品。这些产品如果想出口到美国，必须通过由政府授权的实验室根据 FCC 技术标准进行检测和批准。进口商和海关代理人要申报的每个无线电频率装置都应符合 FCC 标准，即 FCC 许可证。

FCC 最大的功劳是规定无线局域网中涉及的频段、功率和法律，其相关规定被推广到全球。

无线局域网工作使用ISM频段（包括2.4 GHz、5 GHz和最新发布的6 GHz），这就是FCC规定的，FCC还规定这些频段均为开放频段，用户无须到相关政府监管机构申请。

（3）Wi-Fi联盟

1999年为了推动IEEE 802.11b的制订，组成了无线以太网兼容性联盟（Wireless Ethernet Compatibility Alliance，WECA），并于2002年10月改名为Wi-Fi联盟。Wi-Fi联盟是一个商业联盟，拥有Wi-Fi的商标，负责Wi-Fi认证与商标授权的工作，其总部位于美国得克萨斯州奥斯汀（Austin）。

Wi-Fi在无线局域网的范畴是指“无线兼容性认证”，实质上是一种商业认证，同时也是一种无线联网的技术，以前通过网线连接计算机，现在则通过无线路由器，在这个无线路由器的电波覆盖的有效范围内都可以采用Wi-Fi连接方式进行联网，如果无线路由器连接了一条ADSL线路或者别的上网线路，则又被称为“热点”。

Wi-Fi联盟作为WLAN领域内行业和技术的引领者，为全世界提供测试认证。与整个产业链保持良好的合作关系，会员覆盖了生产商、标准化机构、监管单位、服务提供商及运营商等。Wi-Fi CERTIFIED认证实现WLAN技术互操作性，提供最佳用户体验，对于Wi-Fi产品和服务在新老市场的应用起到积极的推动作用。

此前，Wi-Fi联盟决定，通过重新命名不同的标准版本的方式，让普通大众更容易理解无线网络。现在，对于1997年问世的第一代Wi-Fi，我们不再称之为IEEE 802.11，而是称之为“Wi-Fi 1”，依此类推，把最新一代的Wi-Fi技术标准IEEE 802.11ax简称为Wi-Fi 6，并将前两代技术IEEE 802.11n和IEEE 802.11ac分别更名为Wi-Fi 4和Wi-Fi 5。

（4）IETF

国际互联网工程任务组（Internet Engineering Task Force，IETF）成立于1985年年底，是全球互联网最具权威的技术标准化组织，主要任务是负责与互联网相关的技术规范的研发和制订，当前绝大多数国际互联网技术标准均出自IETF。

IETF是一个由为互联网技术工程及发展做出过贡献的专家自发参与和管理的国际民间机构。它汇集了与互联网架构演化和互联网稳定运作等业务相关的网络设计者、运营者和研究人员，并向所有对该行业感兴趣的人士开放。

任何人都可以注册参加 IETF 的会议。

IETF 的主要任务是负责与互联网相关技术标准的研发和制订，是国际互联网业界具有一定权威的与网络相关技术研究团体。IETF 大量的技术性工作均由其内部的各种工作组（Working Group，WG）承担和完成。这些工作组依据各项不同类别的研究课题而组建。在成立工作组之前，先由一些研究人员自发地对某个专题展开研究，当研究较为成熟后，可以向 IETF 申请成立兴趣小组（Birds of a Feather，BOF）开展工作组筹备工作。筹备工作完成后，经过 IETF 上层研究认可后，即可成立工作组。

IETF 体系结构分为 3 类：第一类是互联网架构委员会（IAB)；第二类是互联网工程指导委员会（IESG)；第三类是在 8 个领域里的工作组。标准制订工作具体由工作组承担，工作组分成 8 个领域，133 个处于活动状态的工作组。

应用研究领域（app— Applications Area)，含 20 个工作组。

通用研究领域（gen—General Area)，含 5 个工作组。

网际互联研究领域（int—Internet Area)，含 21 个工作组。

操作与管理研究领域（ops—Operations and Management Area)，含 24 个工作组。

路由研究领域（rtg—Routing Area)，含 14 个工作组。

安全研究领域（sec—Security Area)，含 21 个工作组。

传输研究领域（tsv—Transport Area)，含 1 个工作组。

临时研究领域（sub—Sub-IP Area)，含 27 个工作组。

IETF 各工作组的标准研究包括互联网草案（Internet-Draft）和技术规范（RFC)，对任何人免费公开。

互联网草案任何人都可以提交，没有任何特殊限制，而且其他的成员可以对它采取无所谓的态度。IETF 的很多重要的文件都是从互联网草案开始的。

互联网技术规范 RFC（Request for Comments）是 IETF、IESG 和 IAB 的正式出版物，有多种类型，应该注意的是，并不是所有的 RFC 都是技术标准。其中只有一些 RFC 是技术标准，另外一些 RFC 只是参考性报告。

RFC 更为正式，而且历史上都是存档的，一般来讲，被批准出台以后，它的内容不再做改变。作为标准的 RFC 又分为如下几种：

- 第一种是提议性的，即建议作为一个方案而列出；

- 第二种是完全被认可的标准；
- 第三种是现在的最佳实践法，它相当于一种介绍。

（5）ETSI

欧洲电信标准化协会（European Telecommunications Standards Institute，ETSI）是由欧洲共同体（简称欧共体）委员会 1988 年批准建立的一个非营利性的电信标准化组织，总部设在法国南部的尼斯。ETSI 的标准化领域主要是电信业，并涉及与其他组织合作的信息及广播技术领域。ETSI 作为一个被 CEN（欧洲标准化协会）和 CEPT（欧洲邮电主管部门会议）认可的电信标准协会，其制订的推荐性标准常被欧共体作为欧洲法规的技术基础而采用并被要求执行。

ETSI 技术机构可分为 3 种：技术委员会及其分委会、ETSI 项目组和 ETSI 合作项目组。ETSI 还有特别委员会，包括财经委员会、欧洲电信标准观察组、工作协调组、专家安全算法组、全球移动多媒体合作组、用户组、新观点以及 ETSI 和 ECMA 协调组 8 个委员会。

ETSI 与 ITU（国际电信联盟）相比具有许多不同之处。首先，ETSI 具有很大的公众性和开放性，主管部门、用户、运营者、研究单位都可以平等地发表意见。另外，其对市场敏感，按市场和用户的需求制订标准，用标准来定义产品，指导生产。针对性和时效性强，也是 ETSI 与 ITU 的不同之处。ITU 为了协调各国，在制订标准时，常常留有许多任选项，以便不同国家和地区进行选择，但给设备的统一和互通造成麻烦。而 ETSI 针对欧洲市场和世界市场的情况，将一些指标进行了深入细化。

ETSI 的标准制订工作是开放式的。标准的立题是由 ETSI 的成员通过技术委员会提出的，经技术大会批准后列入 ETSI 的工作计划，由各技术委员会承担标准的研究工作。技术委员会提出的标准草案，经秘书处汇总后发往成员国的标准化组织征询意见，返回意见后，再修改汇总，在成员单位进行投票。赞成票超过 70%的可以成为正式 ETSI 标准，否则可成为临时标准或其他技术文件。

（6）CCSA

中国通信标准化协会（China Communications Standards Association，CCSA）于 2002 年 12 月 18 日在北京正式成立。该协会采用单位会员制，协会是国内企事业单位自愿联合组织起来，经业务主管部门批准，社会团体登记管理机关登记，开展通信技术领域标准化活动的非营利性法人社会团体。

CCSA 的主要任务是更好地开展通信标准研究工作，把通信运营企业、制造企业、研究单位、高等院校等关心标准的企事业单位组织起来，按照公平、公正、公开的原则制订标准，进行标准的协调、把关，把高技术、高水平、高质量的标准推荐给政府，把具有我国自主知识产权的标准推向世界，支撑我国的通信产业，为世界通信做出贡献。

中国通信标准化协会由会员大会、理事会、技术专家咨询委员会、技术管理委员会、若干技术工作委员会和秘书处组成。其主要开展技术工作的技术工作委员会（简称 TC）有 11 个，列举如下。

- TC1：互联网与应用。
- TC3：网络与业务能力。
- TC4：通信电源与通信局站工作环境。
- TC5：无线通信。
- TC6：传送网与接入网。
- TC7：网络管理与运营支撑。
- TC8：网络与信息安全。
- TC9：电磁环境与安全防护。
- TC10：物联网。
- TC11：移动互联网应用和终端。
- TC12：航天通信技术。

除技术工作委员会外，CCSA 还适时根据技术发展方向和政策需要，成立特设任务组（ST），目前有 ST2（通信设备节能与综合利用）、ST3（应急通信）、ST7（量子通信与信息技术）、ST8（工业互联网）和 ST9（导航与位置服务）5 个特设任务组。

负责无线通信的 TC5，主要的研究领域包括：移动通信、无线接入、无线局域网、卫星与微波、集群等无线通信技术及网络，无线网络配套设备及无线安全等标准制订，无线频谱、无线新技术等研究，并主要对接 ITU-R、3GPP、IEEE 和 OMA 等国际标准组织的研究工作。

（7）WAPI

无线局域网鉴别和保密基础结构（Wireless LAN Authentication and Privacy Infrastructure，WAPI）是一种安全协议，同时也是我国无线局域网安全强制性标准。

WAPI是我国自主研发的、拥有自主知识产权的无线局域网安全技术标准。与Wi-Fi相比，对于用户而言，WAPI可以使笔记本计算机以及其他终端产品更加安全。

当前全球无线局域网领域仅有的两个标准，分别是美国行业标准组织提出的IEEE 802.11系列标准（包括IEEE 802.11 a/b/g/n/ac等）以及我国提出的WAPI标准。

本方案已由国际标准化组织ISO/IEC授权的机构IEEE Registration Authority（IEEE注册权威机构）正式批准发布，分配了用于WAPI协议的以太类型字段，这也是我国在该领域唯一获得批准的协议。

（8）WBA

无线宽带联盟（Wireless Broadband Alliance，WBA）成立于2003年，其成员主要包括电信运营商、设备提供商、第三方转接商。其目标是通过技术创新、互联和稳健的安全性，与会员一起致力于为用户提供高质量的Wi-Fi体验。WBA开发通用的商业与技术框架，在网络、技术和设备中实现Wi-Fi互操作性，进而在全球推动无线宽带的采用。

WBA现有50家成员单位，包括美国AT&T、德国T-Mobile、英国BT、日本NTT DoCoMo等运营商以及Intel和思科等众多厂商。WBA一直致力于通过标准制订、行动协调实现全球无缝Wi-Fi用户体验。其下辖3个工作组：商业工作组、工业签约工作组、漫游工作组。商业工作组主要负责建立商业模型，指导支撑项目以增强用户体验；工业签约工作组主要负责组织产业界的活动以促进产业发展；漫游工作组则主要负责制订所有与漫游相关的标准、建议书、经验书等。

（9）3GPP

第三代合作伙伴计划（3rd Generation Partnership Project，3GPP）成立于1998年12月，多个电信标准组织伙伴共同签署了《第三代伙伴计划协议》。3GPP最初的工作范围是为第三代移动通信系统制订全球适用的技术规范和技术报告。第三代移动通信系统基于GSM核心网络和它们所支持的无线接入技术，主要是UMTS。随后3GPP的工作范围得到了改进，增加了对UTRA长期演进系统的研究和标准制订。目前有欧洲的ETSI，美国的ATIS，日本的TTC、ARIB，韩国的TTA，印度的TSDSI以及我国的CCSA作为3GPP的7个组织伙伴（OP）。3GPP的组织结构中，项目协调组（PCG）是最高管理机构，代表OP负责全面协调工作，如负责3GPP组织架构、时间计划、工作分配等。技术方面的工作由技术规范组（TSG）

完成。目前 3GPP 共分为 3 个 TSG（之前为 5 个 TSG，后 CN 和 T 合并为 CT，GERAN 被撤销），分别为 TSG RAN（无线接入网）、TSG SA（业务与系统）、TSG CT（核心网与终端）。每一个 TSG 下面又分为多个 WG，每个 WG 分别承担具体的任务，目前共有 16 个 WG。

3GPP 工作组并不制订标准，而是提供技术规范（TS）和技术报告（TR），并由 TSG 批准，一旦 TSG 批准了，就会提交给组织的成员，再进行各自的标准化处理流程。

简单地说，3GPP 一开始是为了 3G 而诞生的，但后来"越战越勇"，4G、5G、6G 一路发展。

1.5.2 IEEE 802.11 系列标准

IEEE 802.11 系列协议各版本主要技术特点具体见表 1-4。需要说明的是，表 1-4 中的 IEEE 802.11 标准其实是 IEEE 802.11 下属的任务组针对不同专题分别制订的标准修正案，比如 IEEE 802.11i 针对无线安全专题进行了补充。IEEE 802.11m 任务组专门负责 IEEE 802.11 协议的维护，负责将经过批准的正式修正案发布成标准，一旦新标准发布，旧标准自动作废。

表 1-4 IEEE 802.11 系列协议各版本主要技术特点

序号	标准名称	发布时间	主要性能演变
1	IEEE 802.11	1997 年	第一代无线局域网原始标准（2.4 GHz，2 Mbit/s）
2	IEEE 802.11a	1999 年	物理层补充（5 GHz，54 Mbit/s）
3	IEEE 802.11b	1999 年	物理层补充（2.4 GHz，11 Mbit/s）
4	IEEE 802.11c	2000 年	在媒体接入控制层桥接（MAC Layer Bridging）层面上进行扩展，旨在制订无线桥接运作标准，但后来将标准追加到既有的 IEEE 802.11 中，成为 IEEE 802.11d
5	IEEE 802.11d	2001 年	根据各国无线电规定做的调整
6	IEEE 802.11e	2005 年	对服务等级的支持
7	IEEE 802.11f	2003 年	接入点内部协议（Inter-Access Point Protocol，IAPP），2006 年 2 月被 IEEE 批准撤销
8	IEEE 802.11g	2003 年	物理层补充（2.4 GHz，54 Mbit/s）
9	IEEE 802.11h	2003 年	无线覆盖半径的调整，室内和室外信道（5 GHz 频段）

（续表）

序号	标准名称	发布时间	主要性能演变
10	IEEE 802.11i	2004 年	无线网络安全方面的补充
11	IEEE 802.11j	2004 年	根据日本规定做的升级
12	IEEE 802.11k	2008 年	该协议为无线局域网应该如何进行信道选择、漫游服务和传输功率控制提供了标准
13	IEEE 802.11l	—	预留，并不打算使用，避免与 IEEE 802.11i 产生混乱
14	IEEE 802.11m	—	IEEE 802.11 规范家族的维护标准
15	IEEE 802.11n	2009 年	支持多输入多输出（MIMO）技术，速率提高到 300 Mbit/s，甚至高达 600 Mbit/s
16	IEEE 802.11o	—	针对局域网中的语音应用
17	IEEE 802.11p	2010 年	针对汽车通信的特殊环境而制订的标准
18	IEEE 802.11r	2008 年	快速 BSS 切换（FT）
19	IEEE 802.11s	2011 年	Mesh 网络，扩展服务集（ESS）
20	IEEE 802.11t	—	针对无线性能预报，可以成为测试无线网络的标准
21	IEEE 802.11u	2011 年	改善热点和第三方授权的客户端，如蜂窝网络卸载
22	IEEE 802.11v	2011 年	无线网络管理，基于 IEEE 802.11k 所取得的成果，主要面对的是运营商，致力于增强由 Wi-Fi 网络提供的服务
23	IEEE 802.11w	2009 年	针对 IEEE 802.11 管理帧的保护
24	IEEE 802.11x	—	通用 IEEE 802.11 规范家族名称
25	IEEE 802.11y	2008 年	针对美国 3 650～3 700 MHz 的规定
26	IEEE 802.11aa	2012 年	标准确定了在新的机制下，允许无线局域网中高效、强大地传输媒体流
27	IEEE 802.11ac	2013 年	拥有更高传输速率的改善，仅支持用于 5 GHz，单信道速率提高到至少 500 Mbit/s。使用更高的无线带宽（80～160 MHz，IEEE 802.11n 只有 40 MHz），更多的 MIMO 流（最多 8 条流），更高的调制方式（256QAM）（5 GHz，1.73 Gbit/s）
28	IEEE 802.11ad	2013 年	该标准的 WiGig 技术最初由 WiGig（无线吉比特联盟）主导开发，可支持在 60 GHz（毫米波）频段上进行多个吉比特无线通信的 IEEE 802.11 标准所做的修订。在多媒体应用方面具有高容量、高速率（PHY 采用 OFDM 方案时最高传输速率可达 7 Gbit/s、采用单载波调制方案时最高传输速率可达 4.6 Gbit/s）
29	IEEE 802.11af	2013 年	定位在甚高频频段以及超高频频段，从 54 MHz 到 790 MHz 的电视空白频谱（Television White Space，TVWS）的无线通信标准

（续表）

序号	标准名称	发布时间	主要性能演变
30	IEEE 802.11ah	2016 年	用来支持无线传感器网络（Wireless Sensor Network，WSN），以及支持物联网、智能电网（Smart Grid）的智能电表（Smart Meter）等应用
31	IEEE 802.11ax	2019 年	以现行的 IEEE 802.11ac 作为基底草案，物理层继续提升，组网部分引入与 5G 同源的 OFDMA 技术，实现比 IEEE 802.11ac 更高的传输速率和效率
32	IEEE 802.11be	—	IEEE 802.11be 可以支持最多 16 个空间流，可达 30 Gbit/s 的吞吐量，并且该协议会考虑到与 2.4 GHz、5 GHz 以及 6 GHz 频带的前后兼容性。同时大力改善网络中的极端时延和抖动，按照 TG 的目标，将时延控制在 5 ms 以下

因 IEEE 802.11 系列协议应用非常广泛，协议本身也非常复杂庞大，因此，依据其协议演进的技术属性，可进一步归纳为如图 1-26 所示的过程。

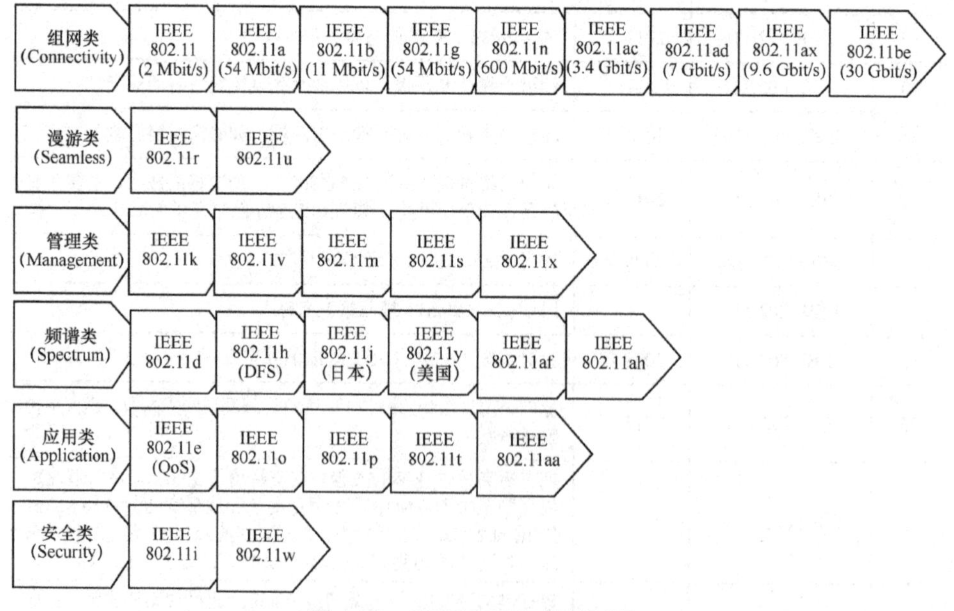

图 1-26　IEEE 802.11 演进过程

1.5.3　Wi-Fi 6 的标准化与认证工作进展

Wi-Fi 标准的更新迭代起源于 IEEE。新标准演进均由 IEEE 成立专门工作组进行研究和制订，而且工作组每年召开6次全会并在日常工作中发起许多临时的电话或视频会议进行沟通与商议，推动各个专项任务工作组更新和扩展支持Wi-Fi的技术标准。

IEEE虽然推出新标准，但在规模商用之前，业界均需要进行严格的Wi-Fi兼容性测试。这一项艰巨的工作任务主要由Wi-Fi联盟负责实施。Wi-Fi联盟进行一系列兼容性插拔测试、支持互操作测试方案和认证计划的拟定，确保整个Wi-Fi生态系统中所有不同供应商之间的Wi-Fi客户端与Wi-Fi接入点实现相互兼容。

最近一次主要的物理层认证是IEEE 802.11ac的wave1商用产品，从2014年开始，而IEEE 802.11ac wave2商用产品从2016年开始。在IEEE 802.11ac wave2产品开始商用之前，IEEE就开始研究下一个“物理层认证”标准，并命名为IEEE 802.11ax。该项目组于2014年3月正式启动，直到2018年年初，由无线领域的与会专家通过一系列“信函投票”，在标准规定的范围内，进行更新与修订。随着每次更新与修订，细节变得越来越扎实。

另外，在Wi-Fi认证工作开展方面，Wi-Fi联盟在IEEE全面完成底层规范之前就开始了认证测试工作。因早期对IEEE 802.11的物理层修正开创了一个先例，实现Wi-Fi联盟与IEEE并行工作，以加速新标准应用新产品的上市，IEEE 802.11ax同样遵循这一时间表。

认证路径与标准化工作的重叠对于缩短上市时间非常重要，并且由于标准组织和设备供应商在之前的物理层修订方面具备经验，因此风险可控。

图1-27展示了IEEE 802.11ax标准研究的进展。

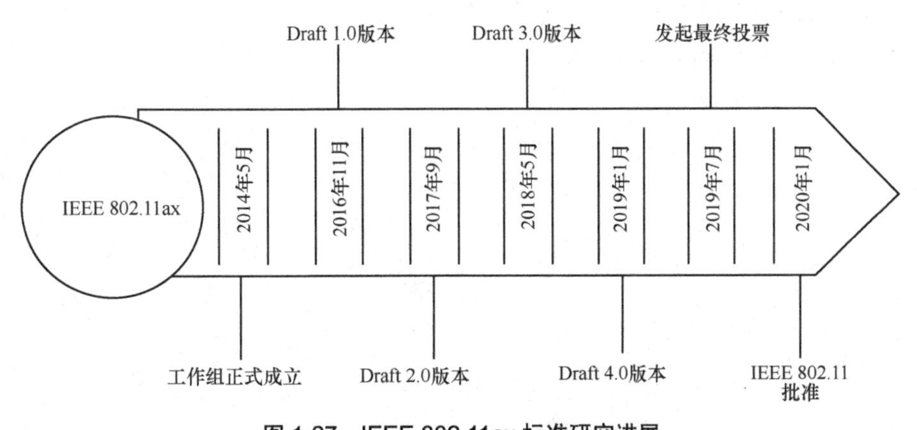

图1-27 IEEE 802.11ax标准研究进展

- 2013 年 3 月成立 HEW（High Efficiency Wireless）TG，研究新一代 IEEE 802.11ax 标准。
- 2014 年 5 月 TG 正式开始 IEEE 802.11ax 标准的研究和制订。
- 2016 年 11 月提交 IEEE 802.11ax 标准 1.0 版本的草案。
- 2017 年 9 月提交 IEEE 802.11ax 标准 2.0 版本的草案。
- 2018 年 5 月提交 IEEE 802.11ax 标准 3.0 版本的草案。
- 2019 年 1 月提交 IEEE 802.11ax 标准 4.0 版本的草案。
- 2020 年 Wi-Fi 6 正式商用。

图 1-28 展示了 Wi-Fi 联盟对 Wi-Fi 6 兼容性认证的时间表。

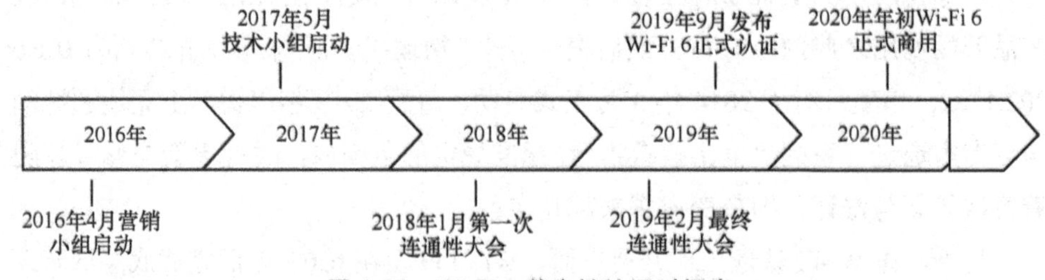

图 1-28　Wi-Fi 6 兼容性认证时间表

- 2016 年 4 月 Wi-Fi 联盟成立 Wi-Fi 6 营销小组。
- 2017 年 5 月 Wi-Fi 联盟正式成立 Wi-Fi 6 连通性认证技术小组。
- 2018 年 1 月 Wi-Fi 联盟进行了 Wi-Fi 6 初次连通性认证测试大会。
- 2019 年 2 月 Wi-Fi 联盟进行了 Wi-Fi 6 最终连通性认证测试大会。
- 2019 年 9 月，Wi-Fi 联盟正式宣布将启动 Wi-Fi 6 认证计划，通过认证的产品可以用 Wi-Fi 6 标志进行区分。
- 2020 年 Wi-Fi 6 正式商用。

第2章

Wi-Fi 6 关键技术

Wi-Fi 6（IEEE 802.11ax）继承了 Wi-Fi 5（IEEE 802.11ac）的所有先进 MIMO 特性，并新增了许多针对高密度部署场景的新特性。以下是 Wi-Fi 6 的核心新特性：

- OFDMA 技术；
- DL/UL MU-MIMO 技术；
- 1 024QAM 调制技术；
- 空中复用及着色技术；
- 扩展覆盖范围。

2.1 Wi-Fi 6 无线核心技术

2.1.1 OFDM 技术

正交频分复用（Orthogonal Frequency Division Multiplexing，OFDM）是一种比较特殊的多载波传输方式。它既可以被认为是一种调制技术，也可以被认为是一种复用技术。OFDM 最早起源于 20 世纪 50 年代，在 20 世纪 60 年代已经形成并使用并行数据和频分复用的概念。OFDM 的主要优势在于它可以有效地对抗频率选择性衰落或者干扰。

传统的并行传输系统，整个信号被划分为 n 个互不重叠的频率子信道，每个子信道承载独立的调制信号，然后将 n 个子信道进行频率复用，这样做可以避免信道频谱重叠和信道间的相互干扰，但是却大大浪费了最宝贵的频谱资源。为了有效利用频谱资源，采用子信道相互覆盖的并行传输数据模式，这样可以有效对抗窄带脉冲噪声和多径衰落。

非重叠多载波和重叠多载波如图 2-1 所示。

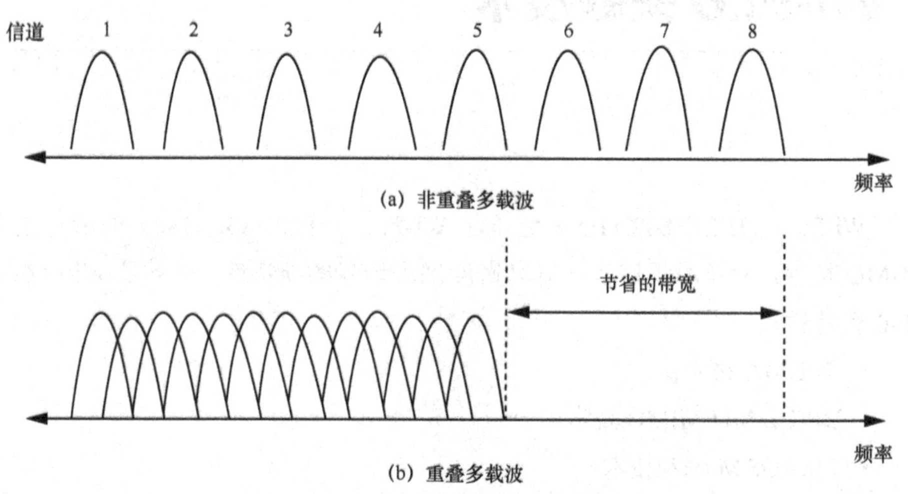

图 2-1　非重叠多载波和重叠多载波

从图 2-1 可以看出非重叠多载波技术和重叠多载波技术的差别，利用重叠的多载波技术可以有效地节省带宽。为了实现这种子信道相互重叠的多载波，必须要考虑减少各个子信道之间的相互干扰问题，也就是要求各个调制子载波之间保持严格的正交性。

在 IEEE 802.11a/g/n/ac 中，采用 OFDM 作为单个用户传输的物理层技术。OFDM 是将高速率的数据信号转换为若干低速率数据流，每个低速率数据流对应一个载波进行调制，组成一个多载波同时调制的并行传输系统。这样将总的信号带宽划分为 N 个互不重叠的子信道，N 个子信道进行正交频分多重调制，可以增强系统的抗衰落和抗干扰能力，并且大大提高了频谱的利用率。

OFDM 中的 O 是指 Orthogonal，即正交的意思，下面以简单的示例说明。我们都知道，正弦函数是波的最直观描述，在数学中 $\sin(t)$和 $\cos(t)$是正交的。在[0，2π]的时长内，采用通俗易懂的幅度调制方式来传送信号，假设 $\sin(t)$传送 a 信号，发送 $a\times\sin(t)$；$\cos(t)$传送 b 信号，发送 $b\times\cos(t)$。$\sin(t)$和 $\cos(t)$是用来承载信号的子载波，子载波可以在收发侧预先设定好，调制在子载波上的幅度 a 和 b 才是要真正传送的信号。在接收端，分别对接收到的信号 $a\times\sin(t)+b\times\cos(t)$ 做关于 $\sin(t)$ 和 $\cos(t)$ 的积分检测就可以得到真正的信号 a 和 b。$\sin(t)$，$\sin(2t)$，…，$\sin(nt)$ 分别幅度调制 a_1，a_2，…，a_n 信号，$\cos(t)$，$\cos(2t)$，…，$\cos(nt)$ 分别幅度调制 b_1，b_2，…，b_n 信号。每个子载波序列发送自己的信号，在接收端收到的叠加信号可以用傅里叶级数表示，再在每个子载波上分别相乘后积分就可以取出每个子载波承载的信号。

如图 2-2 所示，在各个子载波上的这种正交调制和解调可以采用快速傅里叶逆变换（Inverse Fast Fourier Transform，IFFT）和快速傅里叶变换（Fast Fourier Transform，FFT）实现，随着大规模集成电路技术和 DSP 技术的发展，IFFT 和 FFT 都是非常容易实现的。FFT 的引入，大大降低了 OFDM 的实现复杂性，提升了系统性能。

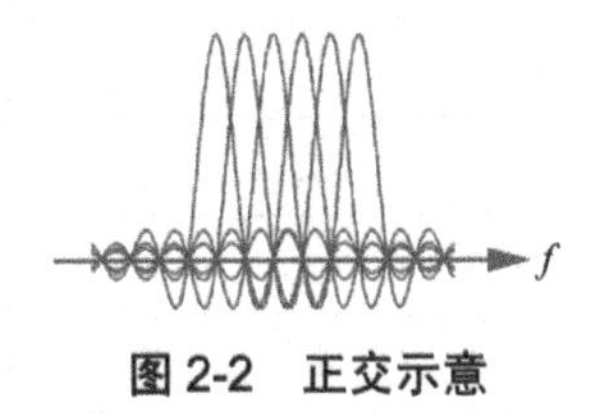

图 2-2 正交示意

无线数据业务一般都存在非对称性，即下行链路中的数据传输量要远远大于上行链路中的数据传输量。因此无论从用户高速数据传输业务的需求，还是从无线通信系统自身来说，都希望物理层支持非对称高速数据传输。而 OFDM 容易通过使用不同数量的子载波来实现上行和下行链路中不同的传输速率。

由于无线信道存在频率选择性，所有的子载波不可能同时处于比较深度的衰落之中，因此可以通过动态比特分配和动态子信道分配的方法，充分利用信噪比较高的子信道，从而提高系统的性能。由于窄带干扰只能影响一小部分子载波，因此 OFDM 系统在某种程度上可以抵抗这种干扰。

与上面的优点相比，OFDM 的缺点也比较明显。与传统的单载波相比，基于多载波技术的 OFDM 更易受到频率偏差的影响，OFDM 对子载波的正交性是有严格要求的，但是由于无线信道存在时变性，在传输过程中会出现无线信号的频率偏移，或者接收端和发射端存在频率偏差等情况，都会使得 OFDM 系统子载波之间的正交性遭到破坏，导致子信道之间的载波间干扰（Inter-Carrier

Interference，ICI）。OFDM 的多载波系统是多个子信道信号的叠加输出，如果输出信号的相位一致，叠加信号产生的功率会瞬间远超平均功率，导致出现很大的峰值平均功率比。如果发射机内的放大器的动态范围不能满足这种突发变化，则会带来信号畸形，导致叠加信号的频谱发生变化，从而引发 ICI，使系统性能发生恶化。

基于 OFDM 的调制方式有很多种，常见的方式包括二进制相移键控（Binary Phase Shift Keying，BPSK）、正交相移键控（Quadrature Phase Shift Keying，QPSK）和正交幅度调制（Quadrature Amplitude Modulation，QAM）。表 2-1 以 IEEE 802.11a 为例，说明调制方式和速率之间的关系。

表 2-1　IEEE 802.11a 调制方式和速率的关系

调制方式	编码率	速率/($Mbit \cdot s^{-1}$)
BPSK	1/2	6
BPSK	3/4	9
QPSK	1/2	12
QPSK	3/4	18
16QAM	1/2	24
16QAM	3/4	36
64QAM	2/3	48

调制方式为 BPSK，编码率为 1/2 方式时，每个子信道编码 1 bit，相当于每个符号 48 bit，这些位中有一半是用于纠错的多余位，因此每个符号中实际只包含了 24 bit，折合下来速率为 6 Mbit/s。由表 2-1 可以看出，要提高速率，可以使用点数更多的星座图，但是要达到更高的速率，接收的信号质量必须足够好，否则将无法有效区分星座图的相邻位置。

2.1.2　OFDM 的其他应用

自 20 世纪 80 年代开始，OFDM 调制技术已被广泛应用于射频的各个领域，例如，数字音频广播（Digital Audio Broadcasting，DAB）、数字视频广播（DVB）、基于 IEEE 802.11 标准的 WLAN 以及有线电话网基于双绞线非对称高比特率数字用户线技术（ADSL）。其中大多利用了 OFDM 可以有效消除多径传输造成的符间串扰的特点。

1995 年，ETSI 首次提出 DAB 标准，此标准是使用 OFDM 技术的第一个标准。它是在 AM 和 FM 音频广播的基础上发展起来的，可以提供与 CD 相媲美的音质以及其他新型数据业务。表 2-2 对数字音频广播与模拟音频广播的技术特性进行了对比。DAB 在频谱方面可以支持单频网络。正是由于采用了 OFDM 技术，DAB 使用单频网络才成为可能，而这就大大提高了系统的频谱效率。

表 2-2　数字音频广播与模拟音频广播的技术特性对比

对比项	数字音频广播	模拟音频广播
传输内容	声音、文字、图片等多媒体	声音
行动性	可高速行动接收	高速行动接收容易使信号受到干扰从而产生噪声
音质	可确保音质	音质受地形、其他信号干扰影响
频道负载	通过较佳的压缩技术，一个频道可以传输多个接近 CD 音质的节目	一个频道只能传送一个标准音质的节目
频谱	可采用单频网络	需采用多频网络

1997 年，基于 OFDM 的 DVB 标准也开始投入使用。在 ADSL 应用中，OFDM 被典型地当作离散多音调制（DMT Modulation），成功地用于有线环境中。1998 年 7 月，经过多次修改之后，IEEE 802.11 标准组织决定选择 OFDM 作为 WLAN 的物理层接入方式。

IEEE 802.11a 标准是第一个使用 OFDM 进行分组数据传输的标准。考虑到分组数据传输的突发性特点，IEEE 802.11a 的帧结构与 DAB 和 DVB 等连续传输系统的帧结构有很大不同。IEEE 802.11a 的帧结构如图 2-3 所示。IEEE 802.11a 的帧长不固定，这一点与传统以太网的帧类似。其中，IEEE 802.11a 的帧分为 3 个部分：物理层汇聚协议（PLCP）前导（Preamble）部分、信号（Signal）部分以及长度可变的数据（Data）部分。其中前导部分由 12 个 OFDM 符号组成，包括 10 个长度为 800 ns 的短训练符号和两个长度各为 4 μs（实际上是一个长度为 8 μs 的 OFDM 符号，在时间上可等价于两个普通的 OFDM 符号）的长训练符号。

PLCP前导部分 12个符号	信号部分 1个OFDM符号	数据部分 可变数量的OFDM符号

图 2-3　IEEE 802.11a 的帧结构

前导部分的主要作用是识别帧的开始、自动增益控制、载波和符号同步以及信道估计。信号部分的主要作用是通知接收机有关数据部分的调制类型、编码速率以及数据长度信息。数据部分包含要传送的数据以及用于同步接收机扰码器的信令信息。

2.1.3　OFDMA 技术

2.1.3.1　OFDM 和 OFDMA 帧结构

在 IEEE 802.11ax 中，引入了一种新的基于 OFDM 的 OFDMA（Orthogonal Frequency- Division Multiple Access）技术，其承载数据的子信道被划分成更小的时频资源单元，即 RU（Resource Unit），如图 2-4 所示。通过 OFMDA 的划分，多个用户可以进行并行传输，提高信道利用率。每一个 RU 内的数据和导频，在 OFDMA 子信道内都是相邻而且连续的。

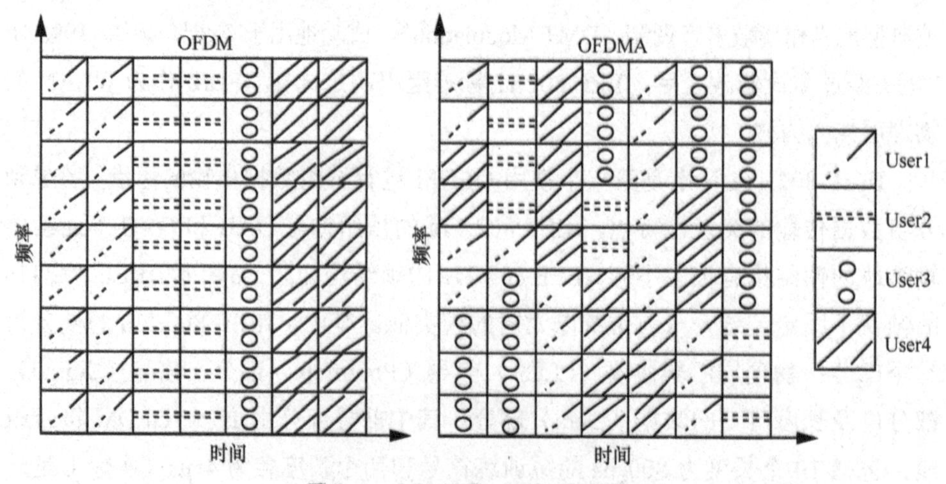

图 2-4　OFDM 和 OFDMA 示意

OFDM 工作模式：用户是通过不同时间区分出来的。每一个时间片段，一个用户完整占据全部的子载波，并且发送一个完整的数据包。

OFDMA工作模式：用户是根据时频资源块RU区分出来的。将整个信道的资源分成一个个小的固定大小的时频RU。在这种模式下，用户的数据是承载在每一个RU上的，一个报文中不同的子载波可以分配给不同的用户进行并发的通信。从总的时频资源上来看，每一个时间片上，有可能有多个用户同时传输数据。

图2-5能更直观地反映出OFDM和OFDMA传输速率的差别。OFDM好比只有一条行驶车道，各种信号只能在这条车道上按顺序传输；OFDMA相当于有多条快速道，各种信号可以选择不同的路径同时进行传输，所以OFDMA的传输速率和效率远远高于OFDM。

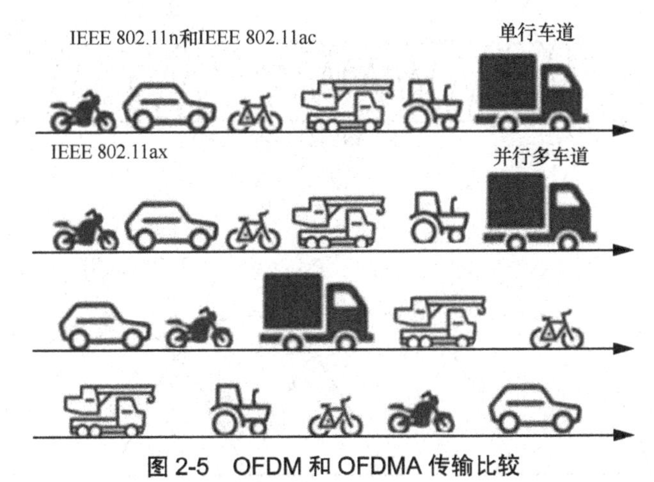

图2-5 OFDM和OFDMA传输比较

图2-6给出了OFDM和OFDMA的帧结构对比详情，可以看出OFDMA方式减少了帧前导和帧间隙（SIFS等）及终端之间竞争退避（Contention）的时间消耗，从而提升了多用户并发场景的通信效率。

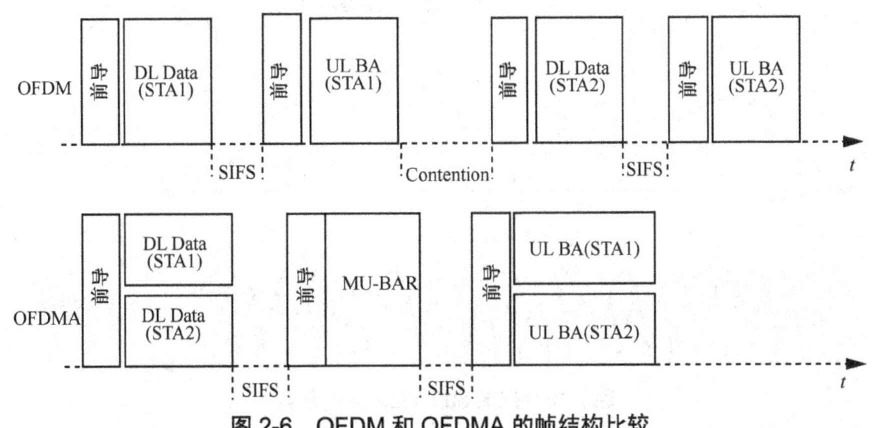

图2-6 OFDM和OFDMA的帧结构比较

2.1.3.2 OFDM 和 OFDMA 的子载波

OFDM 和 OFDMA 都通过傅里叶逆变换将信道分成子载波。子载波之间是正交关系，即使没有保护子载波，它们相互也不会干扰，在 OFDM 和 OFDMA 中，同时会分配 Null 子载波，其不承载任何数据，只用来防止 ICI。

如图 2-7 所示，20 MHz 的 IEEE 802.11n/ac 信道包含 64 个子载波，分别为 52 个子载波（用于承载数据）、4 个导频子载波、8 个 Null 保护子载波，每个 OFDM 子载波是 312.5 kHz。

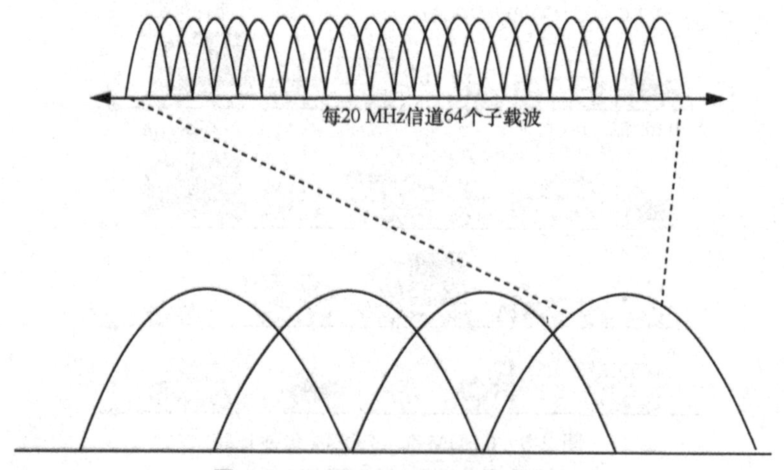

图 2-7　IEEE 802.11n/ac 载波示意

IEEE 802.11ax 每个子载波从 312.5 kHz 缩小到 78.125 kHz。更窄的子载波间隔可以提供更高的频域分辨率，提升均衡能力。如图 2-8 所示，子载波宽度变为 78.125 kHz 后，1 个 20 MHz 信道可以包含 256 个子载波。

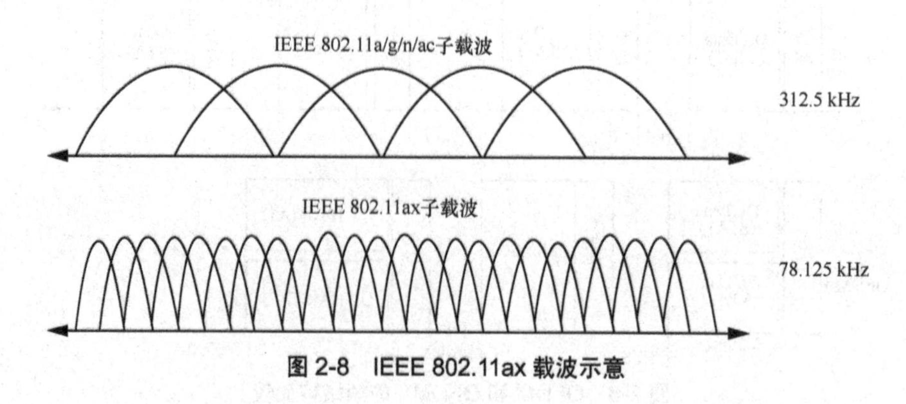

图 2-8　IEEE 802.11ax 载波示意

IEEE 802.11ax 协议中将子载波定义划分了几种不同的用途。

（1）Data 子载波：用于传输数据。

（2）Pilot 子载波：分布在 Data 子载波内部，辅助 Data 子载波做同步相位等。

（3）Unused 子载波：又分为 DC 载波、Guard band 子载波、Null 子载波。这些子载波也起到辅助和保护的作用。

其中，协议规定了几种不同大小的 Data 子载波集合，即可分配给单个用户的子载波集合，称为 RU。

- 26-tone with 2 pilots；
- 52-tone with 4 pilots；
- 106-tone with 4 pilots；
- 242-tone with 8 pilots；
- 484-tone with 16 pilots；
- 996-tone with 16 pilots。

tone 即子载波，26-tone 就是由 26 个子载波组成的 RU，IEEE 802.11ax 中每个子载波带宽为 78.125 kHz，26-tone 约为 2 MHz，是单个用户可分配的最小单位；Pilot 子载波占据响应数量的子载波，所以 26-tone with 2 pilots 实际的数据子载波为 24 个。

图 2-9 列出了 4 种基本的 RU 组合：

（1）9×26-tone，即单个报文的子载波平分给 9 个终端（中间的一个 RU 被 DC 切开）；

（2）4×52-tone + 1×26-tone，共 5 个终端；

（3）2×102-tone + 1×26-tone，共 3 个终端；

（4）1×242-tone，1 个终端独占所有子载波。

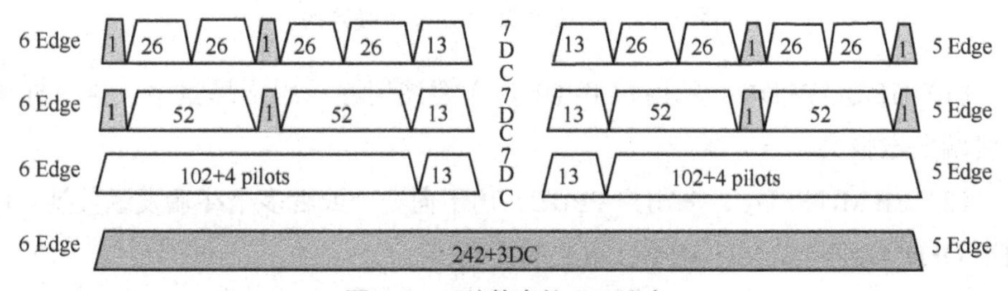

图 2-9 4 种基本的 RU 组合

表 2-3 列出了各带宽下不同尺寸 RU 的最大数量。

表 2-3　各带宽下不同尺寸 RU 的最大数量

RU Type	CBW20	CBW40	CBW80	CBW80+80 and CBW160
26-tone RU	9	18	37	74
52-tone RU	4	8	16	32
106-tone RU	2	4	8	16
242-tone RU	1	2	4	8
484-tone RU	N/A	1	2	4
996-tone RU	N/A	N/A	1	2
2×996-tone RU	N/A	N/A	N/A	1

由于在 IEEE 802.11ax 协议中，新增加了 HE PPDU 帧结构，所以 OFDMA 可以在单个报文中分配 RU 给不同的终端。新增的帧结构有 4 种，如图 2-10 所示。

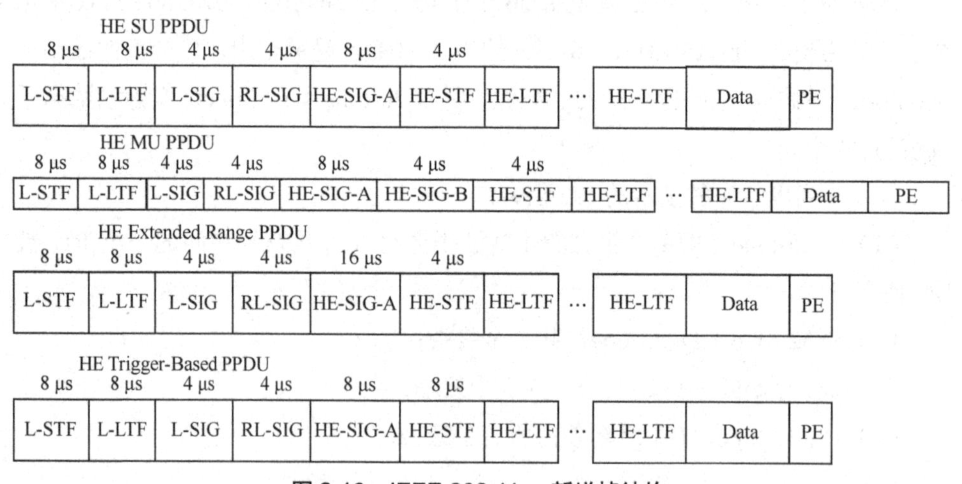

图 2-10　IEEE 802.11ax 新增帧结构

（1）HE SU PPDU：单用户 PPDU，主要使用在单用户场景中，用于向单个终端发送报文。

（2）HE MU PPDU：多用户 PPDU，用于向一个或者多个终端发送数据，可用于 OFDMA 和 HE MU-MIMO 报文的发送。

（3）HE Extended Range PPDU：HE 增程 PPDU，主要用在远离 AP 的单用户场景中，比如室外场景，由于距离远、信号弱，因此只在 20 MHz 下发送。

（4）HE Trigger-based PPDU：HE 触发回应帧，用于上行的 OFDMA 或 MU-MIMO，由 AP 发送的 Trigger 报文触发。

表 2-4 详细说明了 IEEE 802.11ax 帧结构。

表 2-4　IEEE 802.11ax 帧结构说明

字段	说明
L-STF	Legacy Short Training Field，传统短训练字段，可兼容 non-HT 设备的字段
L-LTF	Legacy Long Training Field，传统长训练字段，可兼容 non-HT 设备的字段
L-SIG	Legacy Signal Field，可兼容 non-HT 设备的字段
RL-SIG	Repeated Legacy Signal Field，可兼容 non-HT 设备的字段
HE-SIG-A	HE Signal A Field，新增的字段信息 A
HE-SIG-B	HE Signal B Field，新增的字段信息 B
HE-STF	HE Short Training Field，新增的短训练字段
HE-LTF	HE Long Training Field，新增的长训练字段
Data	数据部分
PE	Packet Extension Field，报文结尾的补齐和信息字段

HE-SIG-B 字段的具体结构如图 2-11 所示。

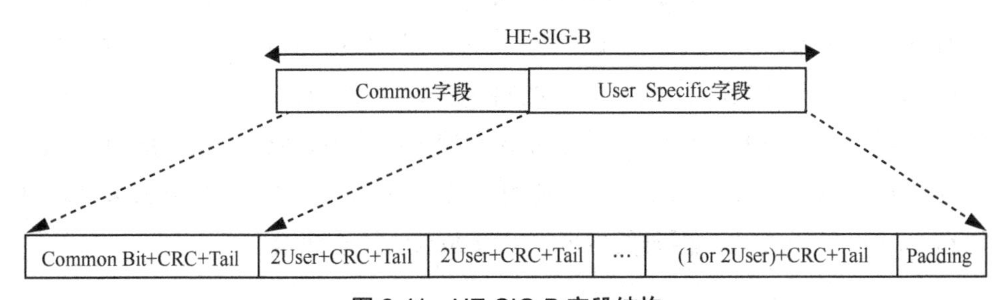

图 2-11　HE-SIG-B 字段结构

HE-SIG-B 为可变长字段，Common 字段中 RU Allocation 子字段决定了 RU 分配的方案和 User 的数量。Per-User 字段中描述了每个终端的 STA-ID、MCS、编码等关键信息。同时，User 排列的顺序也决定了其占用的 RU 位置和大小。终端在收到该字段后，就可以得知该报文是否发送给自己，且对应的 RU 位置和大小，即可以正确地解调发送给自己的 RU 的内容。

如图 2-12 所示，一个 20 MHz 的信道被 IEEE 802.11ax AP 终端细分后，可

以使用 4 种不同大小的 RU 单元，分别是 26 RU、52 RU、106 RU 及 242 RU 的子载波，大约分别相当于 2 MHz、4 MHz、8 MHz 及 20 MHz 的信道带宽。在传输过程中，IEEE 802.11ax AP 决定了可以使用多少个 RU 以及不同 RU 的组合来高效率地完成任务。可以将整个信道分配给一个客户端，也可以利用 OFDMA 技术将信道分给多个终端同时接入。

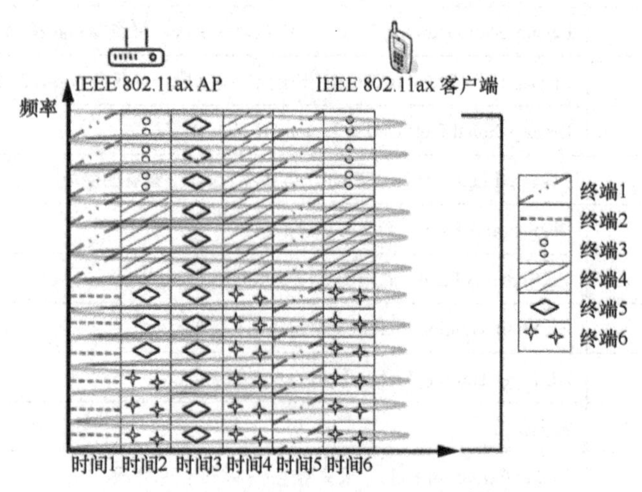

图 2-12　IEEE 802.11ax 传输示意

如图 2-12 所示，按时间轴顺序，从不同数据块可以看出，AP 终端完成了如下数据传输。时间 1：终端 1 和终端 2 收到 106 RU 的子载波；时间 2：终端 3、4、5、6 收到 52 RU 的子载波；时间 3：终端 5 收到 AP 传来的整个信道，使用了 242 RU；时间 4：终端 4 和终端 6 收到 106 RU 的子载波；时间 5：终端 5 收到 AP 传来的整个信道，使用了 242 RU；时间 6：终端 3 和终端 4 收到 52 RU 的子载波，同时终端 6 收到 106 RU 的子载波。

2.1.3.3　OFDMA 的优势

与 OFDM 相比，OFDMA 有以下几点优势。

- 信道资源分配更细致：在部分节点信道资源差的情况下，可以根据信道的质量分配发送功率，IEEE 802.11ax 可以根据信道质量选择最优 RU 资源来进行数据传输。
- 更好的 QoS：IEEE 802.11ac 之前的标准都是占用整个传输信道，所以需要发送 QoS 包必须等前一个发送者释放信道才行，存在较长的时延。在

OFDMA 模式下，由于可以一次发送多个用户数据，而一个发送者只占用部分信道，因此可以大大提高 QoS 的发送效率，降低时延。

- 更高的带宽及用户并发：OFDMA 将信道资源划分成多个子载波，子载波按照不同的 RU 类型分为若干组，每个用户可以占用一组或者多组 RU 满足不同带宽需求的业务。

2.1.4 DL/UL MU-MIMO 技术

2.1.4.1 波束成形技术

传统的 AP 配备了全向天线。全向天线是向四面八方辐射能量的天线，在俯视图情况下，全向天线的水平面辐射方向图呈现出一个围绕着 AP 的圆形。它在各个方向都辐射无线电波，为每个需要连接的终端提供接入。

另外一种传输方法是将能量集中发射到接收端，这个过程被称为波束成形（Beamforming）。波束成形提供足够的信息给 AP，使 AP 能够优先将能量发送到某一特定的方向，这样做可以将无线电传播得更远，如图 2-13 所示。

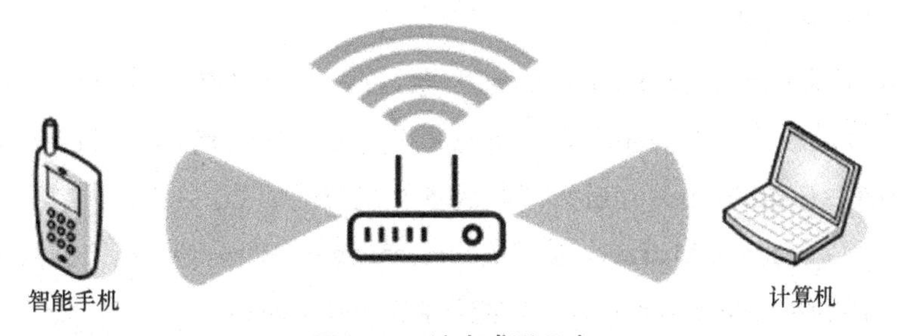

图 2-13　波束成形示意

在长距离覆盖中，波束成形和全向天线相比，并不能提供更有价值的增益，其传输速率与没有波束成形时基本相同。波束成形的优势在于能够改善指定距离的传输性能，提高 AP 在此距离覆盖范围内的传输效率。在短距离覆盖中，信号功率足够高的情况下，波束成形可以支持最大的数据传输速率；在中距离覆盖中可以提高信号的无线网络性能。

在图 2-13 中，AP 给作为终端的手机发送数据包，第一步是测量两个设备之间的无线信道，也就是校准过程。有两种校准方式：一种是显性方式，另一种是隐性方式，使用信道探测帧的是显性方式。在 IEEE 802.11ac 中采用的就是显性方式。

波束成形过程如图 2-14 所示。将波束成形帧发送出去的设备叫 Beamformer，接收波束成形帧的设备叫 Beamformee。AP 发送帧到手机，通过信道探测导出一个矩阵，告诉用户如何将能量传输给接收端。在这个过程中描述了 AP 天线系统中每个天线单元的幅度和相位，使得天线辐射方向叠加后可以准确地指向手机，并增加了传输的距离。

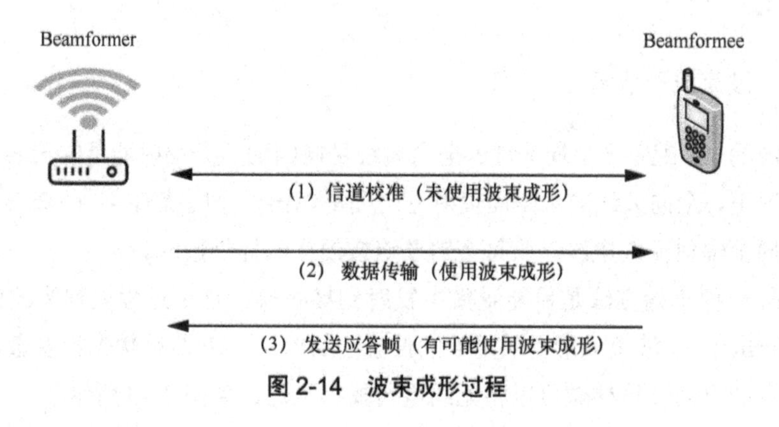

图 2-14　波束成形过程

具体的传输步骤如下。

（1）想要将信号对着 Beamformee 发送，首先需要知道 Beamformee 的方位，这个通过信道校准（Channel Calibration）完成。Beamformer 发送 NDP 给 Beamformee，Beamformee 在各天线收到各子载波的信号，且将结果汇合整理生成反馈矩阵（Feedback Matrix），发送给 Beamformer。Beamformer 根据反馈矩阵，推导出引导矩阵（Steer Matrix），从而获得 Beamformee 的方向。

（2）确认方向以后，Beamformer 通过改变天线组中不同天线的相位，引导信号向 Beamformee 的方向发射，在这个方向上信号会叠加从而增强，而其他方向信号很弱。

（3）Beamformee 收到数据以后，进行 ACK 确认。

2.1.4.2　MIMO 技术

MIMO 是指在发射端和接收端分别使用多个发射天线和接收天线，使信号通过发射端与接收端的多个天线传送和接收，从而提高信道容量或改善通信质量。图 2-15 以基站和手机终端为例，根据其包含的天线数不同，可分为 SISO、SIMO、MISO 和 MIMO 4 种传输类型。

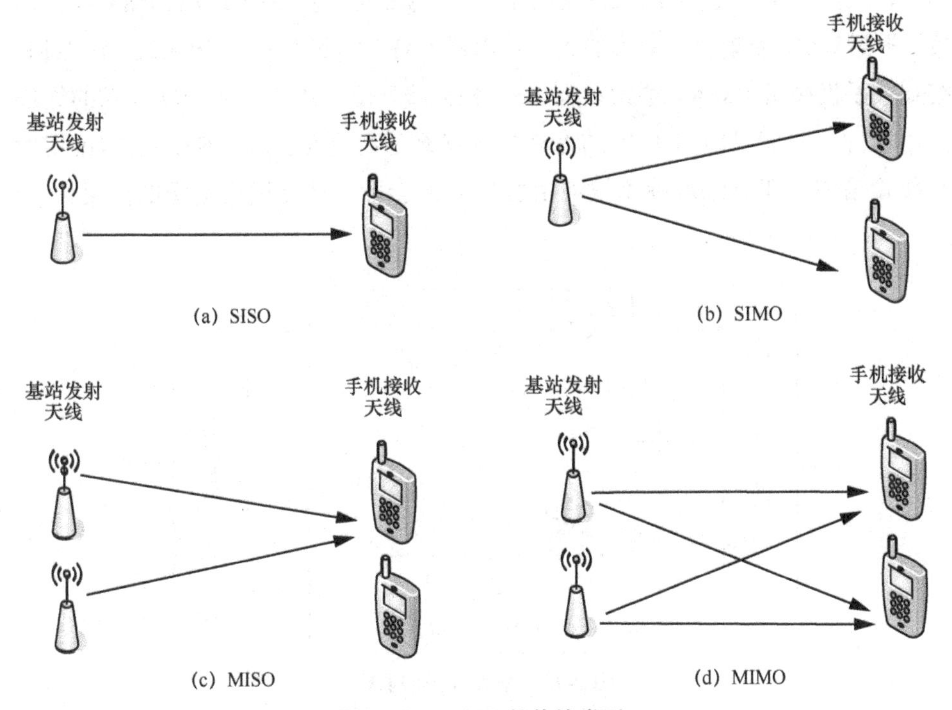

图 2-15 MIMO 的传输类型

- SISO：单输入单输出（Single Input Single Output）。
- SIMO：单输入多输出（Single Input Multiple Output）。
- MISO：多输入单输出（Multiple Input Single Output）。
- MIMO：多输入多输出（Multiple Input Multiple Output）。

MIMO 技术可简单理解为将网络资源进行多重切割，然后经过多重天线进行同步传送。其带来的好处是增加单一设备的数据传输速率，同时不用额外占用频谱范围；此外，其还能增加无线信号接收距离。

图 2-16 所示为 MIMO 系统原理，传输信息流经过空时编码形成 N 个信息子流，这些子流经过 N 个天线发射出去，经过空时解码后由 M 个天线接收。多天线接收机利用先进的空时编码处理单元能够分别解开这些数据子流来实现最佳处理。MIMO 将多径无线信道与发射、接收视为一个整体进行优化，从而可以实现更高的通信容量和频谱利用率。

IEEE 802.11ac 及之前的 IEEE 802.11 标准支持的 MIMO，又称为 SU-MIMO（Single User-Multiple Input Multiple Output，单用户多输入多输出），即在同一时间内，只支持同一用户的多输入多输出。SU-MIMO 会导致无线路由器资源的浪费。举例来说，目前我们熟悉的无线路由器（AP）大都有 3～4 根天线，但 Wi-Fi 终端或手机终端（STA）通常只有 1～2 根天线。而采用 SU-MIMO 技术的无线路由器同一时间只能与 1 个 STA 建立连接和进行通信，因此 STA 很难占用所有传输信道，即无法占满无线路由器的全部容量，从而造成资源的浪费。

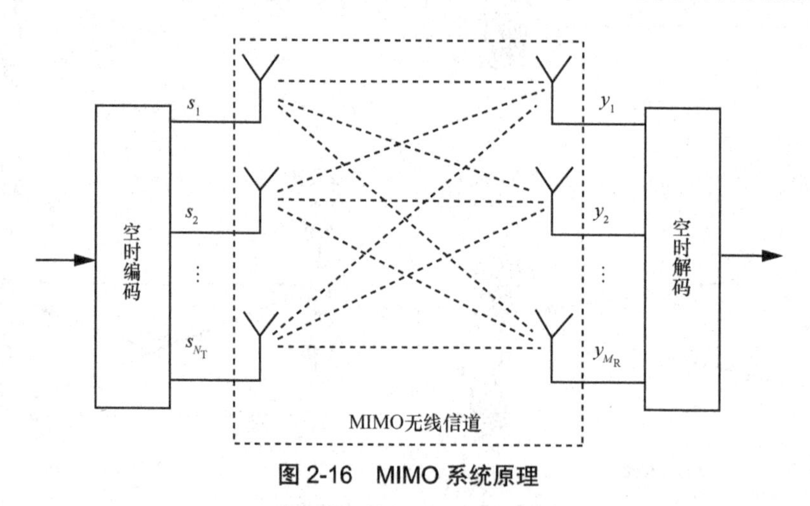

图 2-16　MIMO 系统原理

为了解决这一问题，在 IEEE 802.11ac wave2 标准中引入了 MU-MIMO 技术，即在同一时间内，让一台无线路由器（AP）可以实现与多个 STA 同时传输数据，大大提升了吞吐量，如图 2-17 所示。

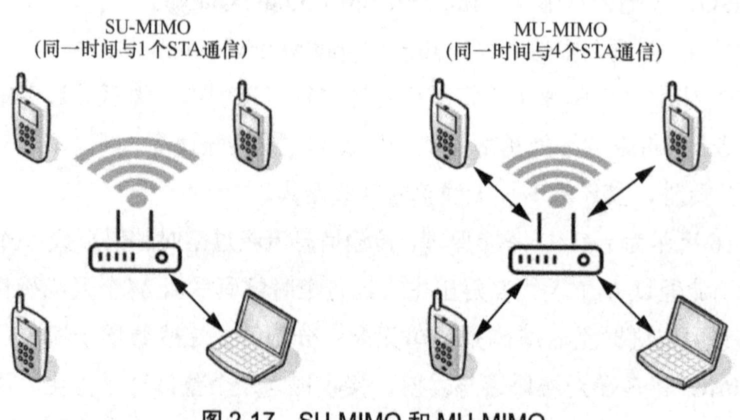

图 2-17　SU-MIMO 和 MU-MIMO

2.1.4.3　DL MU-MIMO 技术

波束成形技术最早由 IEEE 802.11n 提出，它定义了多种方法，实现复杂，而且基站与终端双方同时支持某一种方法时才能使用。因此，好多厂商因为成本的原因，没有在产品中实现这个功能。IEEE 802.11ac 将方法精简到一种，即空数据包（Null Data Packet，NDP）sounding，极大地减少了产品的实现成本，同时提出了 MU-MIMO 技术，它允许终端同时给多个基站发送数据，进一步优化全网的吞吐量。

DL MU-MIMO（下行）的基本原理，IEEE 802.11ax 与 IEEE 802.11ac 的实现基本一样。与 IEEE 802.11n 相比，IEEE 802.11ac 简化了波束成形，目前采用的是空数据包侦听方式。设备使用波束成形技术将封包导向位于不同空间的 STA，即 AP 将为每位用户计算信道矩阵，然后将同步波束导向不同用户，而每道波束都会包含适用于所属目标 STA 的报文。

信道探测包含以下几个步骤。

（1）Beamformer 发送空数据包通告（Null Data Packet Announcement，NDPA），NDPA 是控制帧，该帧是全向发射的，用于向全网通知下面要进行 Beamforming 的信道测量，获取信道控制权，识别 Beamformee。在 Beamformee 回应 NDPA 期间，其他终端会推迟访问该信道，直到探测过程结束。

（2）Beamformer 发送 NDP，接收端根据接收到的 NDP，分析 OFDM 训练序列，计算出信道响应。对于多用户，Beamformer 需要发送多个 NDP。

（3）Beamformee 根据 OFDM 的训练序列和接收到的响应，计算得到一个反馈矩阵。

（4）Beamformer 接收来自 Beamformee 的反馈矩阵，计算出转向矩阵，使传输直接指向 Beamformee。单用户的情况下，Beamformee 只发一个反馈矩阵，此时只需要一个转向矩阵。多用户的情况下，每个 Beamformee 发送一个反馈矩阵，Beamformer 为每个终端维护一个转向矩阵。

单用户报文交互过程如图 2-18 所示，即 AP 端（Beamformer）发送 NDPA、NDP 帧，Compressed Beamforming 是 action 帧，它包含了对 NDP 的测量结果，用于 Beamformer 计算转向矩阵。然后 AP 端再根据反馈信息进行预编码，以实现波束成形，避免了用户之间的干扰。

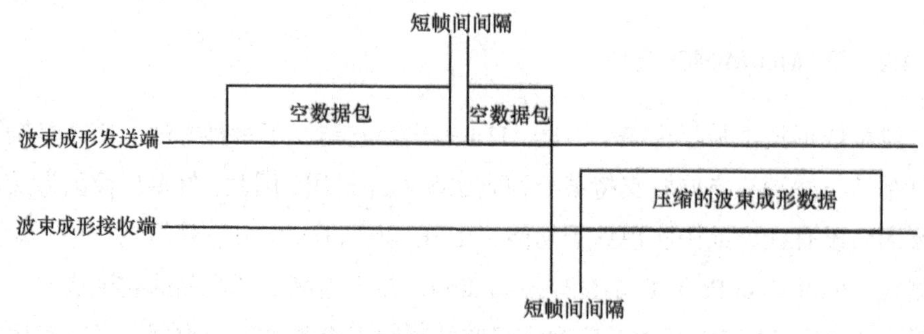

图 2-18　单用户报文交互示意

NDPA 帧格式如图 2-19 所示。

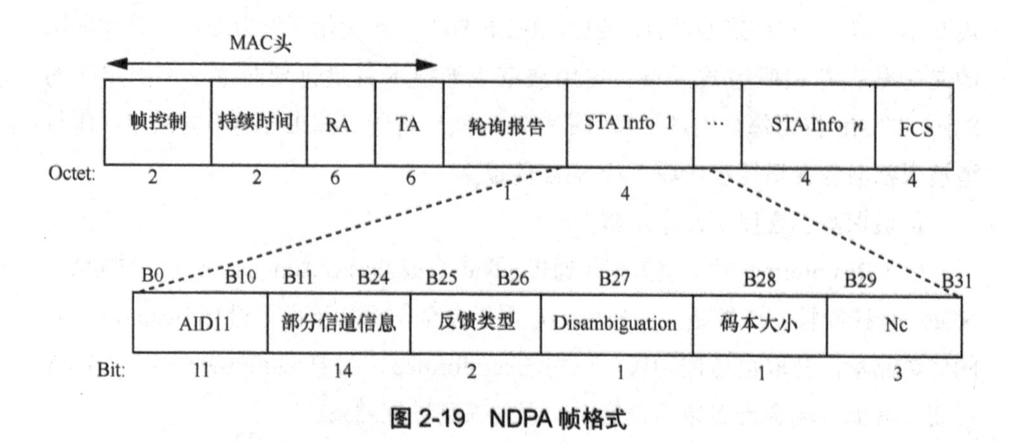

图 2-19　NDPA 帧格式

NDP 帧格式如图 2-20 所示。

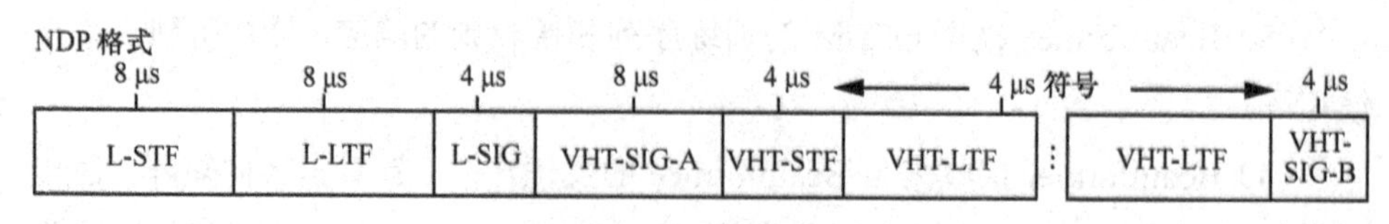

图 2-20　NDP 帧格式

Compressed Beamforming 帧格式如图 2-21 所示。

多用户的情况与单用户类似。如图 2-22 所示，交互过程也以 NDPA 开始，抢到信道以后，后面都以 SIFS 间隔进行通信，保证整个过程不会被打断。当各 Beamformee 收到 NDP 后，依次回复 Compressed Beamforming。Beamformer 会用 Beamforming Report Poll（控制帧）来轮询每个 Beamformee。

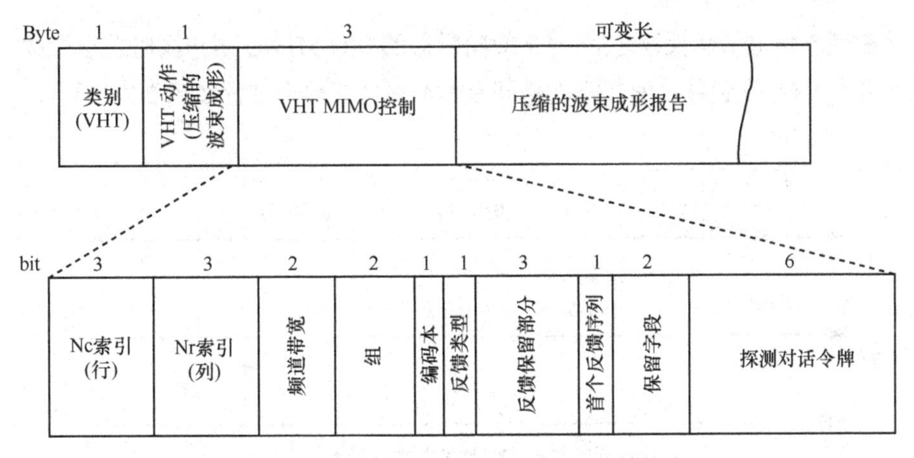

图 2-21 Compressed Beamforming 帧格式

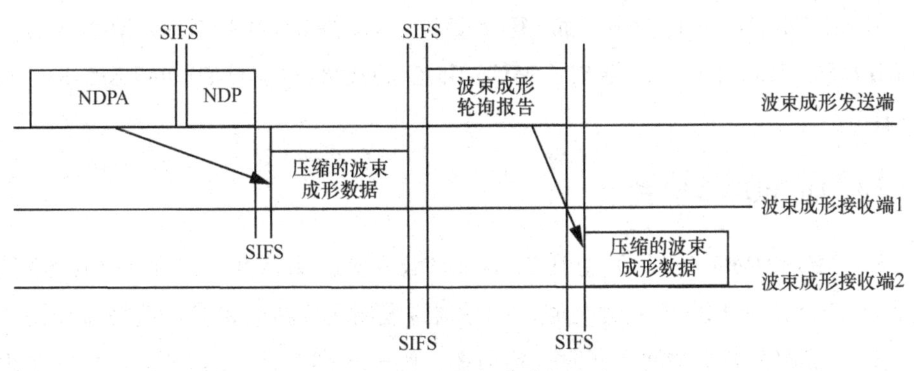

图 2-22 多用户报文交互示意

Beamforming Report Poll 帧格式如图 2-23 所示。

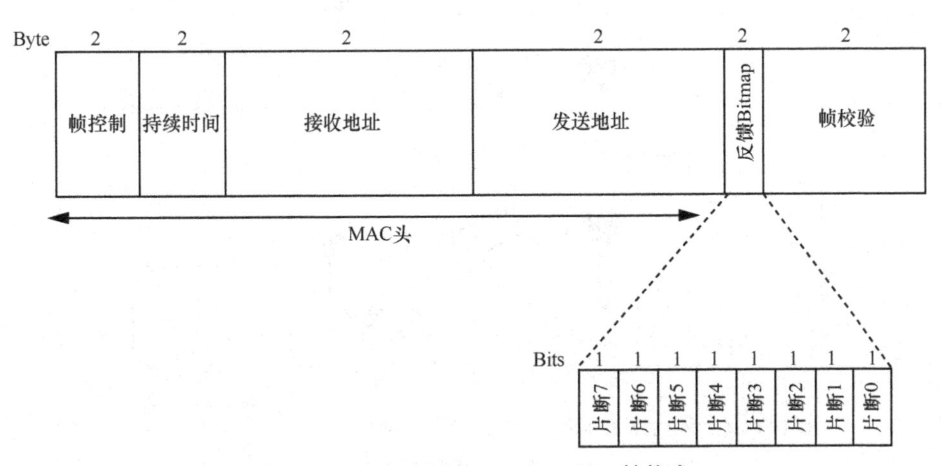

图 2-23 Beamforming Report Poll 帧格式

在完成信道信息反馈之后，AP 就向所有的 MU-MIMO 用户同时发送数据信息，各个 STA 收到各自的数据之后回复 BA 报文，整个过程如图 2-24 所示。

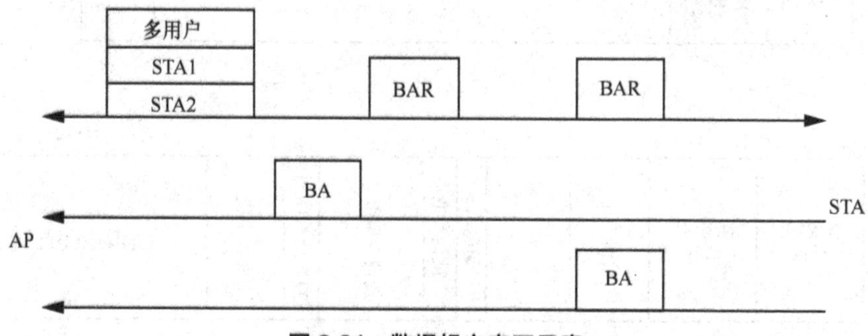

图 2-24　数据报文交互示意

IEEE 802.11ac 中已经引入的 MU-MIMO，只支持 DL 4×4 MU-MIMO（下行）。在 IEEE 802.11ax 中进一步增加了 MU-MIMO 的数量，可支持 DL 8×8 MU-MIMO（下行）。

2.1.4.4　UL MU-MIMO 技术

UL MU-MIMO（上行）是 IEEE 802.11ax 引入的新特性。UL MU-MIMO 的概念和 UL SU-MIMO 的概念类似，都是通过发射机和接收机多天线技术使用相同的信道资源在多个空间上同时传输数据。唯一不同的是，UL SU-MIMO 是由相同 STA 发送空间流，UL MU-MIMO 的空间流来自不同 STA，如图 2-25 所示。

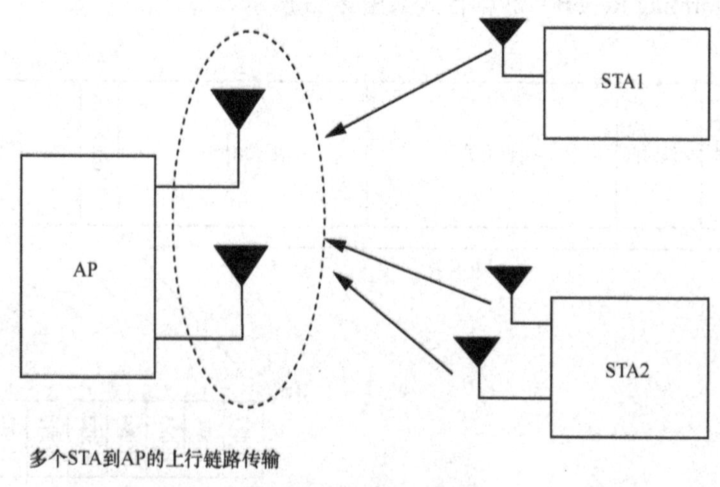

图 2-25　UL MU-MIMO

UL MU-MIMO 报文的交互过程如图 2-26 所示，由 AP 发送触发帧 HE_TRig，声明 STA 发送时间、Payload 持续时间、PE、循环前缀 GI 类型等，STA 要求发送 UL MU PPDU，在 AP 端同时接收解调获得的用户信息。

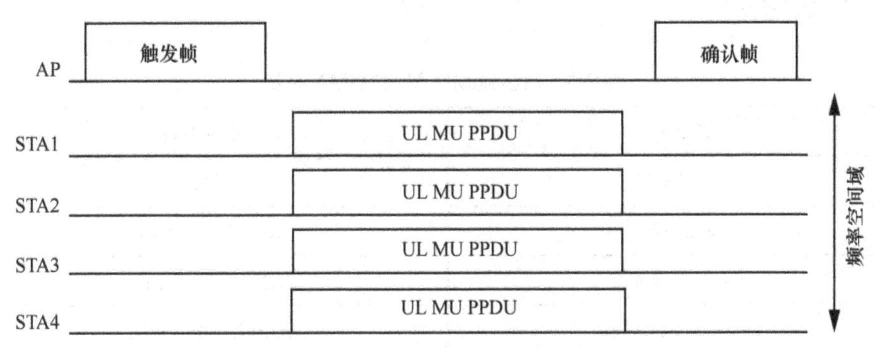

图 2-26 UL MU-MIMO 报文交互过程

IEEE 802.11ac 及之前的 IEEE 802.11 标准都是 UL SU-MIMO，即只能接收一个用户发来的数据，多用户并发场景效率低。IEEE 802.11ax 支持 UL MU-MIMO 后，提升多用户（最大支持 8 用户）并发场景效率，大大降低了应用时延。

如上面所述，当路由器和 Wi-Fi 终端协商成功后，才支持 MU-MIMO 的数据传输。但在实际情况中，并不是所有终端都支持 MU-MIMO。在一般情况下，支持 MU-MIMO 的路由器向下兼容 SU-MIMO，如果路由器和某一终端没有协商成 MU-MIMO，该终端以 SU-MIMO 的方式传输。不论协商成功为哪种方式，都需要一定的场景去触发，支持 MU-MIMO 传输不代表时时刻刻用该方式进行传输，如果某一特定时刻，路由器正好要给多个支持 MU 的终端发送数据，那么这次传输就会使用 MU-MIMO。对于同时接入 MU 和 SU 终端的路由器来说，路由器的发送过程就是 SU 和 MU 交替变化，不会因为某台设备调整为 SU，所以整个路由器都无法使用 MU-MIMO 进行传输。

2.1.4.5 MU-MIMO 和 OFDMA 技术

MU-MIMO 和 OFDMA 是两种不同的技术，二者相互独立，可以叠加使用。MU-MIMO 基于多天线技术，而 OFDMA 基于 OFDM 的物理层技术，其将频谱资源分割成多个频谱资源块，分配给多个节点同时使用。OFDMA 没有多天线的要求，在单天线条件下，也可以做到 OFDMA。它们的共性是，这两种技术在同一个时间都可以让多个用户同时接入，但不要将这两种技术混淆。

OFDMA 支持多用户通过细分信道（子信道）来提高并发效率，MU-MIMO 支持多用户通过使用不同的空间流来提高吞吐量。表 2-5 是两种技术的优势和适合场景等对比。

表 2-5　MU-MIMO 与 OFDMA 对比

OFDMA	MU-MIMO
提升效率	提升容量
降低时延	每用户速率更高
适合低带宽应用	适合高带宽应用
适合小包报文传输	适合大包报文传输

2.1.5　1 024QAM 调制技术

第二代移动通信系统的主要业务是低速的语音服务，其核心问题是提高语音的服务质量。因此其对应的调制技术要求具有很好的抗干扰能力。对于第三代移动通信系统而言，除了要考虑语音服务质量外，更重要的是要解决如何在有限频带资源中提供多媒体综合业务。因此从第三代移动通信系统开始，在选择调制方案时，不能只考虑抗干扰性，更应考虑频带的利用率和灵活性。传统的调制方式只适用于低容量、低速率的语音服务，难以满足高容量、高速率的多媒体服务。而正交幅度调制是一种具有高频谱利用率，且可以根据传输环境和传输信号的不同，自适应调整其调制速率的调制技术。

QAM 在有线数字电视和 VDSL 宽带传输中也有广泛的应用。QAM 调制器是有线数字前端专用设备，其功能是接收来自视频服务器、复用器等设备的传输数据流，进行纠错编码和 QAM 调制后，输出的信号在有线电视网络中进行传输。IEEE 802.11ax 之前，QAM 调制方式支持 4QAM、16QAM、32QAM、64QAM、128QAM、256QAM。VDSL 中使用 QAM 技术，在系统功耗、抗噪声性能等方面具有更优的性能。

所谓调制，就是把信号变化成适合在传输电路中进行传输的形式的过程。与其相反的就是解调。在无线通信中，基本的调制方法是使载波的振幅、相位、频率随着基带信号（调制信号）的电压而变换。信号中所包含的信息，经过调制后，由基带变为载波频带，通过发射机和接收机传输后，进行解调再变为基带。

以传统的 4ASK 和 8PSK 调制方式为例，单独使用幅度或者相位携带数据信息时，信号空间往往得不到最充分的利用。QAM 调制方式就是把调制波的相位和振幅结合起来，让相位和振幅都携带信息。QAM 通过叠加两个正交的同频载波，利用这种已调信号的频谱在同一带宽内的正交性，实现两路并行的数字信息的传输，提高频谱的利用率。

QAM 调制实际上是幅度调制和相位调制的组合，相位+幅度状态定义了一个数字或数字的组合。图 2-27 给出了 16QAM 的星座图。比如信息“1100”可用相位 225°、幅值 25%的组合来表示。每一个星座点对应一个一定幅度和相位的信号，这个信号再被上变频到射频信号发射出去。

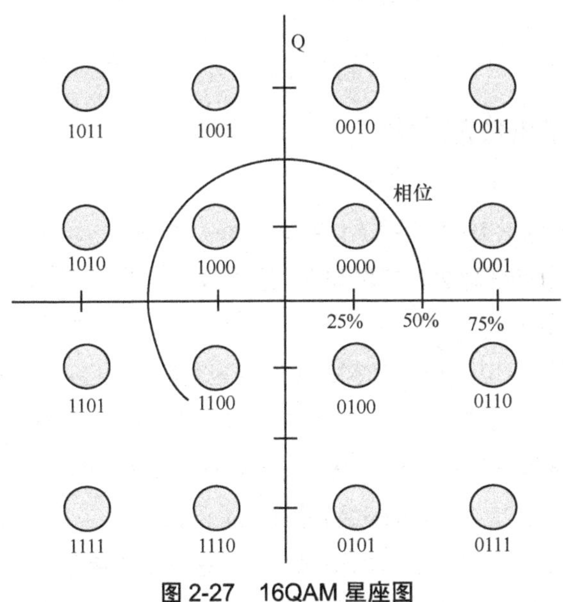

图 2-27　16QAM 星座图

IEEE 802.11ax 标准的目标是增加系统容量、降低时延、提高高密度多用户的效率。IEEE 802.11ac 最大支持 256QAM，单位信号可以表达 8 bit（256）的信息。IEEE 802.11ax 引入了更高阶的编码，即 1 024QAM，单位信号可以表达 10 bit（1 024）的信息。从 8 bit 到 10 bit，提升了 25%，与 256QAM 相比，1 024QAM 单条空间流的数据吞吐量提高了 25%。256QAM 和 1 024QAM 星座图如图 2-28 所示。

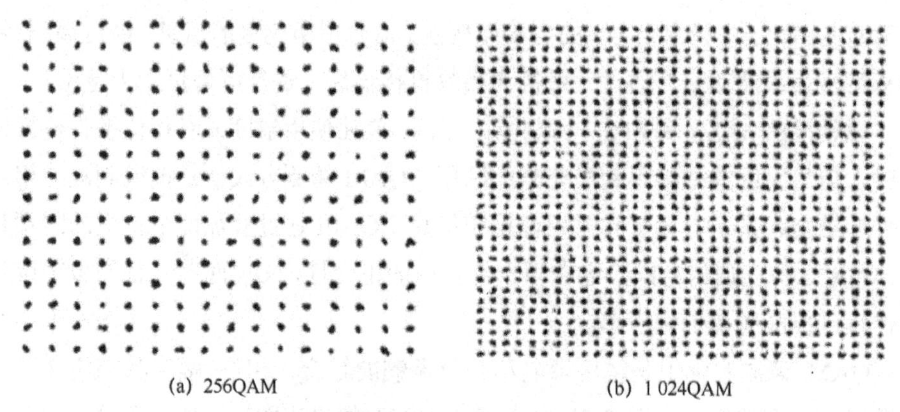

图 2-28　256QAM 和 1 024QAM 星座图

由于 1 024QAM 信息密度增加，对信号质量的要求也更高。因此该技术在无线环境较好、距离较近的场景中才能充分发挥优势，如信号良好的小型办公室、会议室等。

2.1.6　空分复用及着色技术

IEEE 802.11 协议采用 CSMA/CA（Carrier Sense Multiple Access/Collision Avoidance，载波侦听多路访问/冲突避免）作为 MAC 层的协议，其采用的是半双工通信机制，即在任何指定时间内，一个信道上只允许一个用户传输。如果 Wi-Fi AP 和客户端在同一信道上侦听到有其他 IEEE 802.11 无线电传输，则会自动进行冲突避免，推迟传输。多个 AP 和客户端在同一个信道上进行部署，并执行竞争传输，叫作具有重叠的基本服务集（Overlapping Basic Service Set，OBSS）。在 OBSS 中，这种同信道的干扰称为 CCI（Co-Channel Interference）。

信道是无线网络中非常宝贵的资源，尤其是在高密度场景下，因此信道的规划和利用对整个无线网络的容量和稳定性有较大的影响。如果能够提升信道的复用能力，将大大提升系统的吞吐量。

2.1.6.1　动态调整门限 CCA

空闲信道评估（Clear Channel Assessment，CCA）技术是 IEEE 802.11 协议用来检测信道是否有数据包在传输的物理载波监听技术。IEEE 802.11ac 及之前的协议标准，通常采用动态调整 CCA 门限的机制来改善同频信道之间的干扰问题。

CCA 主要分成了两种方法，即能量检测（Energy Detection）和载波侦听（Carrier Sense）。

（1）能量检测：能量检测采用硬件积分能量，其无法识别数据包的边界，但是能够识别数据体中的能量，以及来自其他异构网络的能量（比如蓝牙设备、微波炉）。能量检测直接用物理层接收的能量来判断是否有信号进行接入，若信号强度大于阈值，则认为信道忙；若小于阈值，则认为信道空闲。

（2）载波侦听：载波侦听用作检测数据包的 Preamble，可以识别一个数据包的起始边界。简单地说，IEEE 802.11 中的 Preamble 部分采用特定的序列构造，该序列对于发送方和接收方都是已知的，监听的节点会不断采样信道信号，用其做相关运算，其计算值需要与一个阈值进行判断。若大于阈值，认为检测到了一个信号；若小于阈值，则认为没有检测到信号。节点在识别到数据包头部以后，对数据包进行接收并进行解调，通过解调出数据包内部的 Length 字段来识别数据包的终止边界。

IEEE 802.11 协议规定，载波侦听阈值为−82 dBm，能量检测阈值为−62 dBm。两种检测方式同时采用，且只要两种检测方式中，有一种判断信道忙，就认为信道是忙的；当两者都认为信道空闲时，那么再判断虚拟载波侦听机制是否为 0，以上条件都满足时，才可以进行 backoff 倒数。

动态门限调整技术如图 2-29 所示。AP1 上的 STA1 正在传输数据，此时 STA2 也想从 AP2 下载数据。根据射频原理，AP2 首先要查看信道的状态是否空闲，CCA 的默认值是−82 dBm。侦听结果发现信道已经被 STA1 占用，所以 AP2 无法进行数据传输。如果 AP2 采用动态调整门限 CCA，当 AP2 侦听到信道被占用时，可根据干扰强度调整 CCA 门限侦听范围（比如从−82 dBm 调整到−72 dBm），这样可以规避干扰带来的影响，实现同频并发传输。

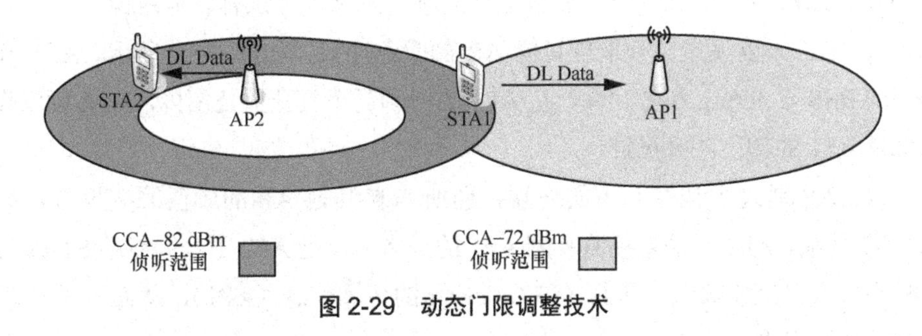

图 2-29 动态门限调整技术

2.1.6.2 BSS 着色技术

BSS 着色（BSS Coloring）技术是用于识别 OBSS 的方法。BSS Coloring 是一个字段，标识了 BSS 的 ID。当多个无线终端在同一信道上传输时，IEEE 802.11ax 无线电能够使用 BSS Coloring 字段区分 BSS，为每个通道分配一种颜色。该颜色标识一组不应干扰的基本服务集，接收端可以及早识别同频传输干扰信号并停止接收，避免浪费收发机时间。

BSS Coloring 的信息是同时存在于 PHY 层和 MAC 子层中的。在 IEEE 802.11ax PHY 头部的 Preamble 中，SIG-A 字段包含了 6 bit 的 BSS Coloring 信息，该字段可以标识 63 个 BSS。如图 2-30 所示，在管理帧中也可以看到 BSS Coloring 信息。Beacon 帧中的 HE Element 中，包含 BSS Coloring 的子字段，其也是 6 bit 的 BSS Coloring 信息字段，可以标识 63 个 BSS。

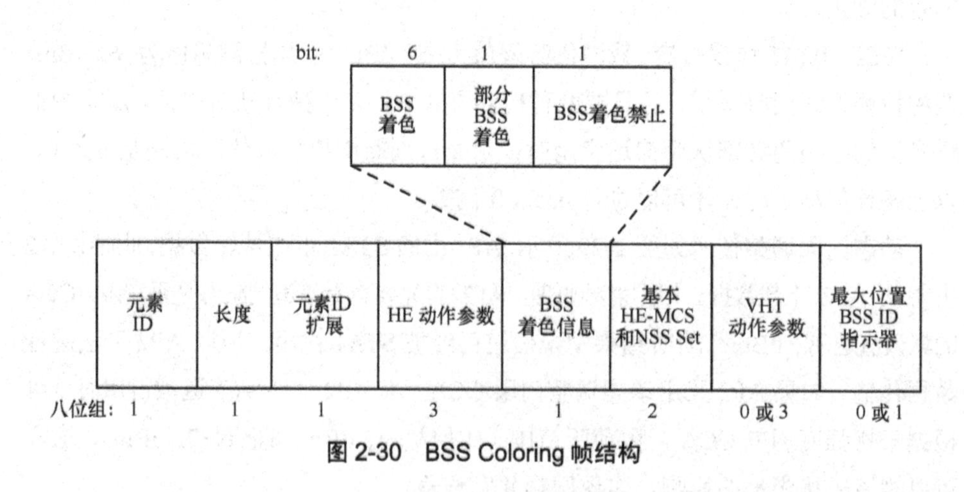

图 2-30 BSS Coloring 帧结构

对于 IEEE 802.11ax 的 AP 而言，检测颜色冲突的方法有以下两种。

（1）AP 可以直接监听来自其他 AP 的颜色冲突，如图 2-31 所示。AP1 和 AP2 的 BSS Coloring 都是 blue，在 AP1 的同频弱干扰覆盖范围内，AP2 可以收到来自 AP1 的颜色冲突报告。

（2）AP 通过下挂在其下的终端，监听来自其他 AP 的颜色冲突报告，如图 2-32 所示。AP2 无法直接监听到 AP1 的报告，但是 AP2 下挂的终端 STA2 可以听到来自 OBSS 域内，其他 BSS Coloring 的传输信息（AP1），从而向 AP2 发送颜色冲突报告。

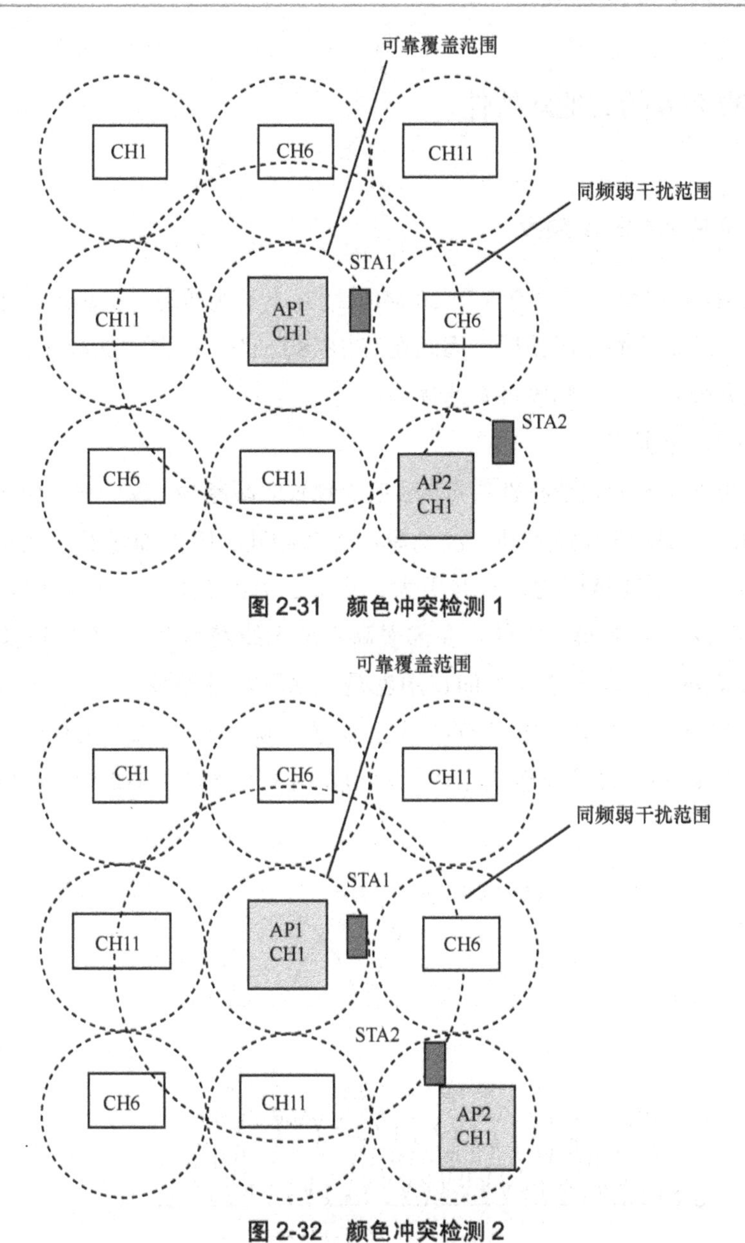

图 2-31　颜色冲突检测 1

图 2-32　颜色冲突检测 2

如果颜色相同，认为是同一 BSS 内的干扰信号，发送推迟；如果颜色不同，则认为两者之间互不干扰，两个 Wi-Fi 设备同信道同频可以进行传输数据。这种方式设计的网络，往往同颜色的信道物理位置相距较远，此时再结合 CCA 机制，可以降低设备之间的相互干扰，增加每个设备自身的网络通信能力。

2.1.7 Wi-Fi 6 的其他新特性

2.1.7.1 支持 2.4 GHz 频段

2.4 GHz 频段窄，且只有 3 个 20 MHz 的互不干扰通道，但是这并不影响它在某些特定场景下的广泛使用。因此在 IEEE 802.11ax 中继续支持 2.4 GHz，目的就是要充分利用这一频段特有的优势。

（1）覆盖范围广

这是由电磁波的物理特性决定的：波长越长衰减越少，也更容易绕过障碍物继续传播。5 GHz 信号频率高、波长短，而 2.4 GHz 信号频率低、波长长，所以 5 GHz 信号穿过障碍物时衰减更大，穿墙能力比 2.4 GHz 信号弱，传输距离比 2.4 GHz 信号要短。因此，在部署高密度无线网络时，2.4 GHz 除了要兼容老旧设备外，另外一个很大的作用就是边缘区域的覆盖。

OFDM 和 OFDMA 之间有哪些主要区别呢？一个 20 MHz 的信道，IEEE 802.11n/ac 由 64 个子载波组成，每个 OFDM 子载波是 312.5 kHz，如图 2-33 所示。

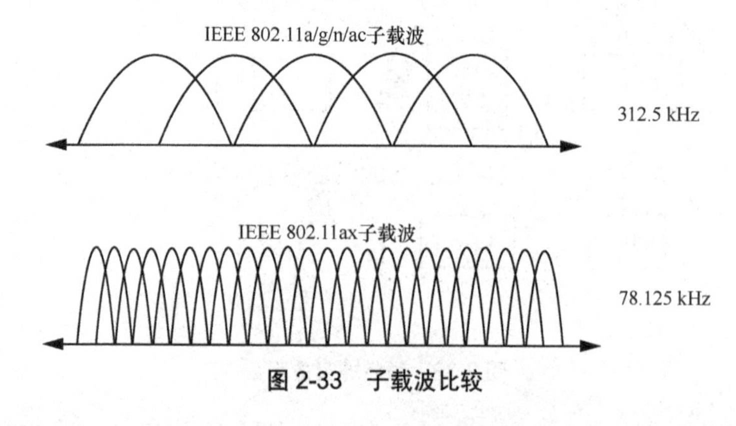

图 2-33 子载波比较

IEEE 802.11ax 引入了更长的 OFDM Symbol 时间（12.8 μs），这是传统 OFDM Symbol 时间的 4 倍（传统为 3.2 μs）。子载波间隔在数值上等于 OFDM Symbol 的倒数。由于 OFDM Symbol 变长，单个子载波带宽（或者说子载波间隔）从 312.5 kHz 细化到 78.125 kHz。更窄的子载波间隔，会提供更高的频域分辨率，提升均衡能力。如图 2-33 所示，在子载波带宽变成 78.125 kHz 间隔后，一个 20 MHz 信道一共可以包含 256 个子载波。更长的发送时间可降低终端的丢包率，IEEE 802.11ax 最小可采用 2 MHz 带宽进行窄带传输，可以有效降低频段噪声干扰，提升终端接收灵敏度，增加覆盖距离，如图 2-34 所示。

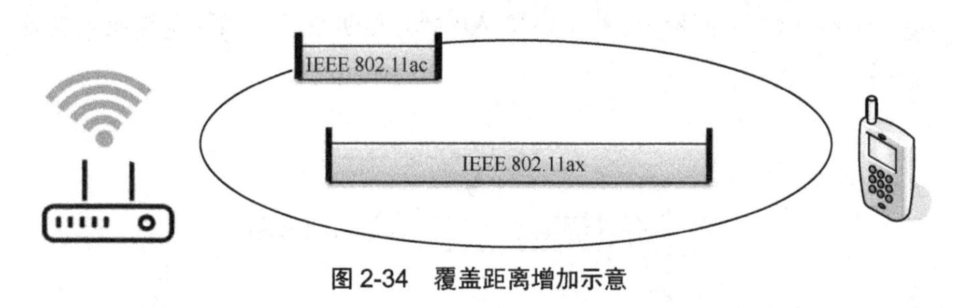

图 2-34　覆盖距离增加示意

（2）成本低

现阶段仍然有数以亿计的 2.4 GHz 设备在使用，流行的 IoT 设备使用的也是 2.4 GHz 频段。有些流量不大的业务场景，终端设备非常多，所以使用成本更低的仅支持 2.4 GHz 的终端是一个性价比很高的选择。

2.1.7.2　目标唤醒时间

目标唤醒时间（Target Wake Time，TWT）首次出现在 IEEE 802.11ah “Wi-Fi HaLow”标准中，其用于支持大规模物联网环境下的节能工作。随着 IEEE 802.11ax 标准的发展，TWT 的功能获得了进一步的扩展，这使得 IEEE 802.11ax 标准能够更加优化设备的节能机制，提供更可靠、更节能的传输机制。在 IEEE 802.11ax 中，TWT 机制在 IEEE 802.11ah 的基础上，已经被修改为支持基于触发的上行链路传输，从而扩展了 TWT 工作的范围。它允许设备协商唤醒时间和周期，然后发送和接收数据。对采用电池供电的终端来说，可大大提高电池寿命。

在 TWT 中，终端和 AP 之间建立了一张时间表（该时间表是终端和 AP 协定的），时间表是由 TWT 时间周期组成的。通常终端和 AP 所协商的 TWT 时间周期包含一个或者多个 Beacon 周期（总体时间比如几分钟、几小时，甚至高达几天）。当终端和 AP 所协商的时间周期到达后，终端会醒来，等待 AP 发送的触发帧，并进行一次数据交换。当本次传输完成后，返回睡眠状态。每一个终端和 AP 都会进行独立的协商，每一个终端都具有单独的 TWT 周期。AP 也可以将终端根据设定的 TWT 周期进行分组，一次和多个终端进行连接，从而减少唤醒后同时竞争无线介质的设备数量，提高节能效率。

TWT 唤醒机制如图 2-35 所示。User 1 和 User 2 分别和 AP 协定了两个 TWT 周期，分别为 TW1 和 TW2。终端 User 1 和 User 2 默认工作在睡眠模式（Sleep Mode）下，保持一个较低的功耗。当 TWT 周期到达时，AP 会发送一个触发帧（Trigger）给终端，终端进而苏醒并和 AP 执行数据交换，当数据交换完成后，终端恢复睡眠模式。

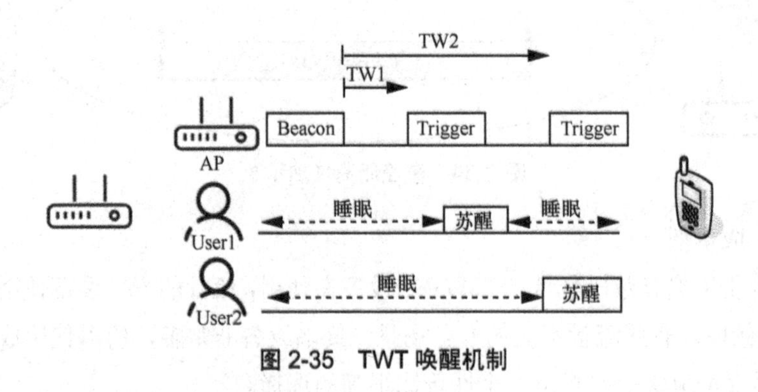

图 2-35　TWT 唤醒机制

2.2　Wi-Fi 6 安全技术

2.2.1　加密技术概述

有线对等保密（Wired Equivalent Privacy，WEP）是一种传统的加密方式，早在 1999 年就已写在 IEEE 802.11 标准中，本意是实现一种与有线等价的安全程度。它的设计相对简单，包括一个简单的基于挑战与应答的认证协议和一个加密协议，两者都采用 RC4 的加密算法，密钥（长度为 40 位）与一个初始向量（长度为 24 位）连接在一起使用，被称为 64 位的 WEP，而所谓 128 位的 WEP 加密则采用了 104 位的密钥。同时 WEP 加密还包括使用 32 位 CRC 校验机制，其目的是保护信息不在传输过程中被修改。由于 WEP 安全性能存在较多弱点，RC4 不是一种非常安全的加密数据的方式，所以 WEP 加密方式很容易被专业人士攻破，并且 WEP 采用的是 IEEE 802.11 早期的技术，所以该项技术在 2003 年时就被

Wi-Fi 保护接入（Wi-Fi Protected Access，WPA）加密所淘汰，但是由于 WEP 具有简单易行、速度较快、对硬件要求低等优点，目前还在被部分人所使用。

WPA/WPA2：Wi-Fi 保护接入是 Wi-Fi 联盟制订的一个标准的安全解决方案。WPA 通过使用一种名为 TKIP（临时密钥完整性协议）的协议来解决 WEP 不够安全的问题。它使用的密钥与网络上每台设备的 MAC 地址及一个更大的初始化向量合并，确信每一个节点均使用一个不同的密钥流对其数据进行加密。随后 TKIP 也会使用 RC4 加密算法对数据进行加密，但与 WEP 不同的是，TKIP 修改了常用的密码，从而使网络更安全。相对于 WPA，WPA2 提供了更为强健的加密机制，采用计数器模式密码块链信息验证码协议（Cipher Block Chaining Message Authentication Code Protocol，CCMP）来实现。WPA/WPA2 是一种安全的加密类型，不过由于此加密类型需要安装 RADIUS 服务器，因此，一般普通用户用不到，只有企业用户为了无线加密更安全才会使用此种加密方式，在设备连接无线 Wi-Fi 时需要 RADIUS 服务器认证，而且还需要输入 RADIUS 密码。

WPA-PSK/WPA2-PSK：对于家庭环境或小型网络，WPA 支持面向验证的预共享密钥（PSK）模式，在客户端设备和接入点处，PSK 通过一个口令或密码确认所进行的操作。WPA-PSK/WPA2-PSK 也是我们现在经常设置的加密类型，这种加密类型安全性能高，而且设置也相当简单，不过需要注意的是它有 TKIP 和 AES 两种加密算法。

- TKIP：Temporal Key Integrity Protocol（临时密钥完整性协议），是一种旧的加密标准。
- AES：Advanced Encryption Standard（高级加密标准），安全性比 TKIP 好，推荐使用。

WPA2（Wi-Fi Protected Access 2）协议在 2017 年 10 月 16 日遭受重大冲击，被曝存在一项严重安全漏洞，身陷“KRACK”密钥重装攻击旋涡。正如密钥重装攻击（KRACK）小组的麦西·凡霍夫当时所言，WPA2 协议核心中的一系列错误有可能导致 Wi-Fi 连接暴露在攻击活动中。攻击者利用漏洞能够接入该网站，窥探各接入点之间的全部往来流量，监听无线连接，并在无线流中注入数据，WPA2 的时代被彻底终结。该小组设计的一项概念性测试表明，破坏 WPA2 接入安全网络并不需要高昂的成本或复杂的技术。这项证明实际上给一切现代 Wi-Fi 网络带来了挑战，包括绝大多数企业网络。与此同时，利用 WPA2 漏洞进行的一类极具“破坏性”的攻击变种专门针对 Android 平台。在此基础上，攻击者将能够完成恶意代码注入并执行各类攻击（包括勒索软件攻击），因此 Android 设备+WPA2 的组合很可能对企业网络造成严重威胁。

2.2.2 WPA3 加密技术

WPA2 的安全漏洞被公布以来，包括 Wi-Fi 联盟在内的各类相关机构一直在努力解决问题。2018 年，Wi-Fi 联盟于拉斯维加斯 CES 展会上公布了 WPA2 的一套替代性方案——全新协议 WPA3。

根据 Wi-Fi 联盟的介绍，无论在什么样的网络环境中，也无论是什么类型的设备，所有 WPA3 设备都具备如下两种关键优势。

（1）加密一致性

通过强制执行同时使用高级加密标准（Advanced Encryption Standard，AES）和传统协议（例如临时密钥完整性协议）的政策，降低了网络遭受攻击的可能性。

（2）网络弹性

受保护的管理帧（Protected Management Frame，PMF）针对窃听和假冒提供可靠的保护。一致地使用这类保护措施可提高关键任务型网络的弹性。2012 年，Wi-Fi 联盟首次推出 PMF，当时 PMF 是 WPA2 的可选功能，后来成为所有 Wi-Fi 认证 AC 设备的必选功能。现在，随着 WPA3 的推出，Wi-Fi 联盟规定在所有 WPA3 模式中必须使用 PMF，从而为包括“行动（Action）”帧、“断开关联（Disassociate）”帧和“解除验证（Deauthenticate）”帧在内的单播和多播管理帧提供可靠的安全保护。

WPA3-Personal 提供可靠的、基于密码的验证。WPA3-Personal 用对等实体同时验证（Simultaneous Authentication of Equal，SAE）取代了预共享密钥（Pre-Shared Key，PSK），提供更可靠的、基于密码的验证。WPA3-Personal 通过证实密码信息，用密码进行身份验证，而不是进行密钥导出，从而为用户提供了增强的安全保护，例如：抵御离线字典式攻击。攻击者不可能被动观察 WPA3-Personal 交换，或主动进行 WPA3-Personal 交换，然后尝试所有可能的密码，攻击者必须与网络进一步互动，才能确定正确的密码。确定网络密码的唯一方法是，重复进行主动攻击，而在每次攻击中，攻击者仅能对密码进行一次猜测。

（1）抵御密钥恢复

攻击者即使确定了密码，也不可能被动观察信息交换以确定会话密钥，因此为网络信息流提供了正向保密。

（2）使用自然密码

选择密码时，费尽心力让其足够复杂导致密码不易使用，而且对提供所希望的安全保护产生了妨碍作用。因为WPA3-Personal可以抵御离线字典式攻击，所以用户可以选择简便易记且易于输入的密码，同时仍然可以保持很高的安全性。

（3）简便的工作流连续性

在涉及之前的各种个人Wi-Fi安全技术版本时，WPA3-Personal保持了易用性和系统易维护性。

（4）对等实体同时验证

WPA3-Personal基于IEEE Std 802.11-2016中定义的SAE。SAE采用了互联网工程任务组（IETF）RFC7664规范中定义的“蜻蜓（Dragonfly）”握手协议，将其应用于Wi-Fi网络以进行基于密码的身份验证。Wi-Fi联盟WPA3规范针对以SAE模式运行的设备定义了更多要求。SAE是一种密钥交换协议，仅用密码对两个对等实体进行身份验证，在两个对等实体之间产生一个共享密钥，通过公用网络交换数据时，该密钥可用来进行加密通信。这种方法可以安全地替代使用证书的验证方法，或者可以在不提供集中式验证机制时采用这种方法。

在Wi-Fi基础设施网络中，SAE握手协议针对每个客户端设备协商新的成对主密钥（Pairwise Master Key，PMK），然后该PMK用于传统Wi-Fi 4路握手协议，以产生会话密钥。无论是SAE交换中使用的PMK还是密码证书，被动型攻击、主动型攻击或离线字典式攻击都不可能得到。密码恢复仅有可能通过重复进行主动型攻击实现，而且一次仅能猜测一个密码。此外，之所以提供正向保密，是因为如果密码被破解，那么SAE握手协议须确保PMK不能被恢复。

用户开始采用WPA3-Personal网络时，可以先采用WPA3-Personal过渡模式（WPA3-Personal Transition Mode），这种模式在Wi-Fi联盟WPA3规范中被定义为WPA3-SAE过渡模式（WPA3-SAE Transition Mode）。WPA3-Personal过渡模式允许逐步向WPA3-Personal网络迁移，同时保持与WPA2-Personal设备的互操作性，且不会干扰到用户。客户端设备会越来越多地采用WPA3-Personal，而用户将在感觉不到有什么变化的情况下，受益于新的保护措施，因为新的保护措施无须额外的用户配置就可实施。

在过渡模式中，WPA3-Personal 接入点（AP）在单个基本服务集（Basic Service Set，BSS）上同时支持 WPA2-Personal 和 WPA3-Personal，以通过相同的密码支持混合使用 WPA2-Personal 和 WPA3-Personal 的客户端设备。当 WPA3-Personal 可用时，同时支持 WPA2-Personal 和 WPA3-Personal 的客户端设备用更高级别的安全方法连接网络。为了确保与不支持 PMF 的传统设备的互操作性，WPA3-Personal 过渡模式将网络配置为能够支持 PMF（“能够支持管理帧保护（Management Frame Protection Capable）”位=1 和“必须支持管理帧保护（Management Frame Protection Required）”位=0），而不是必须支持 PMF。

只有在不以 WPA3-Personal 过渡模式运行时，才能发挥 WPA3-Personal 的全部优势。一旦 WPA3-Personal 的可用性在客户端设备中达到了非常充分的水平，网络拥有者就应该禁止 WPA3-Personal 过渡模式的使用。

WPA3 的一个主要优势是改进了加密方法使用的一致性。WPA3-Personal 过渡模式提供与 WPA2-Personal 的向后兼容性；而其他传统协议在这种模式下是不允许使用的。例如，即使以 WPA3-Personal 过渡模式运行，当使用 TKIP 时，也不会在同一个 BSS 上结合使用 WPA3-Personal。

类似地，针对 WPA3-Personal 配置 BSS 时，要求使用 PMF，同时 WPA3-Personal 过渡模式允许不支持 PMF 的客户端设备联网。不过，支持 WPA3-Personal 的所有设备都支持 PMF，这些设备必须总是协商管理帧保护问题。网络会拒绝任何不遵守这些政策的设备进行关联。

2.2.3 WPA3-Enterprise

WPA3-Enterprise 没有从根本上改变或取代 WPA2-Enterprise 中定义的协议。相反，在应用这些协议确保所希望的安全性方面，WPA3-Enterprise 定义并执行了提高一致性的政策。在企业级部署中，为了成功执行身份验证并保护网络信息流安全，常常有多种具备无数选项的组件需要配置。这种复杂性可能导致以下情况，配置后的组件组合到一起以后，不满足信息交换所期望的安全要求。

（1）WPA3-Enterprise 提供可选的 192 位安全模式

就敏感的安全环境而言，WPA3-Enterprise 提供一种可选的 192 位安全模式，该模式规定了每一个加密组件的配置，以使网络的总体安全性保持一致。这不仅提供了所希望的安全级别，而且使配置更简便。这种方法基于的概念是，加密原语含有成功攻击所必需的工作因素，而且攻击者将以系统中最薄弱的组件为目标。为了实现水准一致的系统安全性，必须确保每个加密原语的工作因素都满足或超过指定级别。例如，从一个工作因素为280的Diffie-Hellman组得出共享密钥，然后从该共享密钥中导出256位AES钥，这根本没有用。就像一个链条由多个环节组成一样，系统的总体安全性取决于其中最薄弱的组成部分的安全性。

WPA3-Enterprise 192位安全模式采用：GCMP-256（256位Galois/Counter Mode Protocol），以提供经过验证的加密；HMAC-SHA384（384位Hashed Message Authentication Mode with Secure Hash Algorithm），以实现密钥导出和密钥确认；384位椭圆曲线的ECDH（Elliptic Curve Diffie-Hellman）交换和ECDSA（Elliptic Curve Digital Signature Algorithm），以建立密钥和进行身份验证。尽管GCMP-192提供更适合的等效强度，但是选定GCMP-256是因为其得到了更加广泛的应用。采用不合常规的风险抵御方法是这种新的安全模式的一个重要组成部分，Wi-Fi CERTIFIED设备不允许可能导致安全性低于指定级别的配置。

（2）WPA2与WPA3-Enterprise共存方式

因为WPA3-Enterprise并未从根本上改变或取代WPA2-Enterprise中定义的协议，所以无须WPA3-Enterprise过渡模式。WPA2-Enterprise客户端设备将可继续与WPA3-Enterprise网络互操作。对网络管理员而言，一个需要考虑的主要因素是，如何要求所有客户端设备连接都支持PMF。尽管从2014年开始，Wi-Fi联盟就规定，所有Wi-Fi认证AC设备都必须支持PMF，但是有些网络必须支持不提供PMF功能的传统客户端。

WPA3-Enterprise AP可以为WPA3-Enterprise网络提供两种PMF配置选项：能够支持PMF（“能够支持管理帧保护（Management Frame Protection Capable）”位=1和“必须支持管理帧保护（Management Frame Protection Required）”位=0）；必须支持PMF（“能够支持管理帧保护”位=1和“必须支持管理帧保护”位=1）。当配置为能够支持PMF时，WPA2-Enterprise客户端设备将就是否支持PMF进行协商，而WPA3-Enterprise客户端设备必须采用PMF。这种配置提供了与不支持PMF的设备的互操作性。当配置为必须支持PMF时，WPA2-Enterprise和WPA3-Enterprise客户端设备都必须采用PMF。

通过设计，WPA3-Enterprise 192 位安全模式不允许可能将安全保护降至低于已定义级别的配置。配置为 192 位安全模式的网络还要求所有客户端设备都以 192 位安全模式运行。

2.2.4 WPA3 应用场景

（1）住宅网络

种类繁多的客户端设备通过 Wi-Fi 连接到住宅网络上，包括智能手机、平板计算机、笔记本计算机、机顶盒、智能电视机、HDMI 媒体棒、智能音箱、家用自动化设备等。目前，几乎所有住宅 Wi-Fi 网络都采用 WPA2-Personal 来保护网络的安全性，并采用 PSK 密码，用户需要选择让企图接入或攻击网络的人不能轻易猜出的密码。

当用户升级家用路由器以支持 WPA3-Personal 时，通过用与以前相同的密码在 AP 上配置 WPA3-Personal 过渡模式，所有现有设备无须重新进行任何配置，就全部都能够连接到新的家用路由器上了。当用户买了新的支持 WPA3-Personal 的客户端设备时，或者某些现有客户端设备进行了软件更新以增加对 WPA3-Personal 的支持时，这些客户端设备就会自动利用 WPA3-Personal 提供的增强的安全保护能力。等到用户的所有客户端设备都支持 WPA3-Personal 时，用户就可以重新配置 AP，以在 WPA3-Personal 模式（不再提供 WPA3-Personal 过渡模式来支持 WPA2-Personal 设备）下运行，这样就可以最大限度地发挥出 WPA3-Personal 的安全保障优势。如果用户已经为客人配置了单独的来客网络，那么仍然可以在这个隔离的网络上保持 WPA3-Personal 过渡模式，因为客人的客户端设备可能还未支持 WPA3-Personal，这样客人就仍然能够连接网络，而住宅主网络的安全性则不会受到任何影响。

（2）敏感的企业级网络

医院对数据安全非常敏感。医院不仅有病历这种非常敏感的资料，而且可能越来越多地通过下一代 Wi-Fi 网络管理主动型设备监测。负责保护医院数据安全及私密性的机构不断针对零时差攻击更新医院网络政策，并不断采用最新安全措施，以保护网络中的所有数据，包括在由安全政策分隔开的 Wi-Fi 网络上运行的关键业务型应用和对生命至关重要的医疗设备产生的数据。采用具备 192 位安全性的

WPA3-Enterprise，将为医院抵御未来的攻击和恶意软件提供更强大的保护，同时使医院始终保持采用最新的安全保障方法。WPA3 网络以可靠的 WPA2-Enterprise 方法为基础，可安全地传送成千上万联网设备的 Wi-Fi 流量。

下一代 Wi-Fi 连接需要可靠的工具和方法来保护用户数据的私密性和安全性。Wi-Fi 联盟不断推进 Wi-Fi Protected Access 系列安全技术的发展，以提供最新安全技术，应对不断变化的环境。通过采用基于标准的机制、一致的应用协议并提供易于使用的安全界面工具，网络拥有者可以更好地保护用户数据，促进对最佳安全实践的采用。也就是说，每一种网络环境都是不同的。Wi-Fi 联盟认识到，需要可靠的解决方案来满足各种类型设备及网络的安全需求。

通过 WPA3 和 Wi-Fi Easy Connect 等其他计划，Wi-Fi 联盟为全新的工作和生活方式提供了新的功能。让所有类型的设备安全和更简便地连入网络，针对个人及数据敏感型 Wi-Fi 网络环境对用户数据提供保护，这些做法都将提升 Wi-Fi 用户的体验，并加强用户对 Wi-Fi 的依赖。

WPA3 以值得信赖的 WPA2 取得的成功为基础，凭借可靠的安全协议，为个人及企业级环境提供了更高的安全性。

WPA3 专注于加密一致性、可靠和基于密码的验证以及 192 位安全性，必将引领市场进入下一个连接时代。

2.3 Wi-Fi 6分布式网络部署架构

2.3.1 分布式组网技术概述

分布式组网技术本身是为了解决 Wi-Fi 信号覆盖范围的局限性，因为 WLAN 无法做到像蜂窝网络一样无处不在的信号覆盖，并且 WLAN 本质上是不支持多跳网络的技术，所以业内先后涌现了很多对应的解决方案。在商业应用上比较成功的方案包括 WDS（无线网络部署延展系统）、电力线通信（Power Line Communication，PLC）技术、无线 Mesh 网络、AC+AP 等。其中 WDS 是基于 IEEE 802.11s 任务组产生的一项技术，无线 Mesh 网络是承袭了部分 WLAN 技术的新的网络技术，电力线通信通过室内的电力线传输数据和媒体信号，AC+AP 则通过具备有源以太网

（Power over Ethernet，POE）远程供电功能的 AC 集中管理各个无线 AP。

2.3.1.1 WDS

（1）WDS 的概念

WDS（Wireless Distribution System）是无线网络部署延展系统的简称，指用多个无线网络相互连接的方式构成一个整体的无线网络。简单地说，WDS 就是利用两个或两个以上无线宽带路由器/AP 通过相互连接的方式将无线信号向更深远的范围延伸。利用 WDS 技术，AP 之间可以舍弃传统的有线网络进行互联，每个 AP 可以作为主设备、中继设备和远端设备。

（2）WDS 的工作模式

WDS 具有 3 种工作模式，分别是自学习模式、中继模式和桥接模式。

自学习模式属于被动模式，也就是说它能自动识别并接受来自其他 AP 的 WDS 连接，但其本身不会主动连接周围的 WDS AP。所以这种 WDS 模式只能用于主接入点路由器或 AP 上，只能用于被扩展的主 AP 上，而不能用于通过 WDS 扩展其他 AP。

中继模式是功能最全的 WDS 模式，在此模式下，AP 既可以通过 WDS 实现无线网络范围的扩展，同时也具有 AP 的功能，接受无线终端的连接。

桥接模式和有线网络中的网桥很像，它从一端接收数据包，并把它转手转发到另一端。WDS 的桥接模式除了不再同时具有 AP 功能之外，其他和中继模式基本相同，所以在 WDS 桥接模式下，AP 不再接受无线网络终端的连接，用户也搜索不到它的存在。

（3）WDS 的工作原理

1）扩频技术

WDS 是构建在 DSSS 或 FHSS 基础上的系统，这两者都属于扩频技术。其中 DSSS 是直接序列扩频，指用高码率的扩频码序列在发送端直接去扩展信号的频谱，在接收端直接使用相同的扩频码序列对扩展的信号频谱进行解调，还原出原始的信息。直接序列扩频信号由于将信息信号扩展成很宽的频带，它的功率频谱密度比噪声还要低，使它能隐蔽在噪声之中，不容易被检测出来。对于干扰信号，收信机的码序列将对它进行非相关处理，使干扰电平显著下降而被抑制。FHSS 是跳频技术，指用一定码序列进行选择的多频率频移键控。也就是说，用扩频码序列去进行频移键控调制，使载波频率不断地跳变，所以称为跳频。频率跳变系统又称为“多频、码选、频移键控”系统，主要由码产生器和频率合成器两部分组成。一般选取的频率数为十几个至几百个，频率跳变的速率为10～105跳/秒。信号在许多随机选取的频率上迅速跳频，可以避开跟踪干扰或有干扰的频率点。

2）无线MAC帧结构

IEEE 802.11帧的最大长度为2 346 Byte，结构如图2-36所示。

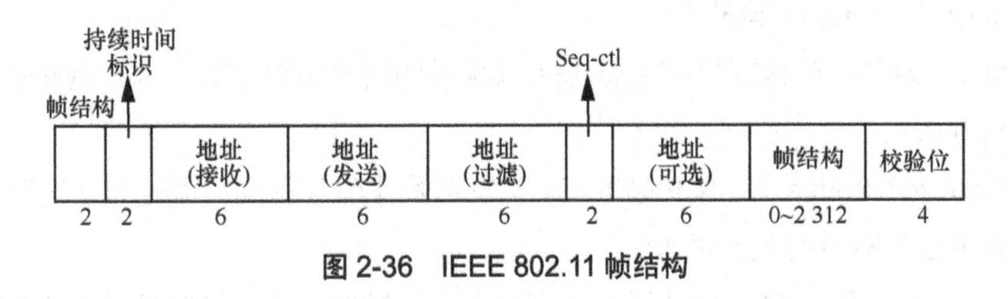

图2-36 IEEE 802.11帧结构

所有帧的开头均是长度为两个字节的Frame Control位，如图2-37所示，Frame Control位包含以下比特位。

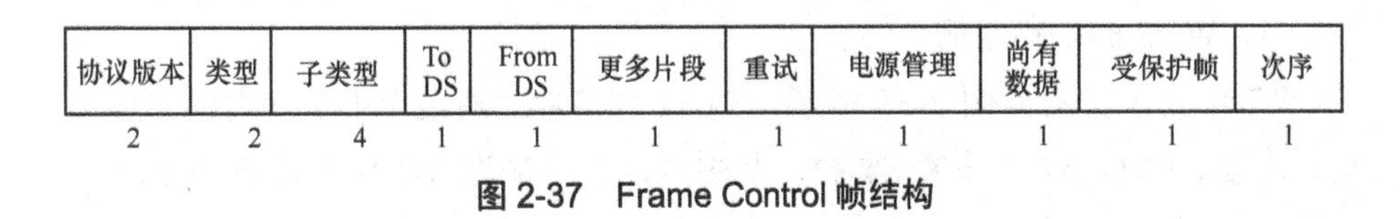

图2-37 Frame Control帧结构

Protocol（协议版本）：图2-37中，协议版本的值为0，因为这是目前唯一的版本，未来可能会出其他新的版本。

Type（类型）：用以区分帧类型（数据、控制、管理3种类型帧）。

- 管理帧的Type值为00。
- 控制帧的Type值为01。
- 数据帧的Type值为10。
- 帧类型11保留，尚未使用。

Subtype（子类型）：此位代表发送帧的子类型。例如请求发送帧RTS的Type=01，Subtype=1011（RTS）；允许发送帧CTS的Type=01，Subtype=1100（CTS）。Type类型与Subtype类型来指定所使用的帧类型。

To DS与From DS：分别表示无线链路向无线工作站（如AP）发送的帧和无线工作站向无线链路发送的帧。

More Fragments（更多片段）：用于说明长帧被分段的情况，是否还有其他的帧。若较上层的封包经过 MAC 分段处理，最后一个片段除外，其他片段均会将此比特设定为 1。

Retry（重试）：有时候可能需要重传帧。任何重传的帧会将此比特设定为 1，以协助接收端剔除重复的帧。

Power Management（电源管理）：此比特用来指示完成当前的帧交换过程后，发送端的电源管理状态。此比特为 1 表示 STA 处于 Power_save 模式，为 0 表示 STA 处于 active 模式。

More Data（尚有数据）：More Data 比特只用于管理数据帧，在控制帧中此比特必然为 0。

Protected Frame（受保护帧）：为 1 表示帧体部分包含加密处理过的数据，为 0 则表示没有进行加密处理。

Order（次序）：帧与帧片段可依序传送，不过发送端与接收端的 MAC 必须付出额外的代价，对帧片段进行严格编号。一旦进行“严格依序”传送，此比特被设定为 1。

（4）WDS 的工作实例

WDS 工作实例如图 2-38 所示，STA1 和 STA2 通过 WDS 方式建立连接，PC1 连接 STA1，PC2 连接 STA2，其中 STA2 上配置 WDS 连接前端 STA1。STA1 处于自学习模式，接收 STA2 的 WDS 请求，被扩展。STA2 处于中继模式，连接 STA1，并提供自身的无线供客户端连接。但这是一个完全对称可逆的拓扑，即 PC1 和 PC2 在整个网络中是对等的，不存在主和辅的关系。下面就以 PC1 向 PC2 发包为例，介绍数据包的传输过程和 MAC 头部的变化。

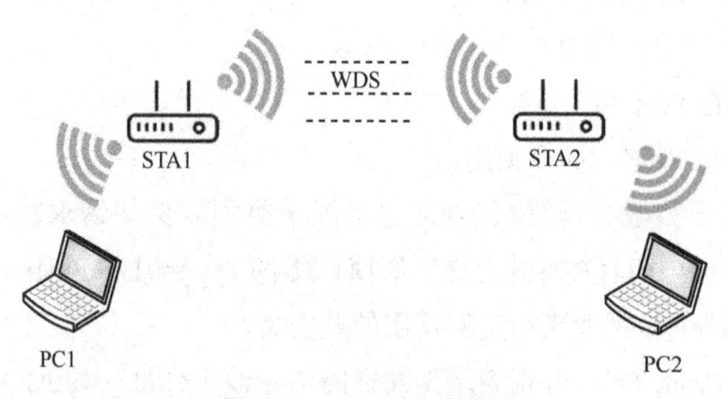

图 2-38　WDS 工作实例

1）PC1 to STA1

PC1 并不知道整个网络的拓扑，也不需要知道，它只需要了解它所连接的STA和想要通信的目的主机的MAC地址，PC1完全忽略了STA2的存在。此时，输入DS位置1，输出DS位置0，3个MAC地址分别是STA1、PC1、PC2。STA1是下一跳的MAC地址，也是接收站点的SSID MAC地址；PC1是源MAC地址，也是发送方的MAC地址；PC2是目的MAC地址。

2）STA1 to STA2

无线4地址传输是只存在于STA1与STA2之间的，所以此过程中无线帧也是4地址结构。输入和输出DS位都置1，4个MAC地址依次是：STA2、STA1、PC2、PC1。STA2和STA1分别是接收方和发送方的MAC地址，处于三号位的PC2仍然是目的MAC地址，最后是源MAC PC1。

3）STA2 to PC2

STA2 to PC2是一个简单的基站到客户端的过程，输入DS位置0，输出DS位置1。此时MAC地址依次是PC2、STA2、PC1。PC2是目的地址，也是下一跳MAC地址；STA2是发送方的MAC地址，也是其SSID的MAC地址；PC1是源MAC地址。

各网元的MAC地址存放情况见表2-6。

表2-6 网元的MAC地址存放情况

	MAC1	MAC2	MAC3	MAC4	输入DS	输出DS
PC1 to STA1	STA1	PC1	PC2	—	1	0
STA1 to STA2	STA2	STA1	PC2	PC1	1	1
STA2 to PC2	PC2	STA2	PC1	—	0	1

2.3.1.2 电力线通信

（1）电力线通信的概念

电力线通信技术是指利用电力线传输数据和媒体信号的一种通信方式。该技术是把载有信息的高频加载于电流然后用电线传输，接收信息的适配器再把高频从电流中分离出来并传送到计算机或电话以实现信息传递。

“电力猫”即“电力线通信调制解调器”，是通过电力线进行宽带上网的Modem的俗称。使用家庭或办公室现有电力线和插座组建成网络，连接PC、机顶盒、音频设备、监控设备以及其他的智能电器，用以传输数据、语音和视频。它具有即插即用的特点，能通过普通家庭电力线传输网络IP数字信号。

（2）电力线通信工作原理

在发送端，利用调制技术将用户数据进行调制，把载有信息的高频加载于电流，然后在电力线上进行传输；在接收端，先经过滤波器将调制信号取出，再经过解调，就可得到原通信信号，并传送到计算机或电话，以实现信息传递。PLC设备分局端和调制解调器，局端负责与内部PLC调制解调器的通信和与外部网络的连接。在通信时，来自用户的数据进入调制解调器调制后，通过用户的配电线路传输到局端设备，局端将信号解调出来，再转到外部的互联网。具体的电力线载波双向传输模块的设计思想：由调制器、振荡器、功放、T/R转向开关、耦合电路和解调器等部分组成的传输模块，其中振荡器的作用是为调制器提供一个载波信号。在发射数据时，待发信号从TXD端发出后，经调制器进行调制，然后将已调信号发送到功放级进行放大，再经过T/R转向开关和耦合电路把已调信号加载到电力线上。接收数据时，发射模块发送出的已调信号通过耦合电路和T/R转向开关进入解调器，经解调器解调后提取原始信号，并将原始信号从RXD端送到下一级的数字设备中。

（3）电力线通信的标准

早期主导电力线通信标准的组织主要有3个：通用电力线联盟（Universal Powerline Association，UPA）、家庭插电联盟（Home Plug Association，HPA）、消费电子电力线通信联盟（CE-Powerline Communication Alliance，CEPCA）。目前以ITU-T的G.hn和IEEE的P1901为主要的技术规范。

- G.hn是关于电力线、电话线和同轴电缆的一套协议规范，该规范可以把现有的双绞线、同轴电缆以及电力线进行资源整合，实现统一传输，从而显著降低安装和运营成本。该标准于2010年6月获得了ITU的191个成员的支持。
- P1901是IEEE在2005年成立的工作组，工作组的目标是制订在交流电力线上使用低于100 MHz频率的高速（在物理层速率大于100 Mbit/s）通信设备的标准。自工作组成立以来，PLC技术进步很快。它建立了跨越电力线通信价值链的50个实体，对PT1901涉及的每一个范围进行研究。

（4）"电力猫"典型组网

在使用"电力猫"进行组网时，一般情况下至少需要2个"电力猫"配对使用，也可以根据需要使用3个或3个以上的"电力猫"，最小化配置的"电力猫"典型组网如图2-39所示。

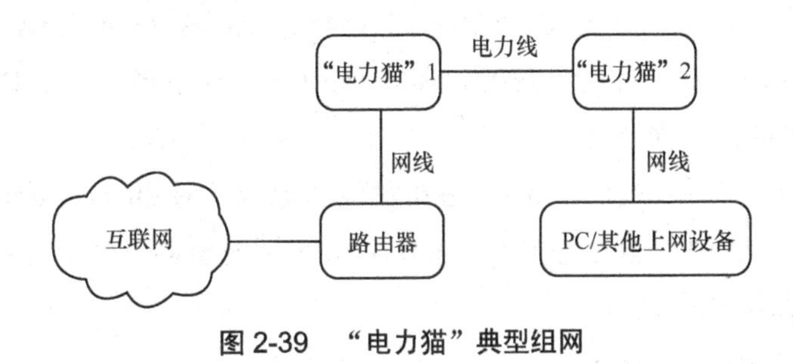

图2-39 "电力猫"典型组网

2.3.1.3 无线Mesh网络

无线Mesh网络（Wireless Mesh Network，WMN）是从移动Ad-Hoc网络分离出来并承袭了部分WLAN技术的新的网络技术。严格地说，WMN是一种新型的宽带无线网络结构，是一种高容量、高速率的分布式网络，主要具有以下特点：

- 多跳无线网络；
- 支持无线路由功能；
- 单节点无线性能比Wi-Fi有很大增强；
- 具有自组织能力；
- 具有自修复能力；
- 具有自平衡能力；
- 高带宽、低成本。

IEEE为WMN编制了多个标准，主要分为3个领域，分别为无线局域网、无线城域网（WMAN）和无线个域网（Wireless Personal Area Network，WPAN），其中无线局域网的原始标准以IEEE 802.11s任务组制订的规范为代表，IEEE 802.15工作组负责开发统一的无线个域网标准和短距离无线网络标准，IEEE 802.16工作组主要负责固定无线接入的空中接口标准制订，定义了无线城域网空中接口规范，为无线城域网提供"最后一公里"接入，是一种点对多点技术。

（1）IEEE 802.11s Mesh 网络

WDS 就是 IEEE 802.11s 工作组主要研究的协议之一，它是为了实现 WLAN 在多个 AP 之间通过自动配置多跳的方式组网，扩大了 WLAN 的覆盖范围。在 IEEE 802.11s 标准中，所有支持 Mesh 功能的设备都称为 Mesh 点（Mesh Point，MP）。除此之外，还细分为 Mesh 接入点（Mesh Access Point，MAP）和 Mesh 入口点（Mesh Portal Point，MPP）。其中 MPP 可以通过多个基于 IEEE 802.11 的 Mesh 网络进行互联，MAP 作为一个 MP 和 MPP 使用。

IEEE 802.11s 标准涉及 Mesh 拓扑发现和形成、Mesh 路径选择和转发、MAC 接入相关机制、信标与同步、Intra-Mesh 拥塞控制、功率控制、交互工作、安全和帧格式等内容。

（2）IEEE 802.15 Mesh 网络

IEEE 802.15 工作组负责开发统一的 WPAN 标准和短距离无线网络标准。这些 WPAN 负责实现便携设备和移动计算设备的无线组网功能，同时允许这些设备与其他设备之间进行通信。该工作组又分为若干个子工作组，涉及的内容包括蓝牙、ZigBee 等，具体见表 2-7。

（3）IEEE 802.16 Mesh 网络

IEEE 为了解决无线城域网中的宽带无线接入问题，在 1999 年成立了 IEEE 802.16 工作组，主要负责固定无线接入的空中接口标准制订。2001 年 4 月，由业界主要的无线宽带接入厂商和芯片制造商共同成立了一个非营利工业贸易联盟组织——WiMAX。该组织用于推广基于 IEEE 802.16 和 ETSI HIPERMAN 协议的无线宽带接入设备，以确保不同宽带接入设备之间的兼容性和互操作性。

表 2-7　IEEE 802.15 子工作组定义的内容

IEEE 802.15 子工作组	定义内容
IEEE 802.15.1	蓝牙 1.1 版
IEEE 802.15.1a	蓝牙 1.2 版
IEEE 802.15.2	WLAN 与 WPAN 的共存
IEEE 802.15.3	高数据传输速率
IEEE 802.15.3a	UWB
IEEE 802.15.4	低数据传输速率及 ZigBee
IEEE 802.15.5	Mesh 网络

IEEE 802.16标准工作组将Mesh结构纳入IEEE 802.16d/e标准中。无线Mesh网络是对IEEE 802.16标准中的点到多点（Point to Multiple Point，PTMP）网络结构的补充。网络中的每个节点都与周围邻居节点形成多条链路，并且可以选择其中一条链路，用来传输来自本节点或其他节点的信息。这样，连接断开的可能性要远低于P2MP模式。同时，随着节点数的增加，IEEE 802.16 Mesh网络的稳健性不断加强，覆盖范围不断扩大。

2.3.1.4 AC+AP组网

现在新装修的房子一般都会从弱电箱布置网线到各个房间的86面板或者天花板，AC+AP方案就是在这些位置安装AP节点（面板式AP或吸顶式AP），通过AC控制器控制这些节点组成分布式无线网络，以实现全屋高质量Wi-Fi信号覆盖，如图2-40所示。

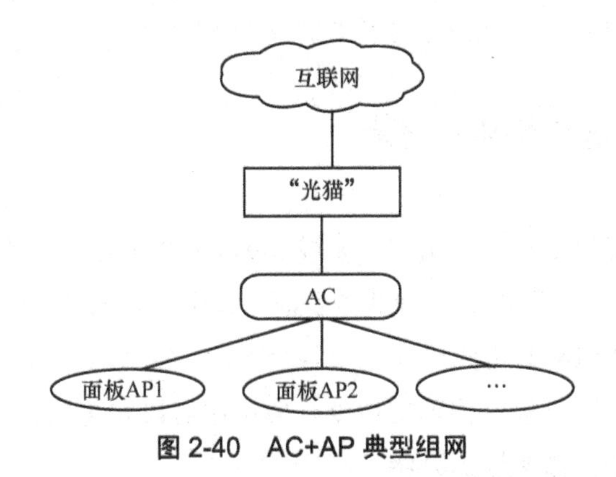

图2-40 AC+AP典型组网

AC即接入控制器（Access Controller），是一种网络设备，用来集中化控制局域网内可控的无线AP，是一个无线网络的核心，负责管理无线网络中的所有无线AP，对AP的管理包括：下发配置、修改相关配置参数、射频智能管理、接入安全控制等。

AP即无线访问接入点，传统有线网络中的HUB。AP相当于连接有线网和无线网的桥梁，其主要作用是将各个无线网络客户端连接到一起，然后将无线网络接入以太网，从而达到网络无线覆盖的目的。

在这种组网方案中，AP是“瘦AP”，即它本身并不能进行配置，需要一台专门的设备（无线控制器，即AC）进行集中控制管理配置，所以说“瘦AP”

的传输机制相当于有线网络中的集线器，在无线局域网中不停地接收和传送数据；而人们通常所说的无线路由器，也可称之为“胖 AP”，它除了无线接入功能外，一般具备 WAN、LAN 两个接口，支持地址转换（NAT）功能，多支持 DHCP 服务器、DNS，以及 VPN 接入、防火墙等安全功能。

对于面板式 AP 或其他形态的瘦 AP 而言，一般采用 POE 供电的方式，即 AC 通过网线对 AP 进行供电。在实际应用中，AC 本身并不具备 POE 功能，往往由一体化的 POE 交换机来实现 AC+POE 的功能，网络拓扑结构为：“光猫”——一体化路由—面板 AP，各个面板 AP 由一体化路由通过 POE 方式供电，不用另外接电源。组网设置则是在一体化路由的 Web 页面统一设置，此方案即可实现快速漫游，终端设备可以自动在各个节点之间快速切换。快速漫游仍会导致用户的业务（如游戏）有短暂的中断，如果需要无缝漫游，就需要选择单独的 AC 来支持 IEEE 802.11k/v/r 标准，网络拓扑结构为：“光猫”—路由—POE 交换机—面板 AP/AC，组网后漫游效果基本能做到无感切换。

2.3.2 无线 Mesh 网络应用技术

无论对公众客户还是个人用户，无线 Mesh 网络都是未来的发展趋势，因为其灵活、异构的特点可以提供多种业务以满足人们的日常需要。从 WMN 概念的提出到今天，对 WMN 的研究已经遍及各个方面，包括物理层传输技术、媒体访问控制协议、网络层协议、传输层协议、应用层协议和跨层设计方法的使用等。以下对主要技术进行概括性的介绍。

（1）智能天线技术

无线 Mesh 网络中的天线设计对整个系统的性能和使用有着重大的影响。采用智能天线技术，可以在提高系统性能的同时简化其安装和使用。智能天线是具有测向和波束成形能力的天线阵列。使用智能天线技术，用户节点可以根据周围节点的情况，在软件控制下调整波束方向，分别对应多个相邻节点，起到充分复用的作用，提高了系统的容量。

（2）多址接入技术

多址接入技术所需要解决的问题就是如何将有限的通信资源在多个用户之间进行有效的切割与分配，在保证多用户通信质量的同时，尽可能降低系统的复杂度，并获得较高的系统容量。其中需要重点解决的问题之一是信道如何分配。在实际的 WMN 中，射频端的数量远比有效信道的数量多，因此各个 Mesh 路由器之间有很多链路都工作在相同的信道上，这些信道上不同传输过程之间的干扰会严重影响信道的利用率。为了在减少干扰和提高网络连接性两方面取得平衡，WMN 中的信道分配就可以看作一个拓扑控制的问题。无线环境中可调整参数包括信道频率、发射功率、比特速率和定向发射等，拓扑控制通常利用这些参数来获得理想的网络拓扑。

（3）路由技术

传统的路由协议是专门为有线网络而设计的，如路由信息协议（Routing Information Protocol，RIP）和开放最短路径优先（Open Shortest Path First，OSPF）协议等。无线 Mesh 网络节点的移动性使得网络拓扑结构不断变化，传统的基于互联网的路由协议无法适应这些特性，需要有专门的应用于无线 Mesh 网络的路由协议。

设计无线 Mesh 路由协议，当前主要有两种做法：一种是根据无线 Mesh 网络与移动 Ad-Hoc 网络特点相似的特征，将 Ad-Hoc 开发的路由协议如：目的节点序列距离矢量（Destination Sequenced Distance Vector，DSDV）路由协议、动态源路由（Dynamic Source Routing，DSR）协议、临时按序路由算法（Temporally Ordered Routing Algorithm，TORA）、距离矢量按需驱动（Ad-Hoc on Demand Distance Vector，AODV）路由协议等协议移植过来用于无线 Mesh 网络；另一种是开发无线环境专用的路由协议，如某些厂商设计的无线 Mesh 网络私有路由协议等。目前适用于无线环境下的专用的主流路由协议有可预测的无线路由协议（Predictive Wireless Routing Protocol，PWRP）、多射频链路质量源路由（Multi Radio-Link Quality Source Routing，MR-LQSR）协议等。

（4）无线交换技术

在无线 Mesh 网络的网络层设计上，交换方式的选择对整个网络的业务性能有很大的影响。无线 Mesh 网络上承载的业务不单是宽带 IP 接入，也包括视频点播、网络会议等有较高服务质量要求的业务。由于电路交换方式难以满足多业务支持的要求，无线 Mesh 网络的网络层一般使用分组交换。分组交换进一步又分为 3 种：基于 IP 的分组交换、异步传输交换、多协议标签交换。

2.3.3 Mesh 技术在 Wi-Fi 领域的应用现状

虽然理论上支持 Mesh 协议的无线路由器都可以组成一张网状网络，但是实际上每个路由器厂商在协议的实现细节上都有自己的技术规范和方式，导致了不同品牌的路由器互不兼容，所以不同的网状 Wi-Fi 系统不能相互通信，并且成为同一个网状 Wi-Fi 网络的一部分。为此，Wi-Fi 联盟在 2018 年 5 月宣布推出 Wi-Fi EasyMesh 标准认证，简单来说，通过认证的路由设备可以实现跨平台的 Mesh 通信部署。

Wi-Fi EasyMesh 认证标准旨在为网状 Wi-Fi 硬件带来互操作性。其中一个网状 Wi-Fi 设备可用作 Wi-Fi EasyMesh 控制器（Controller），其他设备则可用作 Wi-Fi EasyMesh 代理（Agent），也就是说如果将支持 EasyMesh 的 A 厂商路由器作为控制器，同样支持 EasyMesh 的 B 厂商路由器将作为代理来与 A 路由器组成一张 Mesh 网络。那么控制器与代理都有哪些不同呢？

EasyMesh 网络中的控制器管理整个网络，所有代理的 AP 都与它相连（包括间接连接）。控制器一般为家庭网络出口的主无线路由器，它包括了控制器的管理进程，同时其本身也带一个代理 AP，当然此代理 AP 也在控制器的管理之下，这样更经济。EasyMesh 通过比较传统的 AP+客户端的方式进行连接，组成了树形的网络拓扑。典型的网络拓扑如图 2-41 所示。

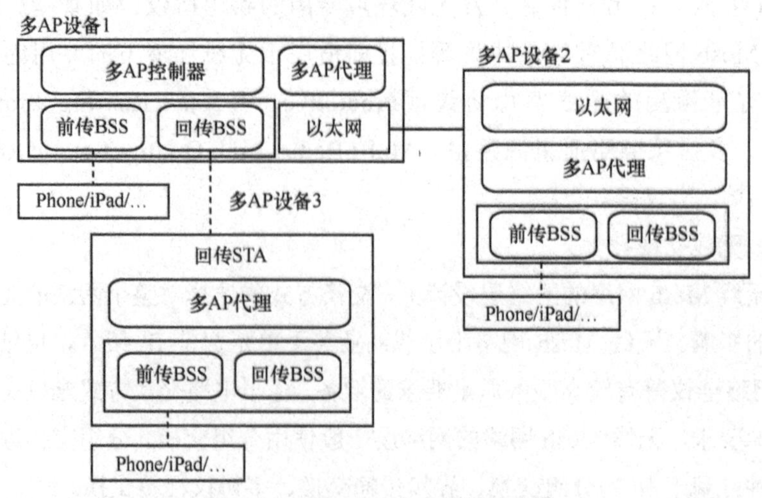

图 2-41 EasyMesh 典型网络拓扑

EasyMesh 网络中主要有以下两个网元。

（1）控制器（主路由或管理者）

EasyMesh 控制器为其他支持 EasyMesh 的设备提供了接入它的网络中的功能。控制器通过接收网络度量、设备能力信息，通过一定的分析和计算，统一操作整个 Mesh 网络的功能，如信道、拓扑结构、客户端漫游等。控制器也会发送控制命令给代理，提升网络中的负载均衡或控制其他功能的管理。注意：控制器可以是单独的设备，但更多的是控制器+代理集成在一起，会更经济。

（2）代理（从路由或代理）

在 EasyMesh 网络中，所有的 AP 都是代理角色。代理是一个逻辑实体，它需要执行控制器发过来的命令，周期性地给控制器上报网络度量和能力信息。某个代理相对于其他代理，也提供接入的无线接口，即其他代理通过此代理连接到控制器。

除此之外，还需要了解网元中的以下几个角色。

- 回传 BSS：一个专门用于建立 Mesh 链路的 SSID，通常是隐藏的，不提供给手机等无线设备连接。
- 回传 STA：代理中有一个无线 STA 模式的接口，用于通过 WPS（与前传 BSS）获取回传 BSS 的 SSID 和密码，然后连到回传 SSID。
- 前传 BSS：多 AP 设备的 AP，主要有 3 个功能，分别是无线客户端连接、提供 WPS 功能（用于建立 Mesh 链路）、回传 STA 建立 Wi-Fi 连接（通过 WPS 把回传 BSS 的 SSID 和密码传递下去）。

设置和运行住宅无线网络令很多消费者望而却步。无论用户是否具备专业技术知识，Wi-Fi EasyMesh 网络都可在几分钟内部署完毕。尽管安装 Wi-Fi EasyMesh 网络的细节视厂商实现方案的不同而不同，但是安装和设置均很简便，需要很少的用户干预。这使 Wi-Fi EasyMesh 网络成为消费者以及向客户提供设备的服务提供商的绝佳选择。控制器一旦设置完毕，就会承担起配置网络中每个代理的责任。Wi-Fi EasyMesh 网络还易于通过增加新的代理来加以扩展，即使代理设备来自多个厂商也没有关系。控制器会自动发现和配置新的代理。

控制器与代理的入网、发现和配置流程主要包括以下两个步骤。

- Wi-Fi EasyMesh 代理通过 Wi-Fi 或有线建立与 Wi-Fi EasyMesh 网络的数据链路连接。

- 网络启动支持控制和代理相互发现的协议。控制器向网络查询有关连接了哪些代理以及这些代理提供哪些功能的信息，包括每个代理有多少个射频单元、它们支持的 Wi-Fi 版本等。然后，控制器决定如何基于功能并以最佳方式配置这些代理设备。

Wi-Fi EasyMesh 控制器可以向代理查询首选运行频道。此外，Wi-Fi EasyMesh 控制器可请求代理执行频道扫描，以了解无线频率环境以及每个代理看到的相邻 BSS。然后，控制器为代理设备中的每个射频单元设定运行配置，包括优先选择的运行类别、频道和发送功率及其限制。在默认情况下，代理中的射频单元按照适用的监管规则，以最大标称发送功率运行。不过，控制器可以限制标称发送功率，以改善系统信号条件。Wi-Fi EasyMesh 控制器可以选择由代理做出某些本地行动决策，以提高网络的响应速度。

为有助于高效满足不同地域的监管要求，控制器可以请求代理执行频道可用性检查（CAC），或提供自己的 CAC 状态。代理按照请求执行 CAC 操作，然后向控制器报告 CAC 信息。

面向 Wi-Fi EasyMesh 的“多 AP 技术规范”定义了网络设备传递与网络相关的链路指标信息的协议。这些指标与网络整体有关，不包括特定于某个具体客户端设备的指标。Wi-Fi EasyMesh 代理还利用 IEEE 802.11“信标（Beacon）”报告中的测量结果、Wi-Fi CERTIFIED Agile Multiband™中的“信标”报告技术以及 Wi-Fi CERTIFIED Data Elements™规定的关键性能指标来报告有关网络健康状态的指标，其中包括代理与相关客户端设备之间链路的质量指标。

Wi-Fi EasyMesh 对 Wi-Fi Data Elements 起到了补充作用，这有助于运营商收集网络信息，以更加主动地发现和解决 Wi-Fi 网络问题。这些链路指标收集方法相互配合，使 Wi-Fi EasyMesh 网络能够适应网络的动态变化，而这种适应性又可以为用户提供更加一致的 Wi-Fi 体验。

控制器可以选择发送控制信息来“引导”或建议客户端设备将连接从一个代理转移到另一代理。这可以平衡代理之间的网络负载，并优化客户端漫游。这种决策是基于控制器积累的对 Wi-Fi EasyMesh 网络及其客户端的了解做出的。控制信息支持对任何客户端的引导。支持 Wi-Fi Agile Multiband 所用技术（例如 IEEE 802.11v BSS 切换管理（BSS Transition Management，BTM））的设备有可能体验到更快的切换效果。

能够更好地管理AP之间的连接是使Wi-Fi EasyMesh网络更加智能的一个重要因素。控制器可以在AP之间为回程连接选择最佳通路、频段和频道，以优化网络资源的利用。

Wi-Fi EasyMesh利用Wi-Fi Agile Multiband收集有关Wi-Fi环境的关键信息，以高效管理网络资源，并在AP上优化负载均衡。高效管理和负载均衡优化是通过将客户端设备引导到最适合的频段、频道或AP上实现的。

人们日益希望在家中获得全面、一致的Wi-Fi覆盖，这迫使市场提供多AP Wi-Fi系统以扩大覆盖范围，这类系统大多基于专有技术。为了满足这种市场需求，Wi-Fi联盟推出了一种基于标准的解决方案，为服务提供商和Wi-Fi用户提供了一种一致的、简化多AP网络安装的方法。Wi-Fi EasyMesh网络是一种统一的多AP网络，扩大了覆盖范围并简化了网络管理，可提高整个住宅或办公室的端到端QoS。Wi-Fi EasyMesh实现了一个由可互操作Wi-Fi认证设备组成的、强大的生态系统，为选择设备以构成智能化、自适应住宅Wi-Fi网络提供了更大的灵活性和更多选择。

虽然Wi-Fi联盟提出EasyMesh的初衷是解决不同路由器厂商之间互通的问题，但是出于商业目的考虑，并不是所有的厂商都愿意遵循EasyMesh。

2.3.4 Mesh技术在Wi-Fi 6中的应用前景

Wi-Fi Mesh和Wi-Fi 6是Wi-Fi领域内不同的两种技术，Wi-Fi 6在基础技术上通过1 024QAM、OFMDA、MU-MIMO、BSS Coloring和TWT等多项创新科技，获得了更高的网速、更多联网设备下的低时延、更强的抗干扰能力、更省电等多方面进步，而Mesh技术经过近年来的发展，也趋于成熟，尤其是EasyMesh协议的推出，使得不同品牌路由器之间的互联成为可能，更重要的是Mesh技术可以增强对复杂户型、大户型等房屋Wi-Fi信号的覆盖，从而满足用户在室内无缝切换、不间断上网方面的刚需。

集合了Mesh、Wi-Fi 6技术的Wi-Fi 6分布式路由器，不仅信号强、覆盖好，而且安装起来非常简单，对用户的技能要求相对WDS而言低得多，所以Mesh、Wi-Fi 6结合起来将会是未来的发展趋势。美国网件公司（NETGEAR）在2019年的IFA国际电子消费展上展示了具备Mesh功能的Wi-Fi 6产品，国内包括360、华硕、TP-Link 等多家公司也陆续推出了类似的产品。

目前主流的 Mesh 路由器在传输过程中，采用的是 2.4 GHz+5 GHz +5 GHz 的三频段收发，其中一个 5 GHz 频段是 Mesh 专门用来回传的，因此不会占用本身的网络带宽。

可以说 Wi-Fi 6 + Mesh 的组网方式将会逐渐普及，而且不会用太长的时间。但是是否可以做到不同品牌的 Wi-Fi 6 路由器出现在同一个用户家中进行 Mesh 组网，目前还不得而知。

第二部分

Wi-Fi 6应用与测试

第3章

Wi-Fi 6 应用场景

Wi-Fi 技术一直处于蓬勃发展的状态，其更新换代的速度令人惊叹。俗话说，“长江后浪推前浪，一代更比一代强”，这句话用于 Wi-Fi 技术的发展也十分贴切。Wi-Fi 6 无线局域网通信技术与前两代 Wi-Fi 4、Wi-Fi 5 通信技术不同，其关键核心技术更加关注吉比特每秒（Gbit/s）用户体验速率，拓宽通信网络的业务使用场景，尤其适用于高密度无线接入和高容量无线业务，比如室外大型公共场所、高密度场馆、室内高密度无线办公、极致高清直播、低时延的 AR/VR 游戏、智能家居 IoT 互联和电子教学等场景，提供更加稳定、高速的通信网络使用体验。

在 Wi-Fi 6 时代，无线网络带宽、容量、时延将得到较大的改善，各种应用场景在部署无线网络时通过良好的网络规划和设计，将会更经济、更高效地拥有一个满足未来 5 年应用的家庭无线 Wi-Fi 网络。

在前面章节全面梳理 Wi-Fi 6 发展演进和关键核心通信技术特点的基础上，本章着眼于实际、放眼于未来的新兴产业发展，对 Wi-Fi 6 通信技术的应用场景进行分析。主要分析了包含数据高速传输、广连接、低时延以及用户服务体验等几个维度的应用场景，进一步协助技术人员以及电信运营商逐步形成正确的思维认知，理清 Wi-Fi 6 通信技术的应用问题，为新一代无线局域网通信技术在实践中的应用奠定了基础。

3.1 个人/家庭应用

3.1.1 低时延网络游戏/VR/AR

科技改变生活，技术的发展是为了让人们体验和享受更好的生活品质，以及不断地创造与满足人们在享受科技进步的基础上产生的各种各样的物质与精神需求，从电子游戏诞生的那一刻起便是如此。全球游戏市场经过30多年的蓬勃发展，市场规模已经突破1 000亿美元。特别是社交型元素的沉浸式体验在游戏玩家中非常受欢迎。诸如“神奇宝贝Go”等拥有众多用户数量的游戏出现，为AR和VR等沉浸式媒体开创了先例，提供了更吸引用户的游戏玩法。图3-1描述了VR/AR元素。

图3-1 VR/AR示意

3.1.1.1 VR/AR产业发展现状

2020年，全球VR+AR产业规模共计2 000亿元左右，其中VR约1 600亿元，AR约450亿元，国内市场规模将达到900亿元。从VR/AR设备出货量的复苏可以看出，VR/AR产业自2016年以来再次迎来高速增长前景，精品内容和爆款产品将拉动VR/AR硬件设备快速增长。

人的感知系统可划分为视觉、听觉、触觉、嗅/味觉和方向感 5 部分。因此 VR 应在基于此感知系统的基础上向用户提供全方位的体验，任何在这几个感官维度下做出极致体验内容的成功都是必然的。VR/AR 通过遮挡用户的现实视线，将其感官带入一个独立且全新的虚拟空间，为用户提供更深入、代入感更强的体验；AR 能够补充或增强用户眼中的现实世界。VR/AR 的出现使视频体验从平面扩展到了立体沉浸，改变了人们的生活方式。传统的 VR/AR 有头盔笨重导致难以长时间佩戴、视频图像不清晰导致头晕和目眩等不好体验。但随着 Wi-Fi 6 的逐步普及，传输速率的极大提升及时延的降低，使 VR/AR 的用户体验会有很大提升。随时随地体验 Wi-Fi 6 带来的高质量 VR/AR，并逐步降低对终端和头盔的要求，实现云端内容发布和云渲染，是未来的发展趋势。

从图 3-2 全球市场 VR/AR 出货量及连接类型预测来看，到 2025 年全球 VR/AR 出货量将暴增至约 2.5 亿台，而且几乎 100%的设备支持通过 Wi-Fi 连接。

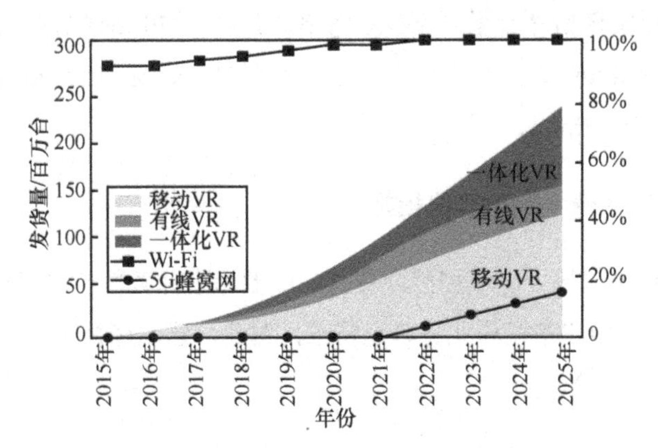

图 3-2 全球市场 VR/AR 出货量及连接类型预测
（数据来源：Wireless X labs、ABI Research）

3.1.1.2 VR/AR 业务应用场景的 Wi-Fi 网络部署

VR/AR 网络游戏业务应用属于强交互类业务，均需对用户的操作或动作做出及时响应，将给网络带宽和时延带来很大的挑战。目前主流的 VR/AR 应用有两大类：基于全景视频技术的在线点播和事件直播；基于计算机图形学的 VR/AR 单机游戏、VR/AR 联网游戏、VR/AR 仿真环境等。高盛预测，2025 年 VR/AR 将在游戏、直播、医疗保健、房地产、零售、教育等九大行业先得到广泛应用，其中游戏行业以交互式 VR/AR 为主，零售、教育、医疗行业以 VR/AR 视频为主。

交互式 VR/AR 游戏场景的舒适体验指标要求，单终端带宽达 260 Mbit/s 以上，如此高带宽的应用使得无线网络中的网页浏览、E-mail 等其他无线业务带宽可以忽略不计，同时覆盖范围也不是主要考虑方向。建议按照每个 AP 支持 4 个 VR/AR 终端并发来进行规划，VR/AR 业务终端离 AP 尽可能近一些，开启 AP 应用识别和应用加速功能，并且严格控制接入规格，以充分保证每位用户的业务体验。

3.1.1.3 VR/AR 业务应用场景带宽需求分析

VR/AR 的特点是用户对网络质量要求高，因此建设一张高质量的无线网络，是提升用户体验的有效手段。从表 3-1 带宽体验指标和图 3-3 承载网络各阶段 VR 指标分解中，可见不同阶段的 Cloud VR 业务对网络带宽和时延的要求也不同，视频业务要实现舒适体验，Wi-Fi 网络时延要在 20 ms 以内，同时单终端带宽还需要在 75 Mbit/s 以上；交互式 VR 业务则要求时延在 15 ms 以内，同时单终端带宽高达 260 Mbit/s。

3.1.1.4 VR/AR 场景 Wi-Fi 应用指标

VR/AR 应用场景属于区域型独立覆盖，既要考虑业务性能，又要考虑经济性，尽可能地保证每位用户带宽和业务时延需求，对此，建议选择 Wi-Fi 设备时考虑以下几点，具体见表 3-2。

表 3-1　VR/AR 带宽体验指标

业务类型	业务指标	入门体验	舒适体验	理想体验
Cloud VR 强交互业务	带宽要求	大于 80 Mbit/s	大于 260 Mbit/s	大于 1 Gbit/s
	RTT 时延要求	小于 20 ms	小于 15 ms	小于 8 ms
	丢包率要求	1×10^{-5}	1×10^{-5}	1×10^{-6}
Cloud VR 视频业务	带宽要求	大于 60 Mbit/s	大于 75 Mbit/s	大于 230 Mbit/s
	RTT 时延要求	小于 20 ms	小于 20 ms	小于 20 ms
	丢包率要求	8.5×10^{-5}	1.7×10^{-5}	1.7×10^{-6}

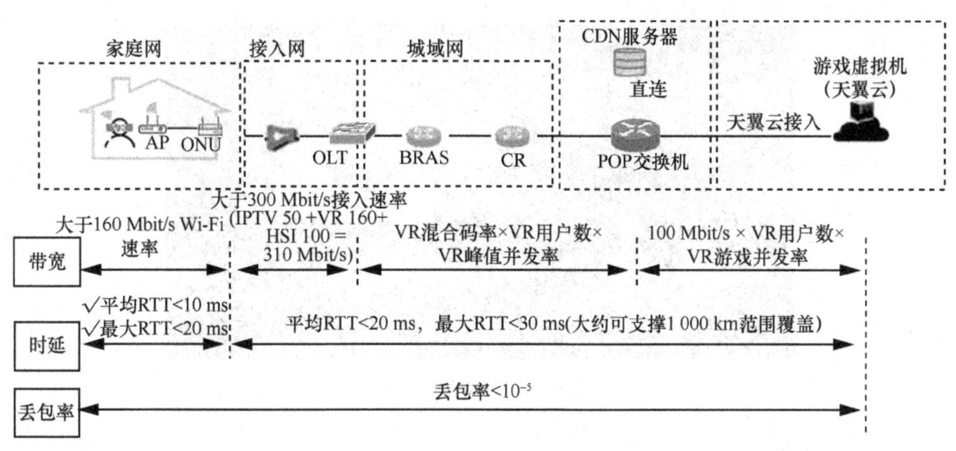

图 3-3 承载网络各阶段 VR 指标分解

表 3-2 VR/AR 业务 Wi-Fi 应用指标

设备配置	详细规格
硬件配置	支持 IEEE 802.11ac wave 2 或者 IEEE 802.11ax（推荐）
	4×4 或者 8×8 空间流
	2 射频或者 3 射频（推荐）
	智能天线
软件配置	支持动态负载均衡
	支持应用识别与加速
	支持智能漫游
	支持智能射频调优
	支持冲突优化技术

3.1.2 极致高清视频业务

随着视频采集与编码技术的不断成熟和发展，人们对于视觉感官的清晰和极致要求越来越高，而为了匹配这越来越高的要求，显示的分辨率亦在不断攀升，图像显示已经从原来的标清到高清，从 2K 走向了 4K、8K 直至现在的 VR/AR 视频，如图 3-4 所示。因各种移动智能终端的普及，用户更喜欢通过各种移动终端“煲剧”、看各种比赛直播，Wi-Fi 接入是最佳的选择，摆脱了有线的束缚，给家庭成员带来极佳的体验和愉悦感。

图 3-4　4K/8K 对比

3.1.2.1　视频产业发展现状

根据预测，未来家庭网络流量 80%以上和行业应用数据 70%以上将是视频。在这样的背景下，作为高清视频的下一个发展阶段，超高清视频对于推动大众的消费升级以及行业的转型发展都具有重大意义，在国家政策引导和产业界大力推动下将迎来巨大发展机遇。

到 2022 年，我国超高清视频产业总体规模有望超过 4 万亿元。在政策的支持下，我国超高清视频产业的发展拥有了强劲动力。2019 年 2 月，工业和信息化部、中国广播电视总局、中央广播电视总台联合印发《超高清视频产业发展行动计划（2019—2022 年）》，提出按照"4K 先行、兼顾 8K"的总体技术路线，大力推进超高清视频产业发展和相关领域的应用，对产业规模、用户数、频道数量和应用示范提出了明确目标。

4K 是指 4K 分辨率，8K 同样代表 8K 分辨率。根据像素尺寸来说，4K 分辨率是 3 840 dpi× 2 160 dpi，8K 是前者的 4 倍，是 1 080P 的 16 倍，达到 7 680 dpi×4 320 dpi。8K 从本质上提升视频的表现力，让用户能够感受到优秀的画质所带来的视觉盛宴。4K/8K 产业涉及设备播放厂商、内容厂商等上下游企业，当然还有网络提供商。高品质的画质需要高带宽来保障，服务一个 4K TV 用户，流量成本相当于服务 9 个计算机/平板计算机用户。当前 4K 还没有完全普及，8K 已经在路上了。8K 分辨率不仅能带给用户广阔的视觉和高精细的画面效果，而且在画面层次和立体视觉方面有较为独特的效果。人眼立体感源于双眼观察物体时的视觉以及对远近物体不同的感知方式，8K 的高清晰影像能真实再现这些自然形成的差异，呈现实物的立体感和空间感。

一直以来，内容是 4K 终端普及的一大阻碍，8K 时代也不例外。随着未来内容越来越成熟，Wi-Fi 6 网络和技术的成熟，会促进 4K/8K 面板的快速发展，人们的生活也将进入 4K/8K 的崭新时代。

3.1.2.2 视频业务应用场景的 Wi-Fi 网络部署

在网络传输方式上，一般情况下高清视频业务应用场景对用户无线 Wi-Fi 网络带宽影响较大的因素主要有两个：网络信号质量和接入规模。在编码方式上，H.265 成为超高清视频编解码的主要选择。H.265（HEVC）可以在维持画质基本不变的前提下，让数据传输带宽减少至 H.264 的一半，支持最高为 7 680 dpi×4 320 dpi 的分辨率。因 4K/8K 视频流的码率是相同帧率/相同压缩编码方式的全高清（FHD）视频流码率的 4 倍以上，对网络带宽的要求也随之大幅增长。

因此，Wi-Fi 承载运营级 4K 视频场景的舒适体验指标要求单终端至少 50 MHz 带宽，在将来单终端需要有 100 MHz 以上的带宽。应用场景中移动终端（PC）基本都支持 2×2 MIMO，为了达到 50 MHz 的业务带宽目标，建议按照每个 AP 支持 12 个终端并发来进行规划，同时要考虑连续覆盖保证漫游效果，因此在较密集的区域覆盖半径可以更小一些。

3.1.2.3 视频业务应用场景带宽需求分析

极致高清视频不仅是视频分辨率的提升，还带来了视频质量四大方面的优化：第一是画面更清晰；第二是画面更流畅；第三是色彩更真实；第四是色彩更自然。视频采用 H.265 或与之相当的编码方式，在保证超高清视频体验的前提下，4K 码率为 30～50 Mbit/s，8K 码率为 100～150 Mbit/s，具体见表 3-3。

表 3-3 4K/8K 视频业务带宽需求

业务类型	4K			8K		
	入门级	运营级	极致级	入门级	运营级	极致级
分辨率	3 840 dpi×2 160 dpi	3 840 dpi×2 160 dpi	3 840 dpi×2 160 dpi	7 680 dpi×4 320 dpi	7 680 dpi×4 320 dpi	7 680 dpi×4 320 dpi
帧率	30 帧	60 帧	120 帧	30 帧	60 帧	120 帧
编码位数	8 bit	10 bit	12 bit	8 bit	10 bit	12 bit
压缩算法	H.265	H.265	H.265	H.265	H.265	H.265
平均码率	15 Mbit/s	30 Mbit/s	50 Mbit/s	60 Mbit/s	120 Mbit/s	200 Mbit/s
带宽要求	大于 30 MHz	大于 50 MHz	大于 50 MHz	大于 100 MHz	大于 150 MHz	大于 200 MHz
丢包率	1.7×10^{-5}～1.7×10^{-4}					

3.1.2.4 视频场景 Wi-Fi 应用指标

承载大规模 4K/8K 视频业务的区域，既要考虑业务性能，又要考虑经济性，尽可能地保证每位用户带宽和业务时延，对此，建议选择 Wi-Fi 设备时考虑以下几点，具体见表 3-4。

表 3-4 4K/8K 业务 Wi-Fi 应用特性指标

设备配置	详细规格
硬件配置	支持 IEEE 802.11ac wave2 或者 IEEE 802.11ax（推荐）
	4×4 或者 8×8 空间流
	2 射频或者 3 射频（推荐）
	智能天线
软件配置	支持动态负载均衡
	支持应用识别与加速
	支持智能漫游
	支持智能射频调优
	支持冲突优化技术

3.1.3 智慧家庭 IoT 互联

曾几何时，智慧家庭只是一个遥不可及、空中楼阁的念想，但随着时代的进步、物联网技术的发展和人们生活水平的提高，采用主流的互联网通信渠道，配合丰富的智能家居产品，人们已经从多方位、多角度逐步开启智能新生活。智慧家庭是在物联网影响下的物联化体现，它不仅具有传统的居住功能，还具有网络通信、信息家电、设备自动化等功能，是集系统、结构、服务、管理于一体的高效、舒适、安全、环保的居住环境。

物联网，顾名思义，就是物物相联的互联网，如图 3-5 所示。将其分解，其有两层含义：其一，物联网的核心和基础仍然是互联网，是在互联网基础上延伸和扩展的网络；其二，其用户端延伸和扩展到了任何物品与物品之间，进行信息交换和通信，也就是物物相联。

众所周知，连接是物联网设备成功的关键条件。因此，简单、稳定、可靠的联网能力是物联网发展中重要的元素之一。在有线和无线两种方式中，由于连接入网的设备和物品的广泛分布，以及无线通信技术在组网便捷性方面的优势，无线 IoT 互联的重要性不言而喻。在众多的无线连接技术中，家庭场景物联网应用最广泛和普遍的为 Wi-Fi、BT 和 ZigBee 这 3 种技术，它们各有所长，分别适用于不同的应用场景，成为物联网无线连接最流行的通信协议。但随着最新一代的 Wi-Fi 6 技术的部署商用，Wi-Fi 6 将为室内无线网络带来一次革新，彻底改变物联网和智能家居的实现方式，给人们前所未有的网络体验。

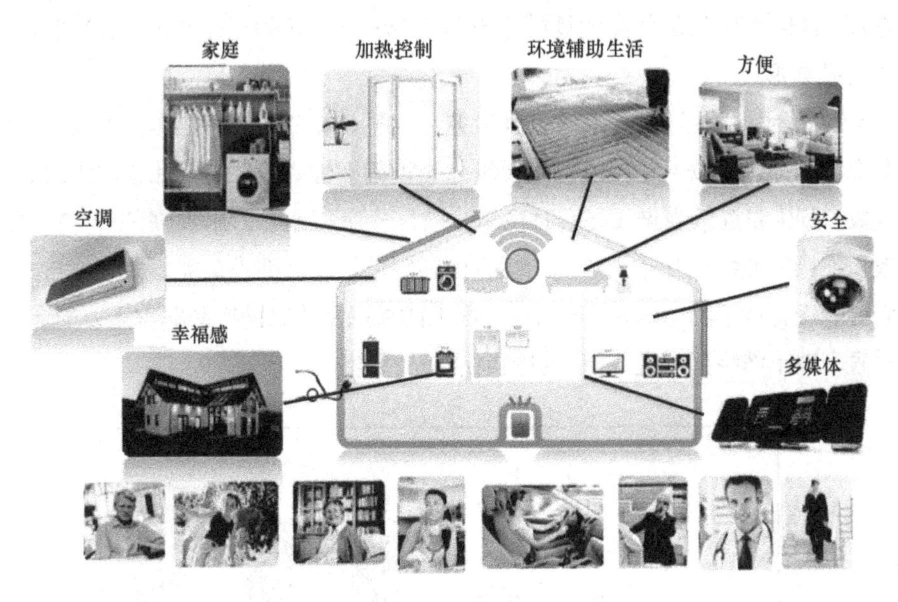

图 3-5　家庭 IoT 连接

3.1.3.1　IoT 产业发展现状

物联网的理念和相关技术已经广泛渗透到社会生活中的方方面面，在越来越多的行业创新中发挥核心作用。物联网是新一代信息技术的重要组成部分，也是信息化时代的重要发展阶段，在推动产业转型升级、提升社会服务、改善民生服务、推动增效节能等方面发挥着重要的作用，在某些细分领域正带来真正的“智慧”应用。

目前，我国已形成基本齐全的物联网产业体系，部分领域已形成一定的市场规模，与网络通信相关技术和产业支持能力与国外的差距不断缩小。而智能家居行业是一个新兴的朝阳产业，正处于行业的快速发展期，智能家居的潮流不可逆转，具有强大的市场潜力。

预计在“十四五”期间，我国物联网在家居领域将迎来较快发展机遇，特别是互联网科技企业、传统家电企业和移动互联终端制造商等厂商跨界合作形式的涌现，更加坚定了行业快速发展的信心。如图 3-6 所示，预计到 2024 年我国物联网在家居领域的需求规模将突破 425 亿元。

在搭建智慧家庭 IoT 场景应用中，因 IP 传输技术成熟，室内 Wi-Fi 信号几乎无处不在，所以无线 Wi-Fi 网络通常是一个最容易想到的作为家庭物联网连接的方式。伴随着电信运营商大规模建设基于 Wi-Fi 技术的无线城市，其物联网应用架构已然形成。

当物联网应用在不同产品时，其数据吞吐量、能效和设备成本方面具有不同的要求。例如，物联网的数据传输要求从小型间歇性有效载荷（如读取水表、电表度数）到大量连续数据（如实时视频监控）不等。因此，制约物联网保持稳定、有效长连接的原因中最常见的是功耗方面的限制，物联网设备需要持续连接，但它们可能没有持续的电源。对于功耗方面上的考虑是物联网产品非常重要的元素，有时候，整个网络要求设备使用纽扣电池坚持数年。

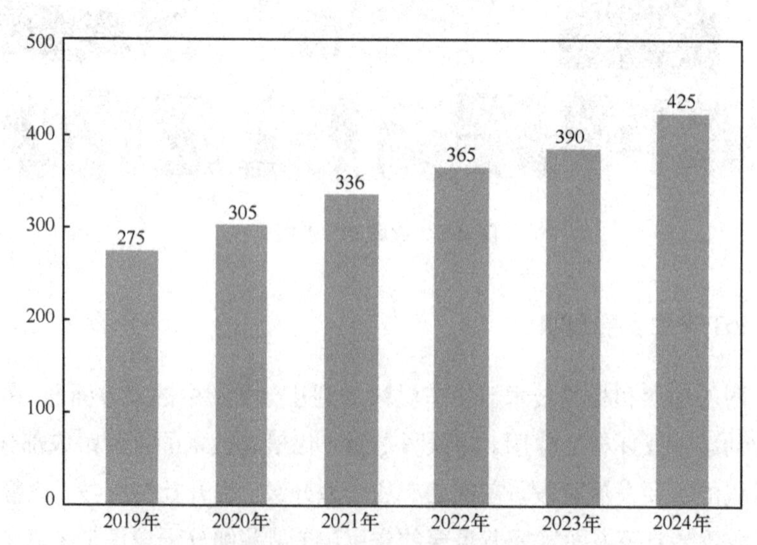

图 3-6 我国物联网在家居领域的需求规模分析
（数据来源：前瞻产业研究院，单位：亿元）

随着物联网行业的迅猛发展，人们对物与物的连接需求不断提升，特别需要低功耗、广覆盖、低成本、大容量连接方式的终端种类越来越多，传统物联网通信方式已无法满足这一类型终端的需求。因此，使用非授权的频带（频谱成本为零）的 Wi-Fi 6 的物联网传输技术具有很大的优势，如搭建成本低廉、低功耗、可靠性高、安全性和施工周期短等，可迅速实现无线室内架构的改进和基础设施的长期升级，将提高实际数据吞吐率，同时侧重于提高网络容量。此外，在智能家居中利用减少干扰的技术可支持使用多个无线电系统。

Wi-Fi 6 技术的出现，将给智慧家庭互联、物联网和智能家居的实现方式带来彻底改变，将大大改善物联网设备的性能，并且 Wi-Fi 是一种非常安全和经济的网络连接方式。大规模推出和采用更快的 Wi-Fi 网络技术将为推出更快的通信方法、提高企业生产力以及最终智慧城市的崛起铺平道路。

3.1.3.2　IoT 业务应用场景的 Wi-Fi 网络部署

智慧家庭通常以住宅为平台，构建高效的住宅设施与家庭日常事务的管理系统，兼备建筑、网络通信、信息家电、自动化控制等功能，建立安全、舒适、便利、高效和环保的家庭居住环境。而智能 Wi-Fi 无线路由器位于家庭中所有智能 IoT 终端的上一层，被形象地称为“智能水龙头”，已成为智慧家庭中不可或缺的设备，是家庭物联网互联的必经之路。因此，智慧家庭 IoT 互联应包括智能家居的远程操作、监控和安防等重要业务场景。无人值守和远程操控是未来家庭互联技术发展的关键方向，对无线网络主要提出以下要求：设备成本和支持成本要较低；易于部署、方便调试和管理；可靠性和安全性；具有可扩展性；无损漫游。作为在智慧家庭运行的 IoT 设备，因其安装、运行可能会隐藏在住宅角落，同时云端与 IoT 设备之间通信连接与控制的带宽要求非常低，通常是几十千比特每秒到几百千比特每秒，所以智能家庭网络给 Wi-Fi 网络带来的挑战主要集中在大范围的 IoT 设备数据传输时延和漫游可靠性问题上。因此，建议部署时首先要确保通信连接的可靠性，Wi-Fi 网络架构首选分布式（Mesh 组网）架构，要求 Wi-Fi 既要做到无死角覆盖，又要能够实现在多个 AP 之间的无损漫游，确保与云端的智慧家庭控制系统交互正常无误。其次，考虑到连接的安全性（WPA3），需要加密 Wi-Fi 上传输的所有数据，防止暴力破解，进一步保护不安全的无线网络。最后，考虑低功耗和抗干扰能力。

3.1.4 IoT 场景 Wi-Fi 应用指标

前面已经提到，智慧家庭 IoT 设备对带宽要求非常低，且整个网络内 IoT 接入的密度也不会太高，因此，在 AP 选型时可考虑接入规格和带宽都不大的经济型 AP，但需要 Wi-Fi 网络具备快速、高可靠与广连接和漫游能力，具体见表 3-5。

表 3-5 智慧家庭 IoT 的 Wi-Fi 应用指标

设备配置	应用指标
硬件配置	支持 IEEE 802.11ax
	4×4 或者 8×8 空间流
	三射频
	智能天线
	支持 IoT 扩展
软件配置	动态负载均衡
	应用识别与加速
	智能漫游
	智能射频调优
	冲突优化技术

3.2 垂直行业应用

Wi-Fi 6 作为新一代室内无线通信技术革新的“变速齿轮”，如何环环相扣地推动垂直产业升级和发挥其独特的作用是值得关注的问题。例如，在企业园区 WLAN 的产业迭代，在工业级场景如智慧工厂、无人仓储，在高密度场景如机场、酒店、大型场馆等，在服务场景如远程教育、医疗等，对高速率、大容量、低时延等要求较高的特殊室内行业应用场景和生产、经营智能化进程中，Wi-Fi 6 的价值已经开始浮现。

3.2.1　会展中心/球馆场景

会展中心/球馆场景主要是指一个封闭或者半封闭的开阔立体空间内，可以容纳万人以上的高密度人员观看比赛或者进行商品展览。此场景属于高密度场景，建设无线覆盖网络规划要求高，在无线业界属于较困难的建设场景之一。

3.2.1.1　会展中心/球馆场景 Wi-Fi 网络规划

（1）业务需求

从空间特征方面考虑，主要有以下关键特征。

- 空间：会展中心/球馆场景的空间特点是三维立体感官很强，视野开阔，造型不规则、具有多样性，高度最高可达几十米，因此实际环境对 Wi-Fi 网络规划方案影响大，必须进行专业的网络规划设计。
- 遮挡：会展中心/球馆场景属于开阔场景，无遮挡或少遮挡，工程部署相对简单。
- 干扰：会展中心/球馆场景空间高度高，部署 AP 时在同一开阔空间内容易出现多个 AP 之间的同频干扰问题；AP 多了，干扰严重，覆盖范围与角度难以控制；AP 少了，信号被大量观众阻挡，强度不足。另外，此类场景的人员是会流动的，因此会出现某个 AP 接入终端饱和，而个别终端空闲的情况，因人员流动造成的冲突和干扰也比较难解决。

从业务特征方面考虑，主要有以下关键特征。

在会展中心/球馆场景中，无线 Wi-Fi 网络主要接入的是个人业务与各展销商铺业务，使用的多数为智能手机、Wi-Fi 电视的移动终端，覆盖人数广、设备连接多，对设备带机量有较高的要求。

对于此类场景的个人业务要优先保障用户的使用体验，避免出现体验跌落（如突然拒绝接入连接、突然速率下降），因覆盖面积较大，要求设备具有较高的远距离传输及盲点扫除能力并具备高密度用户端接入能力，支持大数量用户端接入 AP，保证每个用户体验速率在 16 Mbit/s 以上。

对于展销商铺可能存在通过微博微信、直播平台、现场媒体播放、产品演示和数据共享等多种方式，传播和推广会展及产品的业务，建议规划专线专用进行针对性的保障，与一般普通用户/观众进行差异化接入。

（2）网络规划

本节将以会展中心的展台为例，介绍该类场景的网络规划。

从会展中心场景的业务特点分析，一般情况下，单用户带宽可按照 16 Mbit/s 进行设计，一台双频 AP 需要接入约 100 个用户。

由于会展中心场景高度较高，为防止 AP 间的同频干扰，需要控制 AP 覆盖的范围，一般推荐使用内置小角度定向天线的 AP。

会展中心场景中各展台中的网络规划方案设计有：边上覆盖（含抱杆）和顶棚覆盖。

2.4 GHz 边上覆盖信号方案：如图 3-7 所示，AP 安装在会展中心的四周围墙之上，并采用外置小角度定向天线，将 AP 天线角度调为 18°，各个 2.4 GHz 的 Wi-Fi 设备天线之间的间隔距离需要大于 12 m，AP 的信道按照规划方案错开设置，如以第一个 AP 设置信道为 1、第二个 AP 设置信道为 9、第三个 AP 设置信道为 5、第四个 AP 设置信道为 13 的顺序周期性重复配置信道，避免同频干扰。

5 GHz 边上覆盖信号方案：如图 3-7 所示，AP 安装在会展中心的四周围墙之上，并采用外置小角度定向天线，将 AP 天线角度调为 15°，各 5 GHz 天线之间的间隔距离需要大于 4 m，AP 的信道以中国国家信道编码为例，高频下建议使用 149～165 信道，低频下建议使用 36～64 信道规划方案错开设置，避免同频干扰。

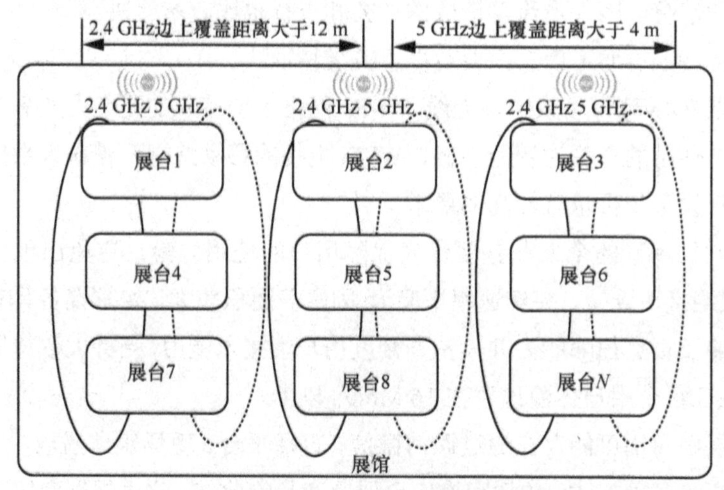

图 3-7　会展中心边上 Wi-Fi 覆盖网络规划示意

5 GHz 边上覆盖信号方案也可以采用内置小角度定向天线（角度小于 30°）的三射频 AP，各 AP 之间的间距需要大于 8 m，如果开启的是 2.4 GHz 射频，则开启 2.4 GHz 射频的 AP 间距需要大于 16 m。

顶棚覆盖信号方案：如图 3-8 所示，顶棚距离地面高度低于 20 m 时，AP 安装在顶棚的马道上，并采用外置小角度定向天线，将 AP 的 2.4 GHz 和 5 GHz 信号天线角度调为 18°，2.4 GHz 各个 Wi-Fi 设备天线之间的间距应大于 12 m，AP 的信道按照规划方案错开设置，如第一个 AP 设置信道为 1、第二个 AP 设置信道为 9、第三个 AP 设置信道为 5、第四个 AP 设置信道为 13 的顺序周期性重复配置信道，避免同频干扰。对于 5 GHz 各个 Wi-Fi 设备天线之间的间隔距离需要大于 4 m，AP 的信道以中国国家信道编码为例，高频下建议使用 149～165 信道，低频下建议使用 36～64 信道规划方案错开设置，避免同频干扰。

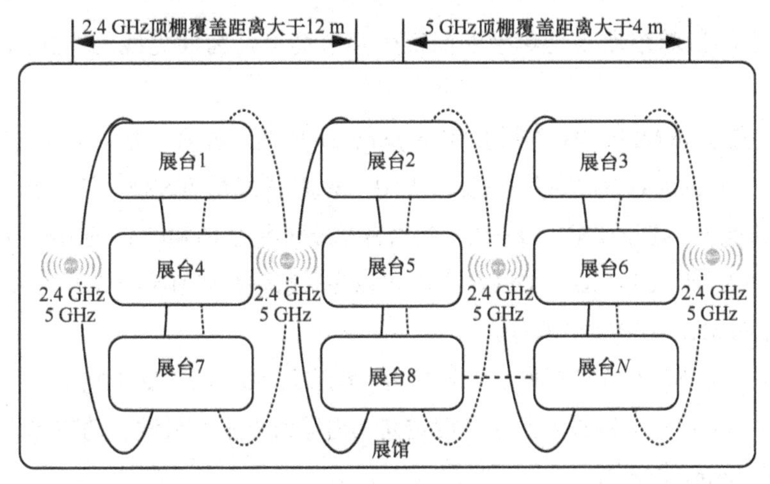

图 3-8 会展中心顶棚 Wi-Fi 覆盖网络规划示意

3.2.1.2 会展中心/球馆场景 Wi-Fi 网络建设标准

基于会展中心/球馆场景的业务需求特点和网络规划的需求，既要考虑业务性能，又要考虑经济性，对于会展中心/球馆场景，建议选择 AP 组建 Wi-Fi 网络建设标准要求如下，其涉及的业务特性见表 3-6。

表 3-6　会展中心/球馆场景下的业务特性

项目	特性介绍
AP 性能	AP 支持 Wi-Fi 6 标准，支持 4 空间流以上
OFDMA 技术	OFDMA 技术不能提升物理速率，而是通过在频域上向多个用户并发，允许单次传输在信道内按频率分割，使得寻址到不同用户端设备的不同帧使用不同的子载波组，提升多用户通信时的效率，其并发性能比 Wi-Fi 5 标准提升了 4 倍
MU-MIMO	当终端的空间流数（1 个或 2 个）小于 AP 的空间流数时，单个终端无法利用 AP 的全部性能，必须通过 MU-MIMO 技术使多个终端同时与 AP 进行数据传输。MU-MIMO 增强特性开启后，容量至少可提升 1 倍
DFBS	AP 支持双射频、双射频+扫描、三射频等多种模式，并且能够在几种模式间自动切换，以提升 AP 在多场景覆盖区域内的无线吞吐率
负载均衡	会展中心/球馆场景属于典型的室内高密度场景，在有大量终端接入的情况下，需要在 AP 之间或同一个 AP 内的 2.4 GHz/5 GHz 频段进行负载均衡
小角度定向天线	采用小角度定向天线，不仅满足指定方向信号覆盖的需求，而且还能有效地减少对其他 AP 的干扰

会展中心/球馆场景是典型的高密度部署场景，为此无线网络应满足如下要求。

（1）具备 16 Mbit/s 随时随地（Everywhere）的接入能力，每个 AP 具备接入超过 100 个用户的大容量、高并发能力。即在 95%的无线覆盖区域，基于上述会展中心/球馆场景业务建设要求，100+用户接入带宽最高可达 16 Mbit/s。应用的关键技术是 Wi-Fi 6 标准、OFDMA、DFBS（AP 可以在三射频和双射频模式下自动切换）、多空间流的 MU-MIMO 技术等。

（2）具备 Mesh 连续组网抗干扰能力，能实现 40/80 MHz 带宽或以上大带宽连续组网。应用的关键技术是小角度定向（内置或外置）天线、动态抗干扰技术和 BSS Coloring 技术等。

3.2.2　公司办公场景

公司办公场所包含企业的员工办公区域、会议室和前台接待等，通常公司办公场景对 Wi-Fi 信号接入的需求是高密度、高容量和高安全性。任何一个企业都有不同的业务传输需求，比如财务支付、内部业务流程、外部办公连接互联网等。

3.2.2.1 公司办公场所 Wi-Fi 网络规划

（1）业务需求

从空间特征方面考虑，主要有以下关键特征。

- 干扰：一般公司均租赁在同一栋写字楼的不同楼层或同一楼层办公，各公司的 Wi-Fi 信号之间会出现同频、邻频干扰等情况。
- 遮挡：在办公区域的大开间，普遍会存在被立柱、砖墙和玻璃墙等隔离，进行分部门、分区域办公的情况，这些都会对 Wi-Fi 信号产生衰减，不利于信号传递。
- 空间：公司的规模大小不一，小的有几平方米，大的可以到上千平方米，但办公楼高度基本是在 4 m 以内。

从业务特征方面考虑，同一企业办公区域主要是移动办公类业务，其主要应用分为以下几方面。

- 办公业务：此类业务主要是员工使用移动终端（包括 PC、智能手机和平板计算机等移动设备）进行办公软件、即时通信软件、邮件收发、资料文件收发和远程办公等无线接入行为。
- 非办公业务：此类业务主要是员工利用个人移动终端进行娱乐消遣、时政要闻浏览和社交通信等无线接入行为，多为访问互联网。

（2）网络规划

从 Wi-Fi 信号覆盖考虑：办公室可以大致分为小型办公室和大中型办公室两种类型。小型办公室一般面积为 15～40 m^2，人数在 10 人以内，建议部署面板型 AP，也可以采用吸顶、挂墙或者面板安装，每个办公室安装 1 个 AP，避开金属物品遮挡。大中型办公室面积较大，人数较多，一般需要部署多个 AP，建议按照 W 型方式进行部署，AP 间距 15 m，按照每台 AP 覆盖 30～40 人设计。两种类型办公室的覆盖规划分别如图 3-9 和图 3-10 所示。

另外，走廊区域根据具体情况进行信号覆盖，为了防止室内外的信号干扰，在走廊部署 AP 时，应尽量远离办公区域的 AP，要求与实体墙的间距为 3 m、与非实体墙（如石膏板、玻璃隔断等）的间距为 5 m。

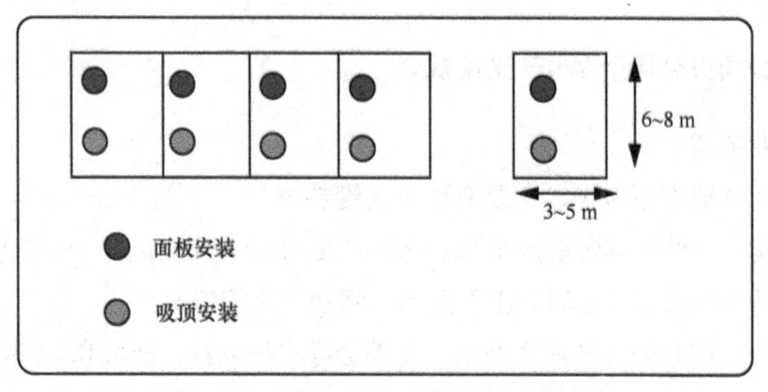

图 3-9　小型办公室 AP 覆盖点位规划

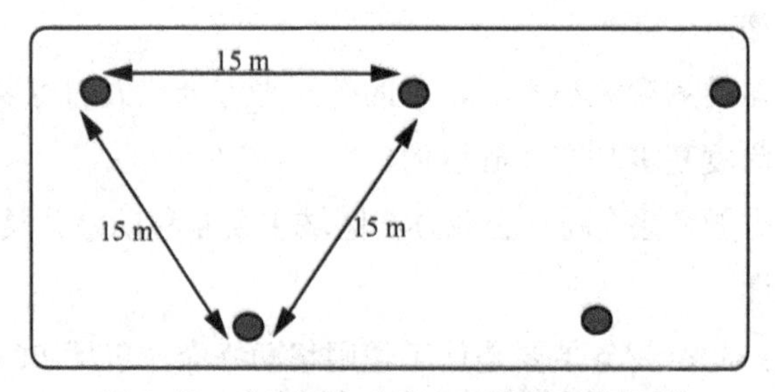

图 3-10　大中型办公室 AP 覆盖点位规划

从网络容量设计考虑：办公室场景无线网络承载的主要业务一般对 Web、视频、语音、E-mail、桌面共享、IM 等业务的 KQI 要求比较高，同时应考虑未来 3～5 年业务对网络的需求，建议优先选用支持 Wi-Fi 6 的无线 AP 路由器，空间流最大可达 8 个。为发挥新网络的技术优势，需要公司将无线终端设备尽早升级到支持 Wi-Fi 6 协议。

支持 Wi-Fi 6 的无线 AP 路由器在容量、多用户并发和抗干扰能力方面有明显提升，具体见表 3-7。

表 3-7　支持 Wi-Fi 6 和 Wi-Fi 5 两种标准无线性能对比

项目	无线性能参数	
	Wi-Fi 5	Wi-Fi 6
信道带宽	20/40 MHz	40/80 MHz
平均速率	50 Mbit/s	100 Mbit/s
峰值速率	100 Mbit/s	300 Mbit/s
用户并发	40 个	60 个

从表 3-7 中可见，支持 Wi-Fi 6 标准的无线路由器，用户的峰值速率有较大的提升，但在用户侧支持 Wi-Fi 6 的无线终端不多的情况下，即使部署了支持 Wi-Fi 6 的无线路由器，也暂时无法完全发挥整个网络的最优性能。

3.2.2.2 公司办公场景 Wi-Fi 网络建设标准

基于公司办公场景的业务特点和网络规划的需求，既要考虑业务性能，又要考虑经济性，对于公司办公场景，建议选择 AP 组建 Wi-Fi 网络建设标准要求如下，其涉及的业务特性见表 3-8。

表 3-8 公司办公场景下的业务特性

项目	特性介绍
AP 性能	AP 支持 Wi-Fi 6 标准，支持 4 空间流以上
MU-MIMO	当终端的空间流数（1 个或 2 个）小于 AP 的空间流数时，单个终端无法利用 AP 的全部性能，必须通过 MU-MIMO 技术使多个终端同时与 AP 进行数据传输。MU-MIMO 增强特性开启后，容量至少可提升 1 倍
负载均衡	公司办公场景属于典型的室内高密度场景，在有大量终端接入的情况下，需要在 AP 之间或同一个 AP 内的 2.4/5 GHz 频段进行负载均衡
智能天线	AP 支持智能天线技术可以使 AP 增加 15%左右的覆盖范围，并且通过波束成形技术降低对其他 AP 和终端的干扰
智能漫游	支持员工与客户在各信号覆盖区域内的漫游接入； 支持 IEEE 802.11r 快速漫游技术，以及网络侧发起的主动漫游引导技术； 主动漫游引导技术是指网络侧实时监控终端的链路状态，在链路指标发生异常时，主动将用户终端牵引到同一个 Mesh 组网下的 AP，避免终端一直连接在原来信号较差的 AP 上
QoS 控制	公司办公场景分为办公业务和个人业务，不同业务对网络的 QoS 要求是不一样的。为了保障关键业务的体验，需要 AP 支持对业务类型进行 QoS 控制，以便于业务进行智能加速
高可靠性	为了防止设备故障导致业务中断，对关键的链路可考虑部署双机热备份
高安全性	支持对非法终端与非法 AP 的识别与处理；支持对非法攻击的识别与防御
用户接入与认证	支持多种用户认证方式，包括对员工采用 IEEE 802.1x 认证方式、对客户通常采用 Portal 认证方式、对固定的办公设备采用 MAC 地址认证方式，AP 能同时释放多个 SSID 信号，区分员工和客户的接入
用户权限控制	针对员工和客户可以分别采用不同的接入权限控制和访问方式，实现内外网隔离，客户只能访问互联网，员工可以访问公司内网资源

办公网络作为公司的生产网络，网络效率直接影响着公司的生产效益，为此无线网络应满足如下要求。

- 具备 100 Mbit/s 随时随地的接入能力，即在 95%的无线覆盖区域，基于上述办公室场景业务建设要求，用户接入带宽最高可达 100 Mbit/s；其次 95%

区域信号强度不低于−67 dBm。应用的关键技术是 Wi-Fi 6 标准、多空间流的 MU-MIMO 技术等。

- 具备 Mesh 连续组网抗干扰能力，能实现 40/80 MHz 带宽或以上大带宽连续组网。应用的关键技术是智能天线、动态抗干扰技术和 BSS Coloring 技术等。
- 具备良好的漫游能力。应用的关键技术是 IEEE 802.11k/v/r 标准的智能漫游，实现对主流 AP 终端厂商之间产品漫游的兼容性优化。
- 具备良好的 QoS 控制并且能自动应用识别与加速。应用的关键技术是精准的 QoS 控制与识别技术，实现多层次、多维度的 QoS 调度策略。
- 用户接入认证和策略控制：应支持企业级的用户多种接入认证方案，具有完备的策略控制能力，实现公司无线网络可以区分办公网、外网，从而提升安全防护等级，防止公司资料被窃取。具有精细化的访问权限，能区分部门、领导和员工的访问权限。

3.2.3 度假酒店/住院楼/工厂宿舍场景

度假酒店/住院楼/工厂宿舍场景均是以多个独立空间且互相紧邻的房间为单元组成的密集型场景。以度假酒店为例，其业务区域划分结构复杂多样化，包括客房、走廊、会议室、大套间、办公室、餐厅等众多功能区域，无线 Wi-Fi 网络主要提供基本的上网服务。而对于医院病房还涉及其应用特殊性，需要提供移动医疗业务，但该场景通常部署成本比较高。

3.2.3.1 度假酒店/住院楼/工厂宿舍 Wi-Fi 网络规划

（1）业务需求

从空间特征方面考虑，主要有以下关键特征。

- 空间：房间楼距高度基本都是在 4 m 以内，套内面积一般为 20 m^2。
- 遮挡：此场景下的遮挡主要是在客房、洗手间区域，墙体最容易成为 Wi-Fi 信号最大的障碍，智能终端原本已接收不到很强的 Wi-Fi 信号，在穿越两层墙体后，信号已经衰减了很多，很难支撑正常的智能终端对信号的要求。
- 干扰：一般此类场景的房间是以一墙之隔紧邻一起密集搭建的，分布在不同楼层或同一楼层，不同房间的 Wi-Fi 信号之间会出现同频、邻频干扰等情况。

- 密集：在病房和宿舍场景，使用一个房间的人数可能为 1～10 人，预计人手一台移动终端。

从业务特征方面考虑，主要有以下关键特征：在酒店客房/宿舍场景中，主要以提供个人上网服务为主，单用户体验速率达到 100 Mbit/s 以上，用户的使用范围覆盖整个酒店活动区域，使用频率高，而且跨区域使用非常频繁，最大的特点就是对漫游要求非常高；在病房场景需要考虑可能会出现的移动医疗业务，如果医生配置了医疗移动终端，则需要无线 Wi-Fi 设备具备漫游的特性。

（2）网络规划

本节将以酒店客房为例，介绍该类场景的网络规划。

从酒店客房场景的业务特点分析，一般情况下，单用户带宽可按照 100 Mbit/s 进行设计，一台双频 AP 需要接入 10 个左右的用户。

从 Wi-Fi 信号覆盖考虑，因 Wi-Fi 信号穿越墙体后，信号已经衰减了很多，很难支撑正常的智能终端对信号的要求。因此，设计部署时需要了解和掌握电磁波对于各种常见建筑材质的穿透损耗的经验值。

- 墙的阻挡（砖墙厚度 100～300 mm）：20～40 dB。
- 楼层的阻挡：20 dB 以上。
- 木制家具、门和其他木板隔墙的阻挡：2～15 dB。
- 厚玻璃（12 mm）：10 dB。

同时，在衡量墙壁等对于 AP 信号的穿透损耗时，也需要考虑 AP 信号入射角度。图 3-11 描述了直射信号与斜射信号穿墙厚度的对比情况。

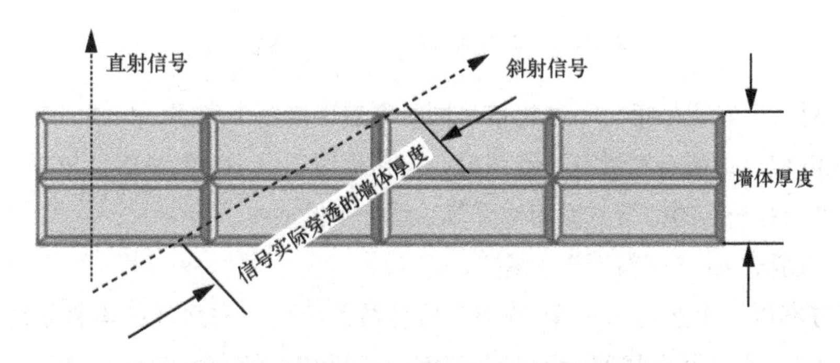

图 3-11　直射信号与斜射信号穿墙厚度的比较

例如，一面 0.5 m 厚的墙壁，当 AP 信号和覆盖区域之间直线连接成 45°角入射时，无线信号相当于穿透近 1 m 厚的墙壁；在 2°角时相当于穿透超过 14 m 厚的墙壁，所以要获取更好的覆盖效果，应尽量使 AP 信号能够垂直地穿过墙壁。防止客房内出现信号死角，需要详细规划信号的覆盖，尤其要充分考虑卫生间和客房床头的情况。

为了实现酒店场景全面满足容量需求和符合 Wi-Fi 信号强度标准的覆盖，满足每个入住用户的信号稳定、数据流畅的要求，考虑以下 3 种酒店客房的 Wi-Fi 网络规划方案。

1）吸顶式 AP“一对二”安置

该方案以两个客房为一个 Wi-Fi 信号覆盖单位，在房间的电视墙墙面部署一个 AP，该 AP 穿墙覆盖面板正面对应的客房。但在会议室、餐厅和总统套房等特殊环境，需单独部署吸顶 AP 覆盖，客房过道视终端信号强度按需布置，需要特别注意过道死角，信号较弱会导致漫游问题，如图 3-12 所示。

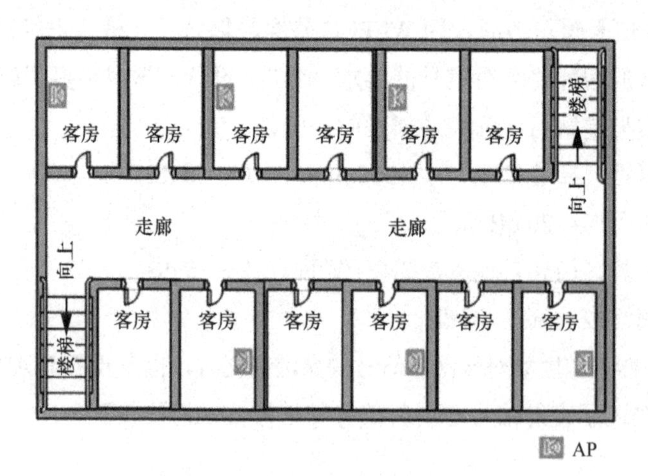

图 3-12　吸顶式 AP“一对二”安置

“一对二”安置是指一个 AP 信号同时覆盖连接两个房间，与“一对一”相比，Wi-Fi 信号可能会稍微有一点阻碍，但是适用于中小型的酒店，可以节约成本，与“一对一”的部署方案相比降低了近一半的成本。

2）入墙式 AP“一对一”安置

该方案以一个客房为一个 Wi-Fi 信号覆盖单位，在房间的电视墙墙面部署一个 AP，覆盖所在房间。但在会议室、餐厅和总统套房等特殊环境，需单独部署吸顶 AP 覆盖，客房过道视终端信号强度按需布置，需要特别注意过道死角，信号较弱会导致漫游问题，如图 3-13 所示。

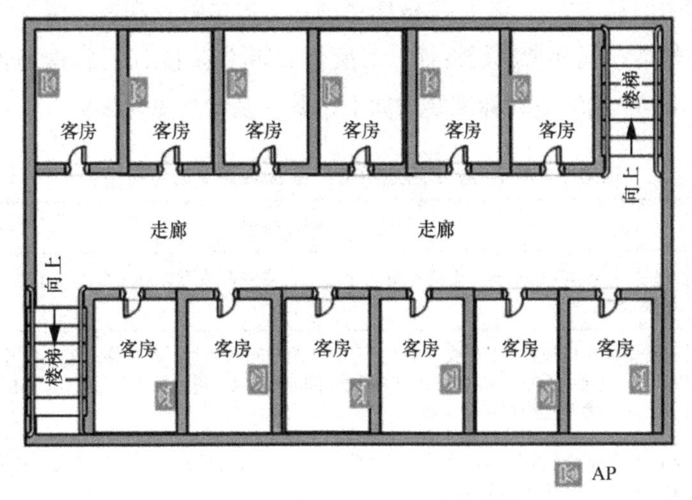

图 3-13　入墙式 AP“一对一”安置

3）楼道高密放装

因在客房内部署无线 AP，可能存在砖墙/门等遮挡导致无线 Wi-Fi 信号覆盖达不到某些星级酒店验收标准的情况，这时可以通过在楼道高密放装的方式解决。

在楼道放装 AP，AP 放装的位置非常讲究，要在相邻两个客房门外的交界处，使 AP 的信号可以直线覆盖到客房的最里面。门对门相邻的两个客房，或者门对门相邻的 4 个客房由一个 AP 覆盖，如图 3-14 所示。

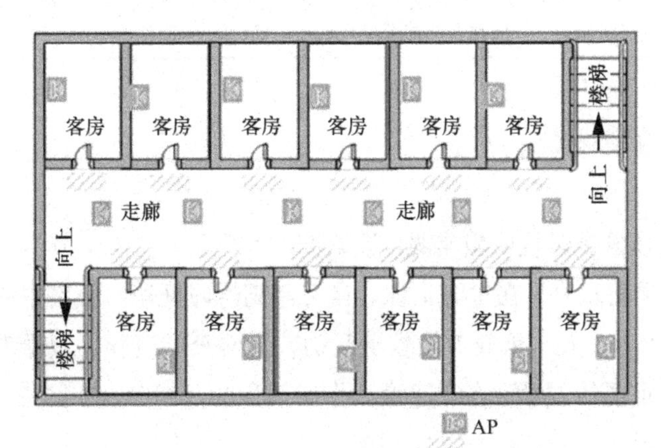

图 3-14　楼道高密吸顶式 AP 放装

3.2.3.2 度假酒店/住院楼/工厂宿舍 Wi-Fi 网络建设标准

基于度假酒店/住院楼/工厂宿舍场景的业务需求特点和网络规划的需求，既要考虑业务性能，又要考虑经济性，对度假酒店/住院楼/工厂宿舍场景，建议选择 AP 组建 Wi-Fi 网络建设标准要求如下，其涉及特性见表 3-9。

表 3-9 度假酒店/住院楼/工厂宿舍场景下的业务特性

项目	特性介绍
AP 性能	AP 支持 Wi-Fi 6 标准，支持 4 空间流以上，多空间流可以满足单用户 100 Mbit/s 的大容量要求
MU-MIMO	当终端的空间流数（1 个或 2 个）小于 AP 的空间流数时，单个终端无法利用 AP 的全部性能，必须通过 MU-MIMO 技术使多个终端同时与 AP 进行数据传输。MU-MIMO 增强特性开启后，容量至少可提升 1 倍
智能天线	AP 支持智能天线技术，可以使 AP 增加 15%左右的覆盖范围，并且通过波束成形技术降低对其他 AP 和终端的干扰
智能漫游	可以让终端在客房和客房、客房和走廊移动时获取良好的漫游体验，支持 IEEE 802.11r 快速漫游技术，以及网络侧发起的主动漫游引导技术； 主动漫游引导技术是指网络侧实时监控终端的链路状态，在链路指标发生异常时，主动将用户终端牵引到同一个 Mesh 组网下的其他 AP，避免终端一直连接在原来信号较差的 AP 上
QoS 控制	酒店客房/医院病房/学校宿舍场景主要提供个人上网业务，但视频直播、游戏等不同业务对网络的 QoS 要求是不一样的。为了保障关键业务的体验，需要 AP 支持对业务类型进行 QoS 控制，以便于业务进行智能加速
高安全性	支持对非法终端与非法 AP 的识别与处理；支持非法攻击的识别与防御
有线接入	AP 支持下行吉比特有线以太网接口，可以让用户的有线终端使用物理网线接入互联网。下行有线接口可以对接入的终端进行认证，以保障网络的安全性

3.2.4 学校教室场景

学校教室场景是学校中较常见、较重要的教学区域之一，其特点是用户密度大、对网络质量要求高。在平时上课、自习等高峰时间段，教室中的无线网络接入用户数为 30～60 人。承载 VR 教学互动、上网查阅资料、观看教学视频、即时学术交流等重要的教学业务。建设一张高质量的无线 Wi-Fi 网络，是提升教学效率的有效手段。

3.2.4.1 教室 Wi-Fi 网络规划

（1）业务特点

从空间特征方面考虑，主要有以下关键特征。

- 空间：学校教室可以大致分为普通教室和阶梯教室两种类型，其楼高基本都是在 4 m 以内（阶梯教室高于 4 m），普通教室面积一般为 100 m^2 左右，而阶梯教室面积在 100 m^2 以上。
- 遮挡：因考虑教学互动的特殊需求，所有的教室区域基本不会存在被立柱、砖墙和玻璃墙等隔离的情况，属于视野无遮挡、干扰少的开阔空间。
- 密集：在教室场景，使用教室的人数为 30～60 人，接入终端的密度大。

从业务特征方面考虑，主要有以下关键特征：根据教学的业务特征与功能需求不同，可以将教室分为普通教室和电教室（VR 教室），其中普通教室主要以教学类业务为主，例如电子白板、普通视频播放、文件共享/下载与教学桌面共享等业务；而电教室（VR 教室）主要观看教学（VR）视频，进行即时学术交流等重要的教学业务。

以上两种不同功能的教室存在一个共同特征，就是接入用户终端数多，业务并发率高。

（2）网络规划

教室场景对教学互动性、美观性、容量和信号覆盖要求高，其网络规划方案如下。

普通教室：普通教室面积一般在 100 m^2 以下，建议部署一台 AP，如图 3-15 所示，AP 安装在横梁或天花板下方。

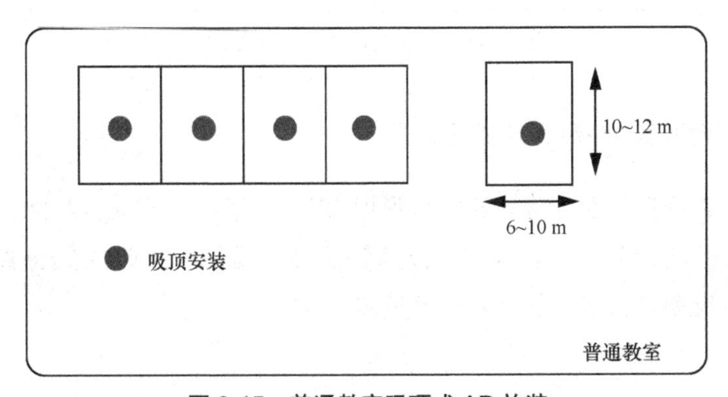

图 3-15 普通教室吸顶式 AP 放装

阶梯教室：阶梯教室面积较大，人数较多，一般需要部署多个 AP，建议按照如图 3-16 所示的 W 型方式进行部署，AP 间距 15 m。

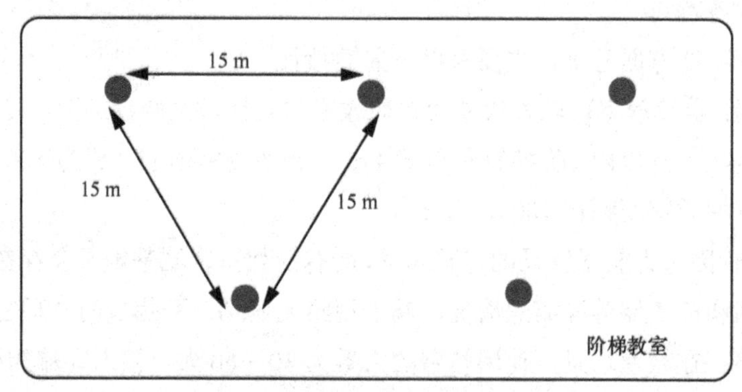

图 3-16　阶梯教室吸顶式 AP 放装

电教室（VR 教室）：假设电教室（VR 教室）面积约为 80 m^2，建议部署 3 台 AP，安装在横梁或天花板下方，按照如图 3-17 所示的 W 型方式进行部署，AP 间距 4～5 m。

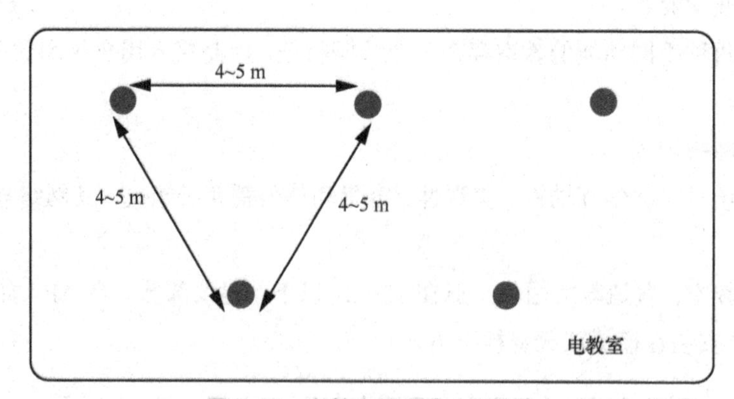

图 3-17　电教室吸顶式 AP 放装

3.2.4.2　学校教室 Wi-Fi 网络建设标准

基于教室场景的业务特点和网络规划的需求，既要考虑业务性能，又要考虑经济性，对于教室的大容量、高并发、多用户接入场景，建议选择 AP 组建 Wi-Fi 网络建设标准要求如下，其涉及特性见表 3-10。

表 3-10 学校教室场景下的业务特性

项目	特性介绍
AP 性能	AP 支持 Wi-Fi 6 标准，支持 4 空间流以上，多空间流可以满足单用户 100 Mbit/s 的大容量要求
OFDMA 技术	OFDMA 技术不能提升物理速率，而是通过在频域上向多个用户并发，允许单次传输在信道内按频率分割，使得寻址到不同用户端设备的不同帧使用不同的子载波组，提升多用户通信时的效率，其并发性能比 Wi-Fi 5 标准提升了 4 倍
MU-MIMO	当终端的空间流数（1 个或 2 个）小于 AP 的空间流数时，单个终端无法利用 AP 的全部性能，必须通过 MU-MIMO 技术使多个终端同时与 AP 进行数据传输。MU-MIMO 增强特性开启后，容量至少可提升 1 倍
DFBS	AP 支持双射频、双射频+扫描、三射频等多种模式，并且能够在几种模式间自动切换，以提升 AP 在多场景覆盖区域内的无线吞吐率
负载均衡	阶梯教室建议部署 3 个 AP，在有大量终端接入的情况下，需要在 AP 之间或同一个 AP 内的 2.4/5 GHz 频段进行负载均衡，以避免大量终端进入教室时都自动连接到靠近门口位置的 AP
抗干扰	教室也是密集型场景，紧密挨着建造之间通过墙体进行阻隔，采用动态干扰技术以及 Wi-Fi 6 标准的 BSS Coloring 技术，能够实现高带宽（80/160 MHz）的大带宽连续组网

教室场景是典型的房间密集型、高并发和多用户接入部署场景，因此无线网络应满足如下要求。

- 具备 100 Mbit/s 随时随地的接入能力，即在 95%的无线覆盖区域，基于上述场景业务建设要求，用户接入带宽最高可达 100 Mbit/s。普通教室要求 95%区域信号强度不低于−67 dBm；电教室（VR 教室）要求 95%区域信号强度不低于−55 dBm。应用的关键技术是 Wi-Fi 6 标准、智能漫游、多空间流的 MU-MIMO 技术等。
- 具备 Mesh 连续组网抗干扰能力，能实现 80/160 MHz 带宽或以上大带宽连续组网。应用的关键技术是智能天线、动态抗干扰技术和 BSS Coloring 技术等。

第 4 章

Wi-Fi 6 测试方法

4.1 传统测试方法及其弊端

结合 Wi-Fi 产品部署、环境以及业务承载等需求，Wi-Fi 6 测试的基本原则就是模拟真实的部署环境特点以及网络拓扑结构。典型的家庭 Wi-Fi 覆盖分布如图 4-1 所示。

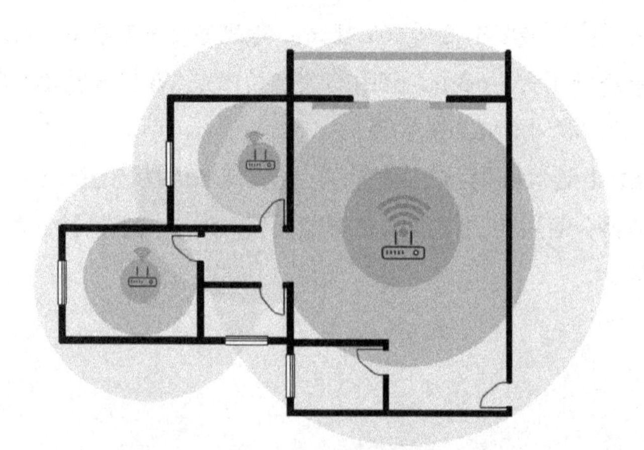

图 4-1 典型的家庭 Wi-Fi 覆盖分布

不同类型的 Wi-Fi 设备有不同的适用环境以及业务承载的模型，因此测试系统的组成和测试方法也不应该相同。首先，针对目前已有的 Wi-Fi 测试系统解决方案，做个简单的总结和说明。传统的 Wi-Fi AP/终端测试系统架构如图 4-2 所示。最早提出的测试解决方案针对的是 IEEE 802.11 a/b/g/n 设备，采用多个屏蔽箱拼凑的方式搭建环境，测试项目主要集中在最大吞吐量和最大带宽等更靠近理想环境下的 Wi-Fi 性能指标。Mesh 网络的功能和性能测试较简单，一般配置 1～2 个 STA，多用户通过单一射频，仿真多个 MAC 地址来欺骗路由器，让路由器以为有多个用户用虚拟 Wi-Fi 用户（Virtual STA）的方式进行 Wi-Fi 性能验证。这种多用户性能测试本身就忽略了 Wi-Fi 的瓶颈在于空中接口，而不是有线部分对多用户的路由分配和管理。干扰的仿真也是通过简单模拟一个类似 Wi-Fi 的持续射频信号实现的。由于没有产生任何带 Wi-Fi 状态的射频信号，所以只是简单增加了无线环境的噪声水平，直接更改了协商的 MCS。这种方案更加适用于测试单用户的路由器在不同配置条件下理想环境的最大吞吐量。

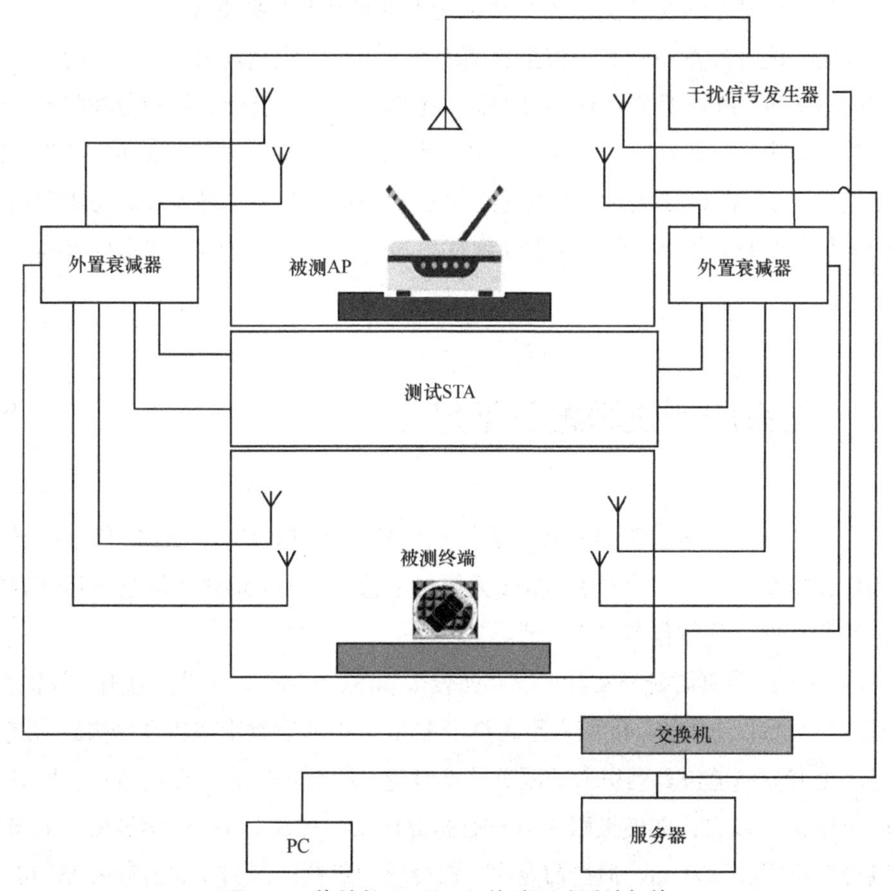

图 4-2 传统的 Wi-Fi AP/终端测试系统架构

随着 IEEE 802.11ac MU-MIMO 的引入以及 Wi-Fi 6 上下行 OFDMA、上下行 MU-MIMO、增加支持的用户数等新技术的引进，图 4-2 所示的测试方案开始显现出一些不足，主要表现在以下几点。

首先，这种测试系统提供的测试能力过于理想化，模拟真实 Wi-Fi 部署和应用场景的灵活性和可扩展性比较差。实际的 Wi-Fi 部署环境与测试环境相差较大。测试仿真的场景单一、简单，与真实 Wi-Fi 应用场景相差甚远，直接导致 Wi-Fi 用户体验结果与产品标称性能有很大的差距，因此这样的测试方法并没有反映 Wi-Fi 实际应用中的真实性能表现。

其次，此种方案的仿真不能够完全真实地模拟多个物理上完全独立并且可控制的多用户场景，也不能完全模拟不同 STA 分布在 Wi-Fi 周边不同角度、不同距离的真实场景，从而对 MU-MIMO、OFDMA 等新技术的增益、外部环境的相关性影响等评估不充分，无法为产品优化提供较好的数据支撑。

最后，这种方案不能充分模拟典型的真实 Wi-Fi 应用场景。一般情况下，应该首先分析 Wi-Fi 产品应用的场景特征，主要包括用户特点、用户分布特点、干扰模型、承载业务特点等，然后根据实际数据进行建模和仿真，这样才能最大限度地接近真实 Wi-Fi 部署和应用场景，测试的结果才具备参考价值，与实际用户体验才能更接近。但是，图 4-2 中的测试拓扑结构难以满足接近真实场景的仿真要求。

4.2 新兴的测试思路及不足

近来，业内出现了新的测试思路。针对不同 Wi-Fi 应用、Wi-Fi 覆盖区域和射频传播模型的特点，改进了 Wi-Fi 无线信道仿真模型。但这种测试方法还存在一定的局限性，具体包括以下几点。

（1）Wi-Fi 仿真时延与实际情况存在较大偏差。Wi-Fi 本身覆盖范围一般很小，家庭用户 90%以上的 Wi-Fi 接入距离小于 15 m。引入射频信道仿真器构建信道模型时，由射频信道仿真器引入的固有处理时延一般会比较大，业内最小的固有处理时延在 3 μs 以上。即使按照 3 μs 进行折算，实际仿真的 Wi-Fi 信道模型的覆盖范围也已经超过 900 m。但目前业内还很少看到覆盖范围如此大的室内 Wi-Fi 设备，因此构建的场景将与实际的 Wi-Fi 场景存在较大差异，如图 4-3 所示。

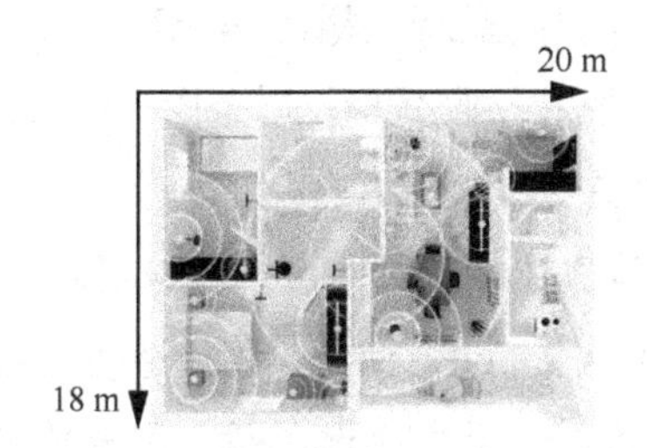

图 4-3 一般真实 Wi-Fi 覆盖范围

射频信道仿真器射频信号处理后的场景如图 4-4 所示。

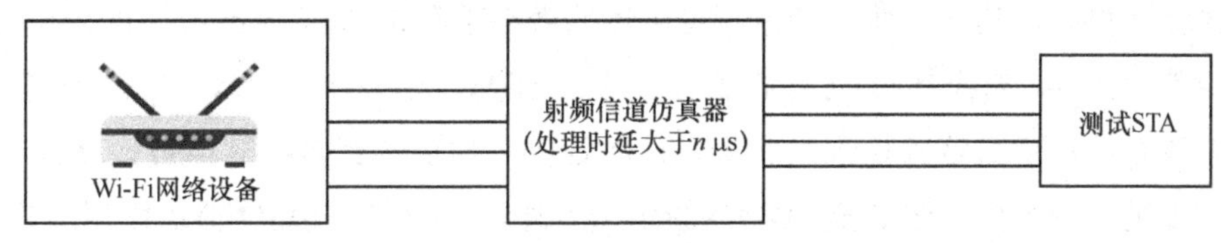

图 4-4 射频信道仿真器进行 Wi-Fi 无线信道仿真

经过射频信道仿真器处理后，从传输时延角度看，相当于 STA 距离 Wi-Fi 网络设备额外增加了以下距离：

$$300\ 000\ 000\ \mathrm{m/s} \times n\ \mu\mathrm{s} = 300\ \mathrm{m} \times n \tag{4-1}$$

比如，如果射频信道仿真器的信道处理时延为 4 μs，那么 Wi-Fi 网络设备信号通过信道仿真器后，从时域上看已经是 1 200 m 以外的距离。对比一般 Wi-Fi 网络设备的实际覆盖范围，这种射频信道仿真引入的误差还是非常大的。

（2）路由器与信道仿真器的连接方式以及信道仿真器的工作模式与实际情况存在偏差。信道仿真器可以工作在 MIMO 模式或者直通模式。工作在何种模式取决于路由器和信道仿真器的连接模式。不同的激活的信道模型会直接影响测试结果的一致性。比如，如果路由器采用传导连接的方式（一般大规模集采测试或者评测中很难实现），那么信道仿真器的输入功率范围可以完全满足技术要求，此时的信道模型应该采用 MIMO 工作模式，相关性矩阵由信道仿真器来决定；如果路由器采用 OTA 的方式与信道仿真器的输入输出端口进行耦合连接，假设距离为最小 20 cm，根据电磁波在自由空间空气中传播时的能量损耗，得到空间损耗计算式如下：

$$空间损耗=20\lg F+20\lg D+32.4 \tag{4-2}$$

其中，*F* 为频率，单位为 MHz；*D* 为距离，单位为 km。

20 cm 的 2.4 GHz 信道空间损耗大概为 26 dB，5 GHz 信道的空间损耗大概为 33 dB，考虑到天线的辐射和接收效率，以全向天线大概为 30%计算，假设两根天线的最小损耗为 12 dB 左右，那么 2.4 GHz 信道和 5 GHz 信道的最小损耗为 38 dB 和 45 dB。路由器的 2.4 GHz 信道一般发射功率假设为 20 dBm，5 GHz 信道发射功率为 15 dBm，那么 2.4 GHz 信道输入信道仿真器的最大功率为−18 dBm，5 GHz 信道为−30 dBm。假设信道仿真器的输入和输出的衰减最小为 15 dB，那么实际信道仿真器输出后 2.4 GHz 信道和 5 GHz 信道最大功率分别为−33 dBm 和−45 dBm，换算为 2.4 GHz 信道和 5 GHz 信道的衰减分别为 53 dB 和 60 dB。按照空间损耗计算式，其一，能仿真距离路由器的最小距离为 5 m，5 m 以下的场景很难覆盖；其二，如果是 OTA 连接方式，那么 MIMO 相关性矩阵基本取决于路由器天线和信道仿真器外接天线布局，此种连接，信道仿真器不能再进行 MIMO 信道设置，否则会产生二次 MIMO 的信道处理，只能进行 SISO 信道模型配置，大大浪费了信道仿真器的实际能力，如图 4-5 所示。

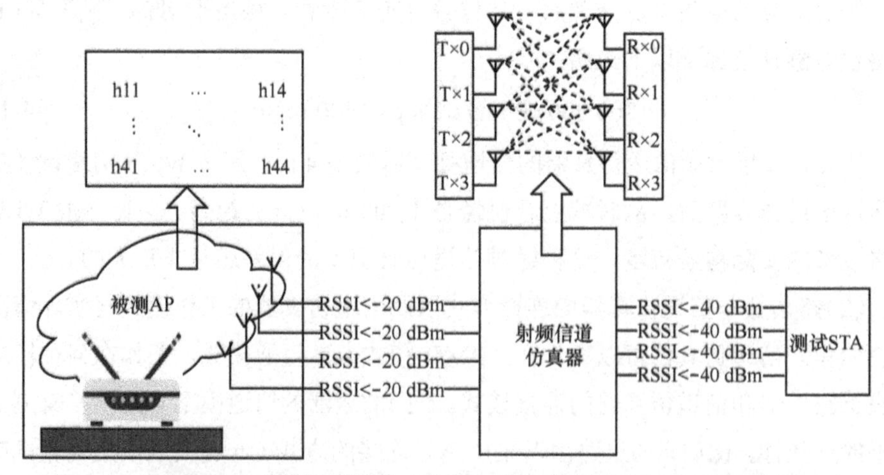

图 4-5 二次 MIMO 信道形成场景（空间自然形成后射频信道继续仿真叠加）

如果采用上述仿真方案，出现了 AP 和天线间先形成了一个 MIMO 信道，而在信道仿真器中，如果继续加载信道仿真，做了两次 MIMO，这在测试方案中是绝对不允许的。为了解决以上二次 MIMO 的问题，可以首先测量出 AP 路由器和天线间的空间信道的 MIMO 相关性，针对相关性矩阵计算出相应的逆矩阵，在信道仿真计算中，把这个逆矩阵考虑进去，抵消掉 AP 路由器和天线间形成的 MIMO 信道，然后才能由信道仿真器仿真任意基于 Wi-Fi 真实场景的各种信道模型，这样的无线信道才是具备参考性的。虽然这样能够解决这个方案带来的二次 MIMO 的问题，但是，当 AP 路由器位置发生变化的时候，比如转一个角度，那么就需要重新计算这个空间性能 MIMO 信道的相关性矩阵，然后进行逆矩阵计算、抵消等操作。也就是说，在测试任何一个 Wi-Fi 网络设备前，首先把设备放到同一个腔体里，然后计算各个角度时的 MIMO 相关性矩阵，然后放到信道仿真器的信道仿真中抵消，这在现实操作中基本是不可行的。还有一个问题就是，经过信道仿真处理后，输出功率基本上已经低于某个值，这个对于进行 RVR 测试也是一个限制。最后，对于蜂窝通信，由于室外大尺寸覆盖，受到三维地理环境影响，那么实际的多径效应影响非常大，时延分布比较分散，多径距离差异甚至会到几百米，相对多径损耗也会达到 20 dB。典型的蜂窝通信室外覆盖的多径分布如图 4-6 所示。

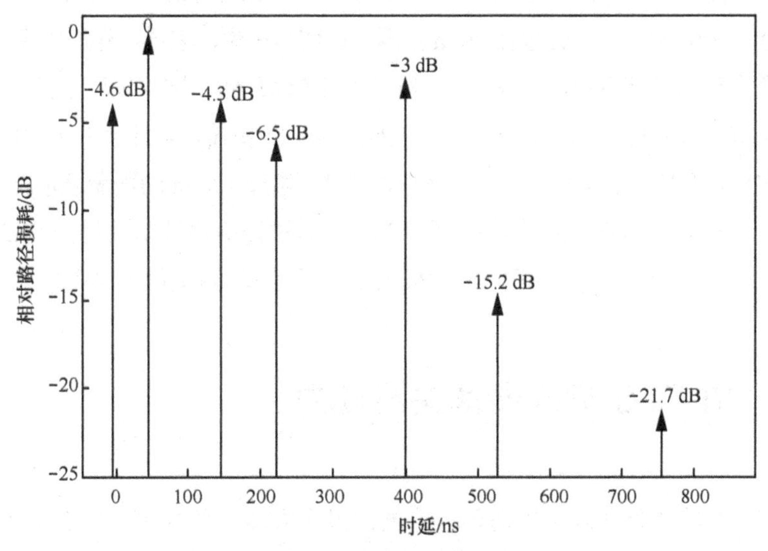

图 4-6　典型蜂窝通信室外覆盖的多径分布

Wi-Fi 技术主要解决室内覆盖，信道模型基本仿真 15 m 左右的距离，那么 Wi-Fi 的信道模型更多的是穿墙等影响，多径数目一般不会很多，多径时延非常低，基本在 10 ns 以下（3 m），因此使用功能强大的信道仿真器如何建立接近真实的信道模型也是一个挑战。即使可以建立，模型也不会很多，有 1～2 个典型的就可以。典型室内 Wi-Fi 覆盖多径分布如图 4-7 所示。

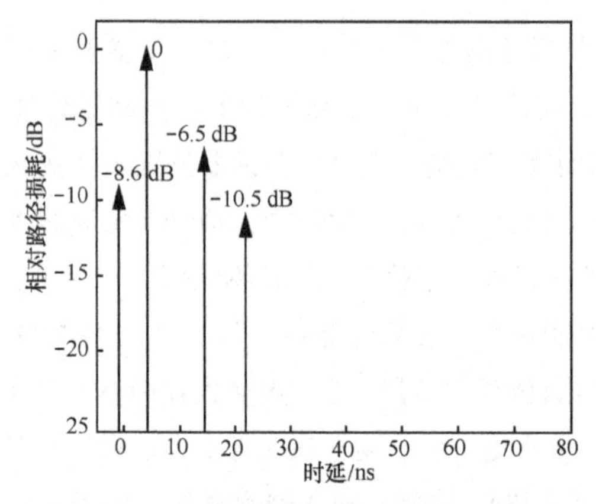

图 4-7 典型室内 Wi-Fi 覆盖多径分布

Wi-Fi 主要解决室内覆盖，并且大部分是家庭覆盖，覆盖面积和三维环境结构比较相似，没有多普勒效应，没有更多的变化模型，信号能量基本集中在主径上，其他多径的能量占比基本不会太高，同时，多径信号间的相对时延也不会太大，到 30 ns 已经接近 10 m，对于一个覆盖在 20 m 范围内的信号来说，多径信号距离达到 20 m，那么这个多径信号基本也快衰减到 Wi-Fi 终端能够解调的最低门限，这种场景基本会很少出现。针对比如机场、室外等企业应用 Wi-Fi 覆盖，可能会有类似蜂窝通信的模型出现，但是由于 Wi-Fi 设备功率基本很低，超过 100 m 的覆盖场景就很少了。

综上，这种测试解决方案不太适合 Wi-Fi 这种短距离通信的性能测试，与真实的 Wi-Fi 无线信道环境差距太大，极大浪费了信道仿真器的实际能力和投资。

4.3 Wi-Fi 6 测试设备关键能力

Wi-Fi 6 的实验室测试更需要一个能够最大限度地仿真 Wi-Fi 部署和应用的真实场景的测试系统结构，Wi-Fi 性能主要影响因素包括距离、时延、周围 AP 分布、STA 数量和分布、干扰等，而且需要能够将这些因素进行量化控制和仿真。

关键的测试要素要真实，要能在实验室实现客观且真实的各种 Wi-Fi 部署环境，使测试的结果最大限度地接近真实用户的体验。目前业内主流的 Wi-Fi 6 测试解决方案更多地关注如何测试最大吞吐量的问题，但对如何解决多用户 MIMO/OFDMA 测试需求、如何确定虚拟客户数量（不是真实独立射频数量的离散分布）、如何制造考虑 Wi-Fi 本身无线传输特点的射频干扰信号等问题考虑较少。针对当前 Wi-Fi 6 引进的各种新技术特性以及目前 Wi-Fi 实际部署的环境和业务承载的实际情况，测试拓扑结构有以下几点需要更多的关注。

第一个问题是如何模拟真实的 AP 与 STA 的无线通信空间。理想 Wi-Fi 测试环境无线空间如图 4-8 所示。为了模拟 STA 随机分布的典型 Wi-Fi 网络环境，需要一个相对比较大的空间，最好采用测试暗室而不是屏蔽箱来构造 Wi-Fi 无线通信测试空间。STA 天线到 AP 的天线距离至少要大于 3 个通信频率波长；另外，为了达到模拟真实部署场景中不同 STA 部署在 AP 的不同方向上的效果，STA 的天线应可以围绕 AP 的四周均匀环形部署，从而可对波束成形、MU-MIMO、多用户的测试实现灵活的实验室仿真；AP 和 STA 天线的水平度可以自动调节，从而可以在研发阶段对 AP 天线在垂直极化上的差异进行定性的评估；主测试空间 STA 的天线最好能够实现一定角度的自动控制，可以定性地验证天线角度对 STA 的性能影响等，以上的测试要求主要集中在无线通信空间方面。

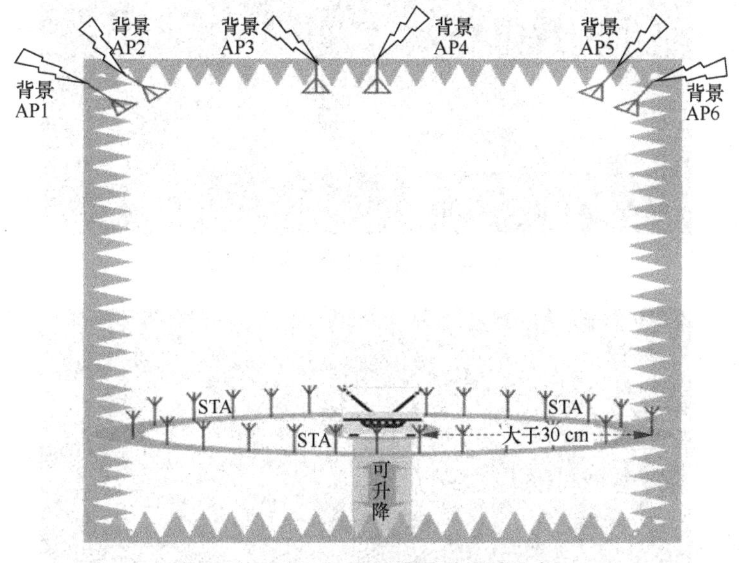

图 4-8 理想 Wi-Fi 测试环境无线空间

第二个问题是如何设定干扰模型和如何精准控制干扰。当前，业内更多的是通过模拟 OFDM 信号或者 AWGN，增加 Wi-Fi 信号的噪声水平，从而达到降低信噪比（SNR）、MCS 以及 Wi-Fi 调制方式（1 024QAM→256QAM→64QAM→16QAM→QPSK→BPSK）的目的，激活 Wi-Fi 应对干扰的算法。但是，这种方式一般给测试系统一个持续的干扰流，干扰变化比较单一，并且与被测试的 Wi-Fi

设备没有任何业务交互，无法模拟 Wi-Fi 通信抢夺方式的整个流程，因此与真实 Wi-Fi 的实际干扰环境差距很大。更理想的干扰环境应该是被测网络设备周边有几个真实的干扰 AP 和 STA 存在。我们应该都有过这样的体验，当在 Wi-Fi 覆盖环境下用 STA 进行可用 Wi-Fi 信号扫描时，不仅能够看到目标 AP 的信号，还能够至少看到 6 个以上的可用 AP。周围这些 AP 的信号水平有强有弱，并且都和我们现有连接的 AP 一样，承载着一定数量的 STA 连接和业务。Wi-Fi 信号扫描结果和背景干扰 Wi-Fi 信号变化分别如图 4-9 和图 4-10 所示。

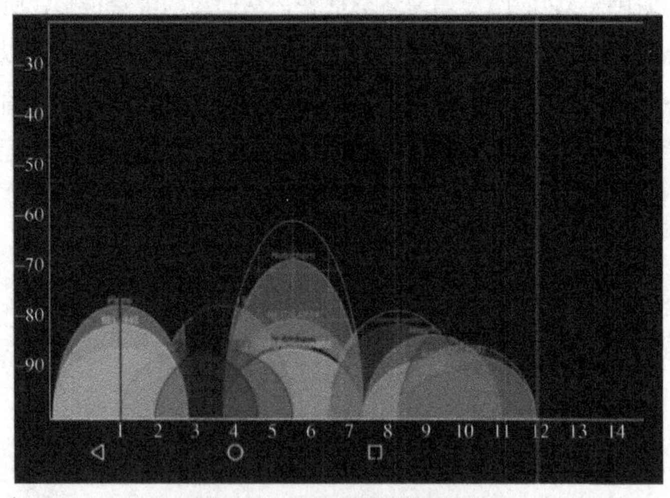

图 4-9　Wi-Fi 信号扫描结果

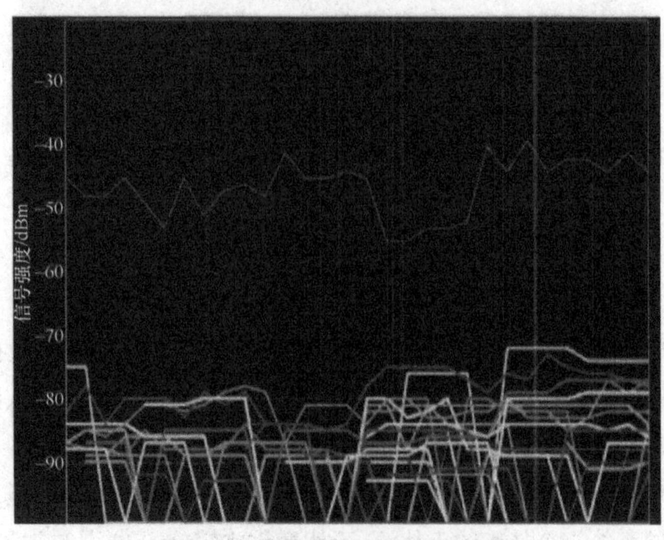

图 4-10　背景干扰 Wi-Fi 信号变化

也许我们的 STA 受限，不能够发现其他 STA 的信号，或者我们的 STA 并没有直接与这些存在的 AP 和 STA 进行通信。然而，这些 STA 的信号却都真实存在于当前 STA 和 AP 的周围。大家共同占用着特定频率、特定带宽的频谱资源，进行着某种随机的资源抢夺。一种极为特殊的情况是周围 AP 只有连接业务，而没有任何的流量业务交互。在这种情况下周围 AP 和 STA 对当前 AP 和 STA 的干扰理论上非常微弱，对当前通信的整体性能基本不会影响。还有一种极特殊场景，如果周围的 AP 和 STA 和当前的 AP 和 STA 都是很稳定地以某种资源占用率持续地进行流量业务承载，那么此时，多方 AP/STA 将会达到某种平衡。大家根据承载业务的不同特点，自由协商为某种平衡状态。以上两种都为极特殊场景，在实际 Wi-Fi 环境中基本不存在。

那么如何评估和验证 Wi-Fi 设备对干扰信号的处理能力呢？最基本的原则就是先获得模拟真实 Wi-Fi 环境中突发的不同业务类型的干扰信号，再进行建模和实验室仿真。这样才能模拟真实环境，让 Wi-Fi 设备在资源占用问题上进行反复协商和共享，实现干扰的最大影响。换句话说，Wi-Fi 的干扰模型实际上是由多个承载业务的仿真 AP 决定的，并非持续稳定的大流量的干扰信号。而持续稳定的干扰信号产生的干扰最恶劣，在现实情况中很少见。大部分真实 Wi-Fi 环境中的场景如上所述，是由多个 AP 承载不同的业务产生了不同的干扰源，也就是说，来自 AP 的干扰源的模型是由业务驱动的，而不是简单的一个干扰信号。干扰模型参考如图 4-11 所示。这时候，干扰模型的建模就转移到业务模型的建模，是一个可控、可重复的建模方式。那么当前业务模型中，STA 承载的很多业务并非持续性的（直播是典型的持续性业务），大部分是脉冲型业务，比如点播、HTTP 浏览、即时通信、IPTV 等，而这种业务随着 AP/STA 数量的增加，对当前 AP 的干扰影响越大。AP 要反复应对不同干扰源的影响，中间还有间隙可以独占整个频谱等。这样的实验室测试环境才能够真实地反映 Wi-Fi 环境的干扰场景。通过这样的验证，也就可以解释为什么很多用户抱怨说实际 Wi-Fi 吞吐量和速率波动性很大，并且跟 Wi-Fi 设备宣称的性能差距很大。

第三个问题是如何仿真多用户场景中 STA 的分布拓扑。随着 MU-MIMO、OFDMA 等 Wi-Fi 6 新技术的引入和增强，与以前的 Wi-Fi 技术相比，同级别的 Wi-Fi 6 设备接入的用户数量明显增加，因此针对多用户并发承载性能的测试要求也越来越高。原有的 Wi-Fi 系统中更多的是通过虚拟 STA（Virtual STA）的方式来仿真多用户环境，即通过一两个独立 STA 的空中接口，在 IP 层面模拟多个 MAC 地址，欺骗 AP 路由器，让 AP 路由器认为承载了多个用户。这种测试对 AP 在有线层面对于多用户的路由转发能力的验证有些意义，但是对于 Wi-Fi 空中接口来说，根本没有起到任何负载、干扰的压力，也不存在空中接口资源管理、协议处理的过程，因此这种多用户的仿真方式对于 Wi-Fi 空中接口多用户处理来说没有任何意义。在测试过程中，通过虚拟 STA 测量 Wi-Fi 多用户容量时，测试结果可以达到 256 Mbit/s、512 Mbit/s 甚至更高，然而通过 OTA 完全独立射频和空中接口进行 STA 容量验证时，却发现很难达到这样的容量性能。

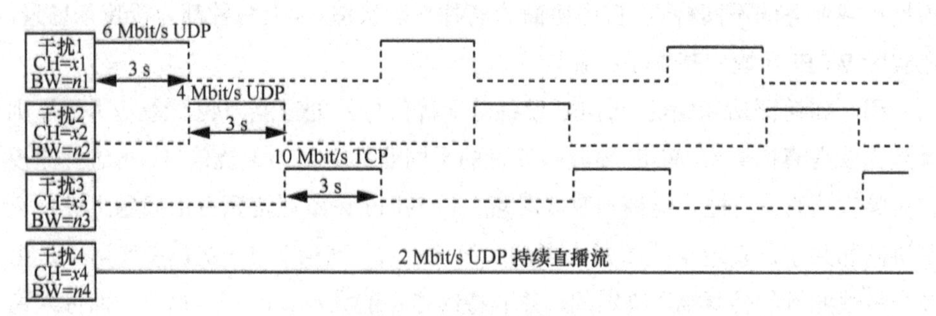

图 4-11　干扰模型参考

综合考虑当前很多测试方案，应该采取如下的 Wi-Fi 多用户测试方法。关键需求如下。

（1）支持大于 16 个最好支持 64 个或者以上的独立射频，可以进行独立天线衰减的控制和仿真能力，STA 仿真器（2×2 MIMO）参考架构如图 4-12 所示。

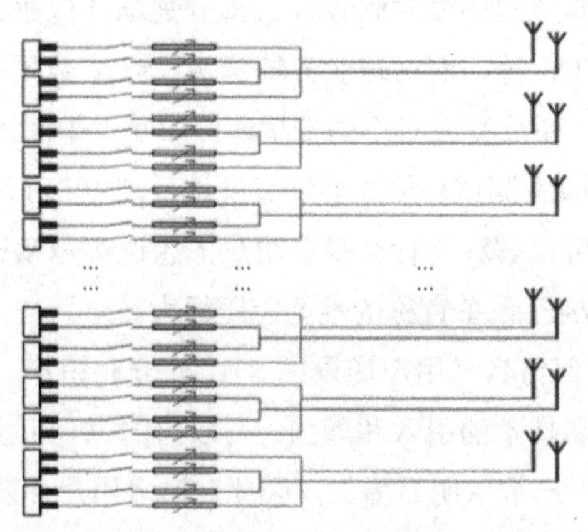

图 4-12　STA 仿真器（2×2 MIMO）参考架构

（2）支持针对波束成形、MU-MIMO、OFDMA 等技术的多用户（STA）场景，仿真测试方案需要支持 STA 可以分布在 Wi-Fi AP 设备的不同角度、不同距离。根据真实的典型的多个 STA 分布在 AP 周围的离散模型抽象出一个仿真的 STA 分布模型。多个 Wi-Fi 用户（STA）分布拓扑模型如图 4-13 所示。构建实验室仿真环境后，可以测试和评估多个 STA 并行接入 Wi-Fi 网络时的性能。

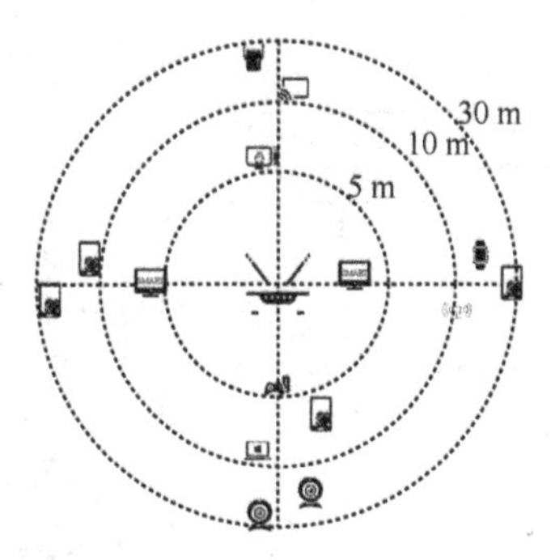

图 4-13　多个 Wi-Fi 用户（STA）分布拓扑模型

（3）在测试网络最大接入容量时，要求每个 STA 可以独立发起不同流量模型的业务，比如 TCP 业务或者 UDP 业务。在限定的时间内，所有 STA 并发进行数据传输，找到满足最低吞吐量条件下的最大 STA 数量，而不是仅能够接入网络，但不能满足吞吐量条件的最大 STA 数量。满足这样条件的测试才考虑到了用户体验质量。测试环境参考如图 4-14 所示。

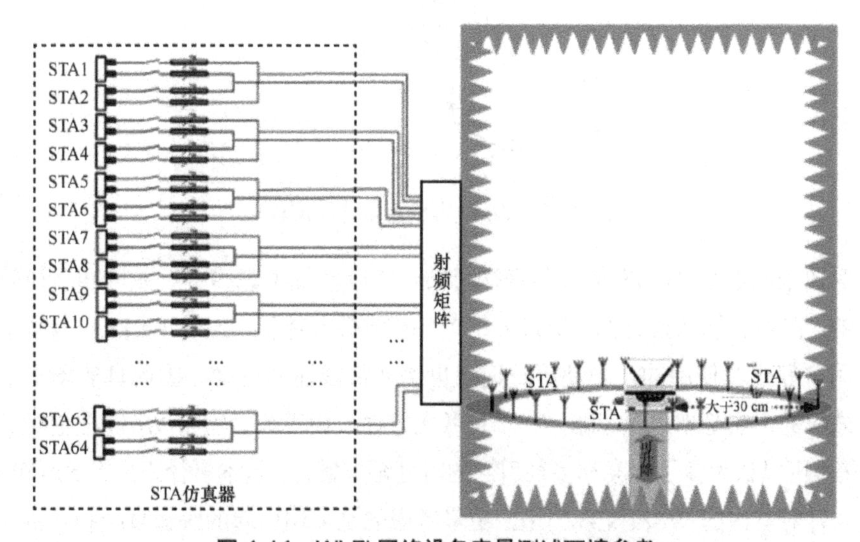

图 4-14　Wi-Fi 网络设备容量测试环境参考

最终的测试容量算法可以按照图 4-15 所示的基本思路进行细化，做到更客观、更科学。

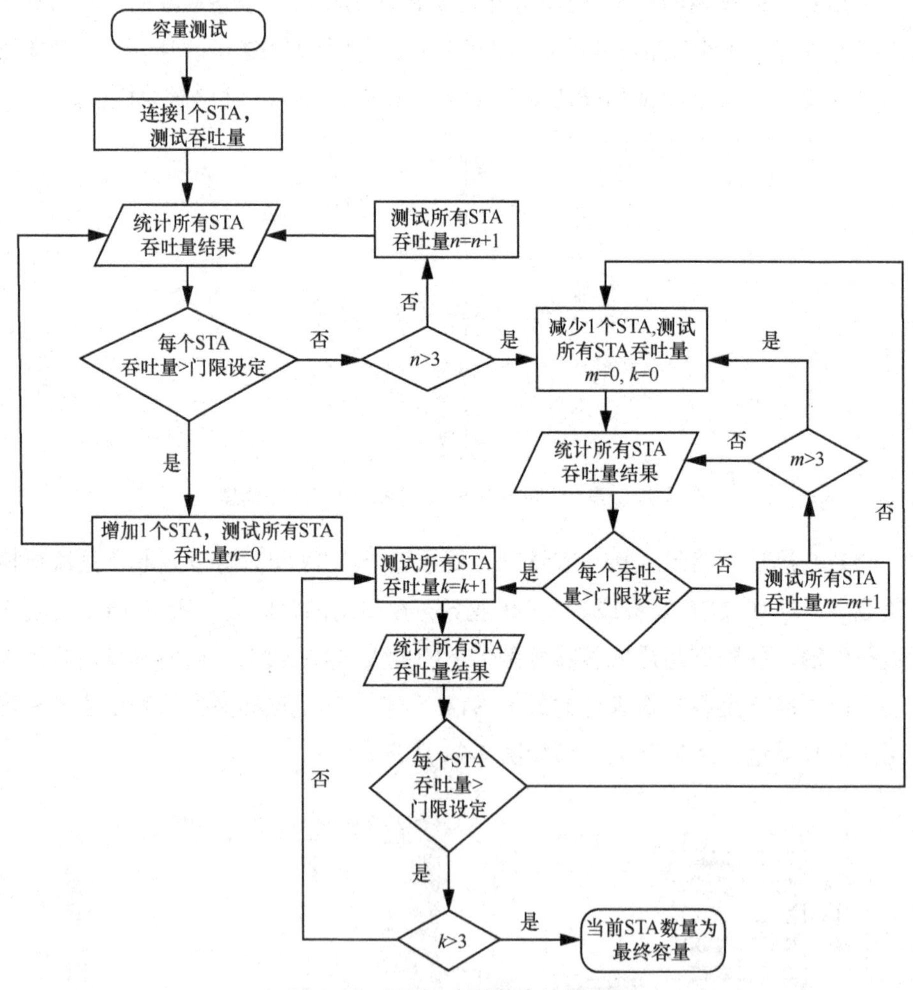

图 4-15　Wi-Fi 容量基本计算流程

第四个问题是 Wi-Fi 信道仿真需要结合实际情况考虑多普勒效应和多径效应的影响。在多普勒效应方面，通过分析 Wi-Fi 业务的特征，发现 Wi-Fi 业务基本都是在用户静止时使用的，即使用户运动也是非常低速的运动，因此真实场景中多普勒效应的影响基本可以忽略。在多径效应方面，由于典型室内 Wi-Fi 覆盖距离较短，基本可以认为多径损耗和多径引入的时延都非常低，基本多径距离在 5 m 以内。因此，针对室内的 Wi-Fi 无线信道，更多考虑的是穿墙引起的快速衰减和具备 5 条时延小于 5 ns 的多径无线信道环境即可。太复杂的无线信道仿真会脱离真实信道环境。尽可能在实验室进行基于真实场景的信道模型仿真，仿真的信道模型可以回溯到真实的 Wi-Fi 无线信道环境。这样条件下测试的结果才有参考意义。

第五个问题是多个 Wi-Fi 接入设备的 Mesh 组网性能测试。Mesh 组网技术是很多 Wi-Fi 网络设备扩大 Wi-Fi 系统覆盖范围的主要技术。通过以星形组网或者串行组网方式级联多个设备，组成 Mesh 网络，实现大面积 Wi-Fi 覆盖，提高用户接入 Wi-Fi 网络的体验。然而 Mesh 组网的测试比较复杂。在进行了 1 次或者 2 次 Mesh 无线级联后，如何验证末端 Mesh 节点真实的功能及性能，如何定位研发测试过程中的问题等，都难以解决。因此需要一个能够在实验室仿真 Mesh 网络场景的解决方案，需要可以实现多个 Mesh 节点的功能、性能的定性以及定量的测试解决方案。

总之，任何的实验室 Wi-Fi 性能测试方案，其测试仿真环境必须能够溯源到真实的环境。满足这样的测试条件得到的测试结果才具备参考意义，性能评估结果才能最大限度地接近真实的用户体验。

第5章

Wi-Fi 6 专项测试与实例

Wi-Fi 6 将沿用 IEEE 802.11ac 并且后向兼容 IEEE 802.11ac 的所有技术，增加了诸如上行 MU-MIMO、OFDMA、BSS、TWT 等新技术，从而提供更高性能的 Wi-Fi 和更好的用户体验。Wi-Fi 6 预计将广泛地部署在 Wi-Fi 的所有应用以及其他新的应用中。同时，Wi-Fi 6 与 5G 移动通信接入技术的相互补充，必将在应用层面完全满足当前 5G 应用对网络性能和服务能力的要求。

由于功能定位和部署环境不同，业界开发了具备不同能力的 Wi-Fi 6 产品。随着越来越多的 Wi-Fi 6 网络设备和 Wi-Fi 6 接入终端的大规模研发和生产，如何确保 Wi-Fi 6 网络设备和 Wi-Fi 6 接入终端设备的性能是个难题。需要在 Wi-Fi 6 设备发布和部署前从多个方面对 Wi-Fi 6 设备进行全面验证，以保证 Wi-Fi 6 设备确实达到了设计目标，并相对于上一代的 Wi-Fi 技术提高了用户体验。Wi-Fi 6 设备的测试不仅包括协议、底层射频指标的测试，更重要的是在实验室模拟仿真真实 Wi-Fi 6 设备部署及应用场景，将被测 Wi-Fi 6 设备放到最大限度接近部署应用场景环境下进行性能评估，确保测试结果最大限度地接近用户体验的结果，从而达到测试验证 Wi-Fi 6 设备的目的。

由于 Wi-Fi 6 设备在研发各个阶段，已经对底层硬件物理层性能指标、协议一致性等进行了多轮的测试和验证，因此本章侧重从 Wi-Fi 6 设备整机性能的评估和测试角度，模拟 Wi-Fi 6 设备真实部署场景以及应用承载，对 Wi-Fi 6 引入的各种新技术、整体性能以及用户体验进行阐述。

5.1 Wi-Fi 6 路由器测试关键性能

Wi-Fi 6 技术的引入，可以为 Wi-Fi 用户提供与 5G 服务性能和体验相匹配的 Wi-Fi 业务服务，从统计数字看，更多的新兴移动业务大部分的数据承载在 Wi-Fi 网络上，Wi-Fi 业务服务极大地卸载了 5G 网络的数据，为更好的 5G 应用业务的用户体验提供了有力的支持。根据 Wi-Fi 6 技术新的特性，测试需要覆盖以下几个方面。

5.1.1 覆盖性能

业内一般会结合不同覆盖条件下的数据处理能力来综合评估一个 Wi-Fi 网络设备的覆盖性能。一般用 RVR 性能测试对覆盖性能进行二维角度的评估。

RVR 测试针对 Wi-Fi 网络设备的数据传输能力和覆盖能力进行综合评估，从传输和覆盖两个维度来评估 Wi-Fi 网络设备的综合性能。理想情况下，Wi-Fi 网络设备在高于某个 RSSI 的网络覆盖条件下，吞吐量基本保持恒定，波动较小，但是当 RSSI 低于某个值（不同 Wi-Fi 网络设备表现可能不同）时，吞吐量将会出现随着 RSSI 的降低而降低的情况，这个拐点出现得越晚越好，或者出现后，吞吐量和 RSSI 的降低变化越慢越好，这样就能保证即使在相对覆盖比较差的区域，也能够保证较好的数据传输能力和用户体验。

Wi-Fi 网络设备的上下行、不同带宽的 RVR 都需要做系统的测试。图 5-1～图 5-2 展示了一个 Wi-Fi 网络设备全面的覆盖性能和数据传输性能的实测结果，可以看到不同带宽（20/40/ 80/160 MHz）、不同频段（2.4/5 GHz）的 Wi-Fi 6 网络设备（路由器/网关）覆盖性能对比情况。

5.1.2 吞吐量性能

Wi-Fi 网络设备的最大吞吐量性能与其支持的调试方式密切相关。为了提高频谱利用率和吞吐量性能，Wi-Fi 6 在上行和下行都开始支持 1 024QAM。一般通过抓包分析，查看协商过程就能看出其对 1 024QAM 支持的能力。报文中的

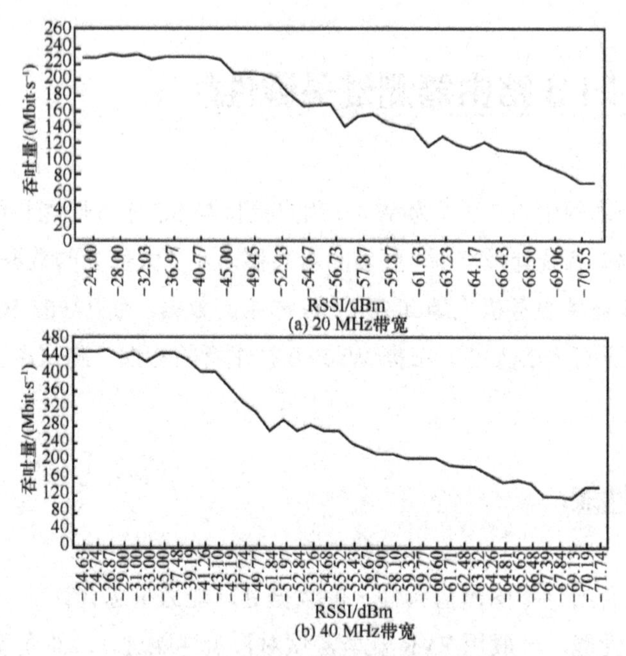

(a) 20 MHz带宽

(b) 40 MHz带宽

图 5-1　2.4 GHz 频段下行覆盖性能

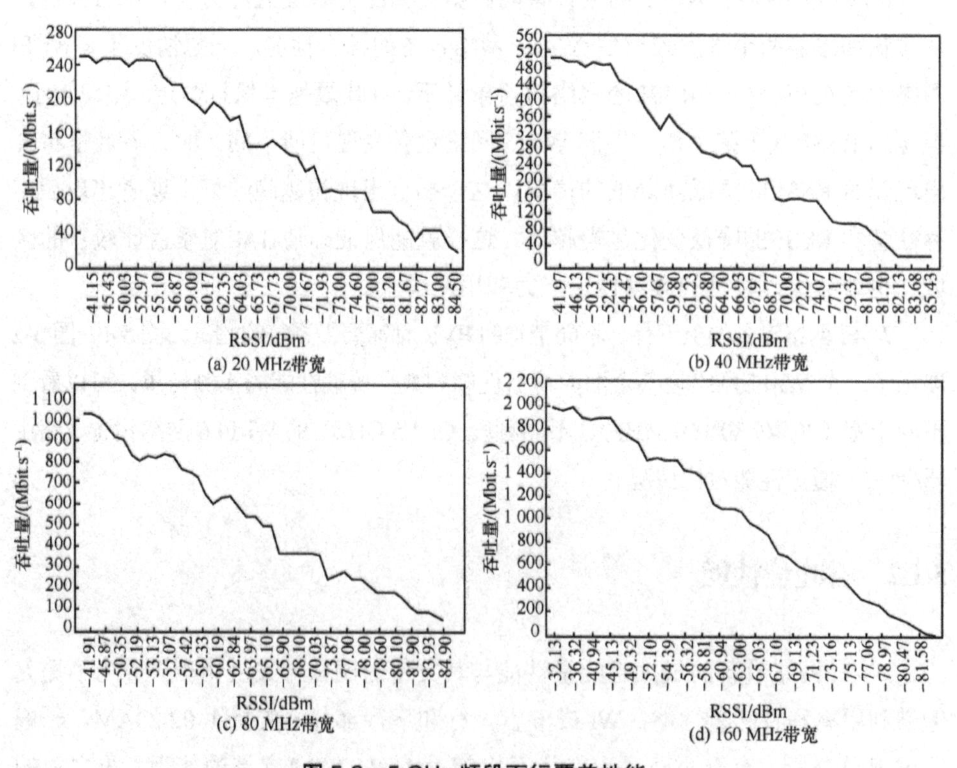

(a) 20 MHz带宽

(b) 40 MHz带宽

(c) 80 MHz带宽

(d) 160 MHz带宽

图 5-2　5 GHz 频段下行覆盖性能

Beacon 帧包含 Tx HE-MCS Map 映射值、数据帧 HE information、PPDU 的 MCS 和 UL/DL 字段等。如果支持下行 1 024QAM 调制，则 Beacon 帧 Tx HE-MCS Map 的协议映射值包含 HE-MCS0-11，如图 5-3 所示。

```
v Ext Tag: HE Capabilities (IEEE Std 802.11ax/D3.0)
    Tag Number: Element ID Extension (255)
    Ext Tag length: 31
    Ext Tag Number: HE Capabilities (IEEE Std 802.11ax/D3.0) (35)
  > HE MAC Capabilities Information: 0x100012080005
  > HE Phy Capabilities Information
  v Supported HE-MCS and NSS Set
    v Rx and Tx MCS Maps <= 80 MHz
      > Rx HE-MCS Map <= 80 MHz: 0xffaa
      v Tx HE-MCS Map <= 80 MHz: 0xffaa
          .... .... .... ..10 = Max HE-MCS for 1 SS: Support for HE-MCS 0-11 (0x2)
          .... .... .... 10.. = Max HE-MCS for 2 SS: Support for HE-MCS 0-11 (0x2)
          .... .... ..10 .... = Max HE-MCS for 3 SS: Support for HE-MCS 0-11 (0x2)
          .... .... 10.. .... = Max HE-MCS for 4 SS: Support for HE-MCS 0-11 (0x2)
          .... ..11 .... .... = Max HE-MCS for 5 SS: Not supported for HE PPDUs (0x3)
          .... 11.. .... .... = Max HE-MCS for 6 SS: Not supported for HE PPDUs (0x3)
          ..11 .... .... .... = Max HE-MCS for 7 SS: Not supported for HE PPDUs (0x3)
          11.. .... .... .... = Max HE-MCS for 8 SS: Not supported for HE PPDUs (0x3)
```

图 5-3　下行 1 024QAM Beacon 帧数据

如果支持下行 1 024QAM 调制，数据帧中携带 HE information 字段，且 PPDU→ HE-SIG-A→MCS 值为 11，PPDU→HE-SIG-A→UL/DL 值为 0，如图 5-4 所示。

```
v HE information
  > HE Data 1: 0xc7fc, PPDU Format: HE_SU, BSS Color known, Beam Change known, UL/DL known,
  > HE Data 2: 0x007e, GI known, LTF symbols known, Pre-FEC Padding Factor known, TxBF known
  v HE Data 3: 0x6b65, Coding: LDPC
      .... .... ..10 0101 = BSS Color: 0x25
      .... .... .1.. .... = Beam Change: 0x1
      .... .... 0... .... = UL/DL: 0x0
      .... 1011 .... .... = data MCS: 0xb
      ...0 .... .... .... = data DCM: 0x0
      ..1. .... .... .... = Coding: LDPC (0x1)
      .1.. .... .... .... = LDPC extra symbol segment: 0x1
      0... .... .... .... = STBC: 0x0
  > HE Data 4: 0x0000
  > HE Data 5: 0x6092, data Bandwidth/RU allocation: 80, GI: 1.6us, LTF symbol size: 2x, LTF
  > HE Data 6: 0x7f02, NSTS: 2 space-time streams
```

图 5-4　下行 1 024QAM 数据帧内容

如果想确认 Wi-Fi 6 设备是否支持上行 1 024QAM 调制，可分析报文中的 Beacon 帧 Rx HE-MCS Map 映射值、数据帧 HE information、PPDU 的 MCS 和 UL/DL 字段。其中 Beacon 帧 Rx HE-MCS Map 的协议映射值包含 HE-MCS0-11，如图 5-5 所示。

如果支持上行 1024QAM 调制，数据帧中携带 HE information 字段，且 PPDU→ HE-SIG-A→MCS 值为 11，PPDU→HE-SIG-A→UL/DL 值为 1，如图 5-6 所示。

```
Ext Tag: HE Capabilities (IEEE Std 802.11ax/D3.0)
    Tag Number: Element ID Extension (255)
    Ext Tag length: 31
    Ext Tag Number: HE Capabilities (IEEE Std 802.11ax/D3.0) (35)
  > HE MAC Capabilities Information: 0x100012080005
  > HE Phy Capabilities Information
  Supported HE-MCS and NSS Set
    Rx and Tx MCS Maps <= 80 MHz
      Rx HE-MCS Map <= 80 MHz: 0xffaa
        .... .... .... ..10 = Max HE-MCS for 1 SS: Support for HE-MCS 0-11 (0x2)
        .... .... .... 10.. = Max HE-MCS for 2 SS: Support for HE-MCS 0-11 (0x2)
        .... .... ..10 .... = Max HE-MCS for 3 SS: Support for HE-MCS 0-11 (0x2)
        .... .... 10.. .... = Max HE-MCS for 4 SS: Support for HE-MCS 0-11 (0x2)
        .... ..11 .... .... = Max HE-MCS for 5 SS: Not supported for HE PPDUs (0x3)
        .... 11.. .... .... = Max HE-MCS for 6 SS: Not supported for HE PPDUs (0x3)
        ..11 .... .... .... = Max HE-MCS for 7 SS: Not supported for HE PPDUs (0x3)
        11.. .... .... .... = Max HE-MCS for 8 SS: Not supported for HE PPDUs (0x3)
    > Tx HE-MCS Map <= 80 MHz: 0xffaa
```

图 5-5　上行 1 024QAM Beacon 帧数据

```
HE information
  > HE Data 1: 0xc7fc, PPDU Format: HE_SU, BSS Color known, Beam Change known, UL/DL known, data MCS known, d
  > HE Data 2: 0x007e, GI known, LTF symbols known, Pre-FEC Padding Factor known, TxBF known, PE Disambiguity
  HE Data 3: 0x6be5, Coding: LDPC
      .... .... ..10 0101 = BSS Color: 0x25
      .... .... .1.. .... = Beam Change: 0x1
      .... .... 1... .... = UL/DL: 0x1
      .... 1011 .... .... = data MCS: 0xb
      ...0 .... .... .... = data DCM: 0x0
      ..1. .... .... .... = Coding: LDPC (0x1)
      .1.. .... .... .... = LDPC extra symbol segment: 0x1
      0... .... .... .... = STBC: 0x0
  > HE Data 4: 0x0000
  > HE Data 5: 0x2082, data Bandwidth/RU allocation: 80, GI: 0.8us, LTF symbol size: 2x, LTF symbols: 1x
  > HE Data 6: 0x0c02, NSTS: 2 space-time streams
```

图 5-6　上行 1 024QAM 数据帧内容

对于支持 1 024QAM 和不支持 1 024QAM 的 Wi-Fi 网络设备，1 024QAM 在同等带宽的情况下带来的吞吐量增益如图 5-7 所示。

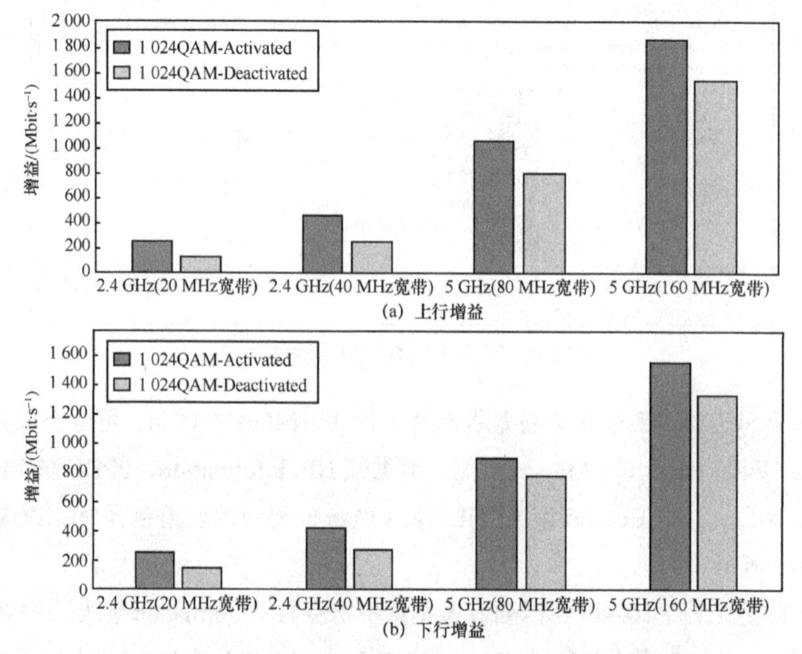

图 5-7　1 024QAM 在同等带宽的情况下带来的吞吐量增益

5.1.3 时延性能

Wi-Fi 6 网络设备为了满足大量对时延很敏感，但是带宽速率又不高（数据包比较短）的业务要求，如在线游戏、物联网设备控制等应用，引入了 4G、5G 移动通信系统中常用的 OFDMA 技术，这种技术的特点在前面已经做过描述，这里就不再阐述。确定 Wi-Fi 6 网络设备是否支持上下行 OFDMA 功能一般通过抓包分析。查看协商过程就能看出其对 OFDMA 的支持能力。如果支持下行 OFDMA，分析报文中的 Beacon 帧 Ext Tag、数据帧 PPDU Format，Beacon 帧 Ext Tag 为 HE Capabilities，如图 5-8 所示。

```
v IEEE 802.11 Wireless Management
  > Fixed parameters (12 bytes)
  v Tagged parameters (313 bytes)
    > Tag: SSID parameter set: TestAP-5G
    > Tag: Supported Rates 6(B), 9, 12(B), 18, 24(B), 36, 48, 54, [Mbit/sec]
    > Tag: Traffic Indication Map (TIM): DTIM 0 of 0 bitmap
    > Tag: Country Information: Country Code CN, Environment Any
    > Tag: Power Constraint: 0
    > Tag: TPC Report Transmit Power: 20, Link Margin: 0
    > Tag: RSN Information
    > Tag: QBSS Load Element 802.11e CCA Version
    > Tag: RM Enabled Capabilities (5 octets)
    > Tag: HT Capabilities (802.11n D1.10)
    > Tag: HT Information (802.11n D1.10)
    > Tag: Extended Capabilities (10 octets)
    > Tag: VHT Capabilities
    > Tag: VHT Operation
    > Tag: VHT Tx Power Envelope
    > Ext Tag: HE Capabilities (IEEE Std 802.11ax/D3.0)
    > Ext Tag: HE Operation (IEEE Std 802.11ax/D3.0)
    > Ext Tag: MU EDCA Parameter Set
    > Tag: Vendor Specific: Epigram, Inc.
```

图 5-8 下行 OFDMA Beacon 帧数据

同时，查看 PPDU Format 是否为 HE_MU，如图 5-9 所示。

如果支持上行 OFDMA，分析报文中 Beacon 帧 Ext Ta Basic Trigger 帧中每个 User Info 字段、PPDU 帧格式，其中 Beacon 帧中 Ext Tag 包含 HE Capabilities 字段，如图 5-10 所示。

Basic Trigger 帧中每个 User Info 字段的 AID12 不同，且对应的 RU Allocation 不同，如图 5-11 所示。

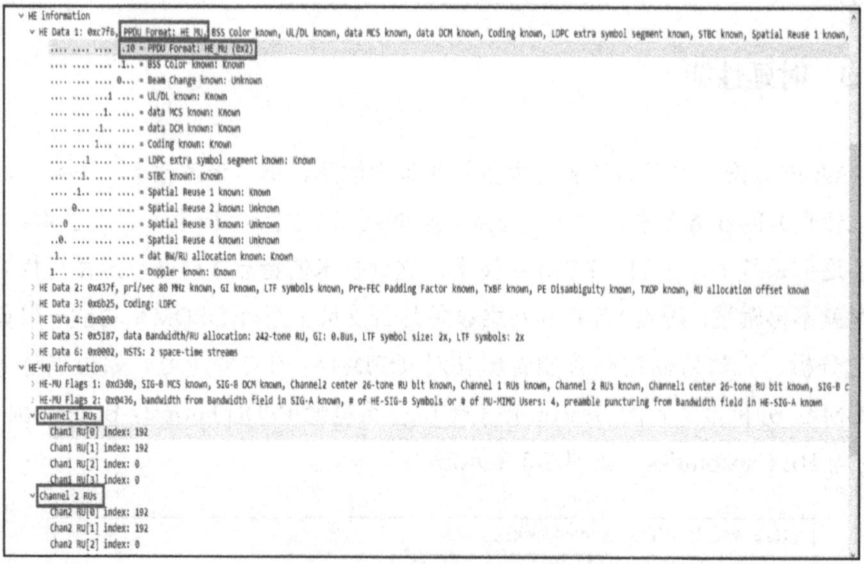

```
v HE information
  v HE Data 1: 0xc7f6, PPDU Format: HE_MU, BSS Color known, UL/DL known, data MCS known, data DCM known, Coding known, LDPC extra symbol segment known, STBC known, Spatial Reuse 1 known,
      .... .... .... ..10 = PPDU Format: HE_MU (0x2)
      .... .... .... .1.. = BSS Color known: Known
      .... .... .... 0... = Beam Change known: Unknown
      .... .... ...1 .... = UL/DL known: Known
      .... .... ..1. .... = data MCS known: Known
      .... .... .1.. .... = data DCM known: Known
      .... .... 1... .... = Coding known: Known
      .... ...1 .... .... = LDPC extra symbol segment known: Known
      .... ..1. .... .... = STBC known: Known
      .... .1.. .... .... = Spatial Reuse 1 known: Known
      .... 0... .... .... = Spatial Reuse 2 known: Unknown
      ...0 .... .... .... = Spatial Reuse 3 known: Unknown
      ..0. .... .... .... = Spatial Reuse 4 known: Unknown
      .1.. .... .... .... = dat BW/RU allocation known: Known
      1... .... .... .... = Doppler known: Known
  > HE Data 2: 0x437f, pri/sec 80 MHz known, GI known, LTF symbols known, Pre-FEC Padding Factor known, TxBF known, PE Disambiguity known, TXOP known, RU allocation offset known
  > HE Data 3: 0x6b25, Coding: LDPC
  > HE Data 4: 0x0000
  > HE Data 5: 0x5187, data Bandwidth/RU allocation: 242-tone RU, GI: 0.8us, LTF symbol size: 2x, LTF symbols: 2x
  > HE Data 6: 0x0002, NSTS: 2 space-time streams
v HE-MU information
  > HE-MU Flags 1: 0xd3d0, SIG-B MCS known, SIG-B DCM known, Channel2 center 26-tone RU bit known, Channel 1 RUs known, Channel 2 RUs known, Channel1 center 26-tone RU bit known, SIG-B c
  > HE-MU Flags 2: 0x0436, bandwidth from Bandwidth field in SIG-A known, # of HE-SIG-B Symbols or # of MU-MIMO Users: 4, preamble puncturing from Bandwidth field in HE-SIG-A known
  v Channel 1 RUs
      Chan1 RU[0] index: 192
      Chan1 RU[1] index: 192
      Chan1 RU[2] index: 0
      Chan1 RU[3] index: 0
  v Channel 2 RUs
      Chan2 RU[0] index: 192
      Chan2 RU[1] index: 192
      Chan2 RU[2] index: 0
```

图 5-9　下行 OFDMA 数据帧内容

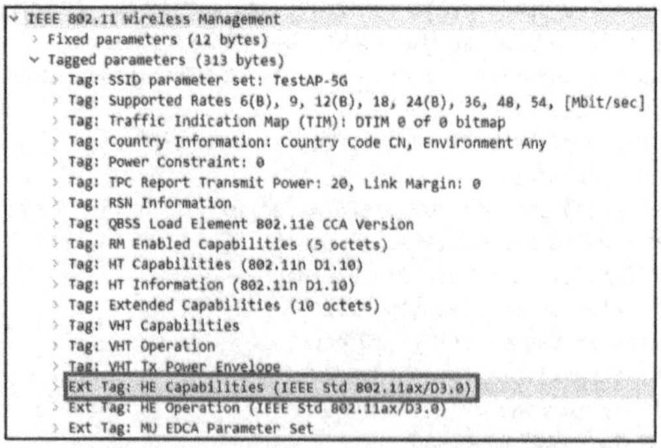

```
v IEEE 802.11 Wireless Management
  > Fixed parameters (12 bytes)
  v Tagged parameters (313 bytes)
    > Tag: SSID parameter set: TestAP-5G
    > Tag: Supported Rates 6(B), 9, 12(B), 18, 24(B), 36, 48, 54, [Mbit/sec]
    > Tag: Traffic Indication Map (TIM): DTIM 0 of 0 bitmap
    > Tag: Country Information: Country Code CN, Environment Any
    > Tag: Power Constraint: 0
    > Tag: TPC Report Transmit Power: 20, Link Margin: 0
    > Tag: RSN Information
    > Tag: QBSS Load Element 802.11e CCA Version
    > Tag: RM Enabled Capabilities (5 octets)
    > Tag: HT Capabilities (802.11n D1.10)
    > Tag: HT Information (802.11n D1.10)
    > Tag: Extended Capabilities (10 octets)
    > Tag: VHT Capabilities
    > Tag: VHT Operation
    > Tag: VHT Tx Power Envelope
    > Ext Tag: HE Capabilities (IEEE Std 802.11ax/D3.0)
    > Ext Tag: HE Operation (IEEE Std 802.11ax/D3.0)
    > Ext Tag: MU EDCA Parameter Set
```

图 5-10　上行 OFDMA Beacon 帧数据

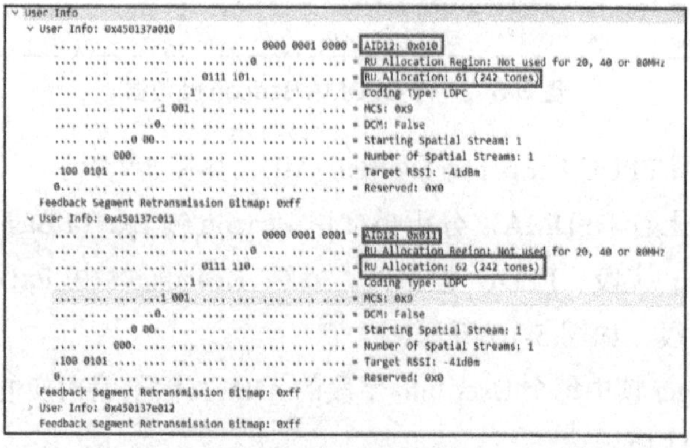

```
v User Info
  v User Info: 0x450137a010
      .... .... .... .... .... .... .... 0000 0001 0000 = AID12: 0x010
      .... .... .... .... .... .... ...0 .... .... .... = RU Allocation Region: Not used for 20, 40 or 80MHz
      .... .... .... .... .... 0111 101. .... .... .... = RU Allocation: 61 (242 tones)
      .... .... .... .... ...1 .... .... .... .... .... = Coding Type: LDPC
      .... .... .... ...1 001. .... .... .... .... .... = MCS: 0x9
      .... .... .... ..0. .... .... .... .... .... .... = DCM: False
      .... .... ...0 00.. .... .... .... .... .... .... = Starting Spatial Stream: 1
      .... .... 000. .... .... .... .... .... .... .... = Number Of Spatial Streams: 1
      .100 0101 .... .... .... .... .... .... .... .... = Target RSSI: -41dBm
      0... .... .... .... .... .... .... .... .... .... = Reserved: 0x0
    Feedback Segment Retransmission Bitmap: 0xff
  v User Info: 0x450137c011
      .... .... .... .... .... .... .... 0000 0001 0001 = AID12: 0x011
      .... .... .... .... .... .... ...0 .... .... .... = RU Allocation Region: Not used for 20, 40 or 80MHz
      .... .... .... .... .... 0111 110. .... .... .... = RU Allocation: 62 (242 tones)
      .... .... .... .... ...1 .... .... .... .... .... = Coding Type: LDPC
      .... .... .... ...1 001. .... .... .... .... .... = MCS: 0x9
      .... .... .... ..0. .... .... .... .... .... .... = DCM: False
      .... .... ...0 00.. .... .... .... .... .... .... = Starting Spatial Stream: 1
      .... .... 000. .... .... .... .... .... .... .... = Number Of Spatial Streams: 1
      .100 0101 .... .... .... .... .... .... .... .... = Target RSSI: -41dBm
      0... .... .... .... .... .... .... .... .... .... = Reserved: 0x0
    Feedback Segment Retransmission Bitmap: 0xff
  > User Info: 0x450137e012
    Feedback Segment Retransmission Bitmap: 0xff
```

图 5-11　Basic Trigger 帧的 User Info 字段

STA 按照 AP 的调度发送上行 HE TRIG PPDU 报文，PPDU 帧格式如图 5-12 所示。

```
v HE information
  v HE Data 1: 0xffe7, PPDU Format: HE_TRIG,BSS Color known,data MCS known, data DCM known, Coding known,
      .... .... .... ..11 = PPDU Format: HE_TRIG (0x3)
      .... .... .... .1.. = BSS Color known: Known
      .... .... .... 0... = Beam Change known: Unknown
      .... .... ...0 .... = UL/DL known: Unknown
      .... .... ..1. .... = data MCS known: Known
      .... .... .1.. .... = data DCM known: Known
      .... .... 1... .... = Coding known: Known
      .... ...1 .... .... = LDPC extra symbol segment known: Known
      .... ..1. .... .... = STBC known: Known
      .... .1.. .... .... = Spatial Reuse 1 known: Known
      .... 1... .... .... = Spatial Reuse 2 known: Known
      ...1 .... .... .... = Spatial Reuse 3 known: Known
      ..1. .... .... .... = Spatial Reuse 4 known: Known
      .1.. .... .... .... = dat BW/RU allocation known: Known
      1... .... .... .... = Doppler known: Known
```

图 5-12　上行 OFDMA PPDU 帧

对于支持 OFDMA 和不支持 OFDMA 的 Wi-Fi 网络设备，OFDMA 在同等带宽的情况下带来的时延增益如图 5-13 所示。

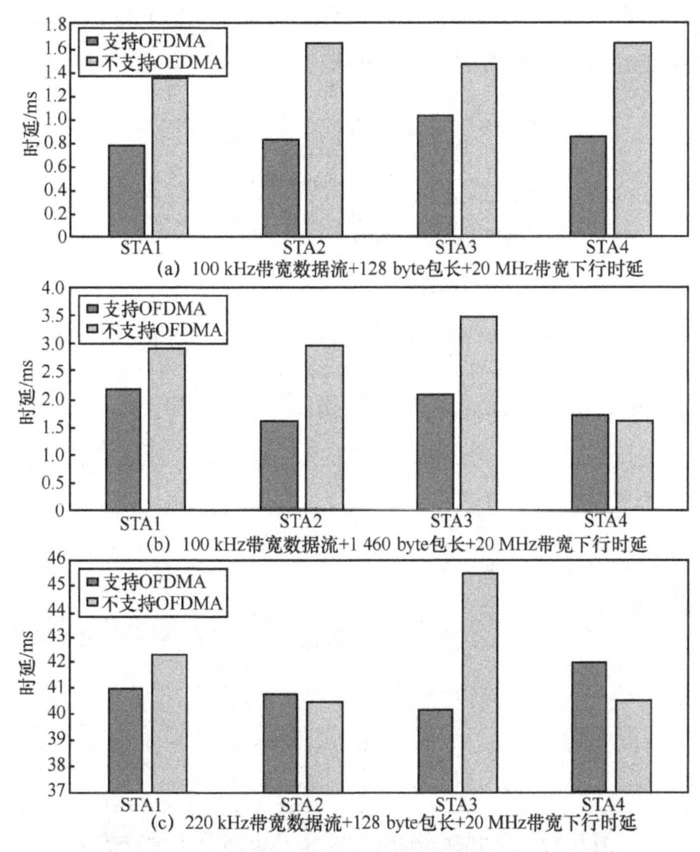

图 5-13　OFDMA 在同等带宽情况下带来的时延增益

5.1.4 MU-MIMO（2.4/5 GHz 上下行）增益

MU-MIMO 技术从 IEEE 802.11 ac 开始就引入 Wi-Fi 网络中。到了 Wi-Fi 6，MU-MIMO 技术扩展到了 2.4 GHz 和上行链路。对于具备同等 MU-MIMO 能力的 Wi-Fi 网络终端设备，Wi-Fi 网络设备的 MU-MIMO 技术大大提高了多个 Wi-Fi 终端的并行数据处理能力，避免了多个 Wi-Fi 网络终端设备因为相互争抢资源而大大增加的网络开销和频谱资源的浪费。一般通过抓包分析确定 Wi-Fi 6 网络设备是否支持上下行 MU-MIMO 功能，查看协商过程就能看出其对 MU-MIMO 的支持能力。如果支持下行 MU-MIMO，分析报文中控制帧 Sounding、Trigger Beamforming Report Poll、Action 帧、数据帧的 PPDU Format，Beacon 帧 Ext Tag 包含 HE Capabilities 字段。

同时，控制报文分为 Sounding 帧、Trigger Beamforming Report Poll 帧和 Action 帧。Sounding 帧字段如图 5-14 所示。

```
v IEEE 802.11 VHT/HE NDP Announcement, Flags: ........C
    Type/Subtype: VHT/HE NDP Announcement (0x0015)
  > Frame Control Field: 0x5400
    .000 0000 0110 0100 = Duration: 100 microseconds
    Receiver address: IntelCor_d9:9f:bd (14:f6:d8:d9:9f:bd)
    Transmitter address: ASUSTekC_33:f1:1c (d4:5d:64:33:f1:1c)
  > Sounding Dialog Token: 0x72
  > STA list
    Frame check sequence: 0xe5878ae9 [unverified]
    [FCS Status: Unverified]
```

图 5-14　下行 MU-MIMO Sounding 帧字段

Trigger Beamforming Report Poll 帧数据如图 5-15 所示。

```
v IEEE 802.11 Trigger, Flags: ........
    Type/Subtype: Trigger (0x0012)
  > Frame Control Field: 0x2400
    .000 0010 1000 0110 = Duration: 646 microseconds
    Receiver address: Broadcast (ff:ff:ff:ff:ff:ff)
    Transmitter address: ASUSTekC_33:f1:1c (d4:5d:64:33:f1:1c)
  v Common Info
    v HE Trigger Common Info: 0x00000012292a1a21
        .... .... .... .... .... .... .... .... .... .... .... .... .... .... .... 0001 = Trigger Type: Beamforming Report Poll (BRP) (1)
        .... .... .... .... .... .... .... .... .... .... .... .... 0001 1010 0010 .... = UL Length: 418
        .... .... .... .... .... .... .... .... .... .... .... ...0 .... .... .... .... = More TF: False
        .... .... .... .... .... .... .... .... .... .... .... ..1. .... .... .... .... = CS Required: True
        .... .... .... .... .... .... .... .... .... .... .... 10.. .... .... .... .... = UL BW: 80 MHz (2)
        .... .... .... .... .... .... .... .... .... .... ..10 .... .... .... .... .... = GI And LTF Type: 4x LTF + 3.2 us GI (2)
        .... .... .... .... .... .... .... .... .... .... .0.. .... .... .... .... .... = MU-MIMO LTF Mode: HE single stream pilot HE LTF mode
        .... .... .... .... .... .... .... .... .... ..01 0... .... .... .... .... .... = Number of HE-LTF Symbols and Midamble Periodicity: 0x2
        .... .... .... .... .... .... .... .... .... .0.. .... .... .... .... .... .... = UL STBC: False
        .... .... .... .... .... .... .... .... .... 1... .... .... .... .... .... .... = LDPC Extra Symbol Segment: True
```

图 5-15　Trigger Beamforming Report Poll 帧数据

Action 帧数据如图 5-16 所示。

```
v IEEE 802.11 Action No Ack, Flags: ........C
    Type/Subtype: Action No Ack (0x000e)
  > Frame Control Field: 0xe000
    .000 0000 0000 0000 = Duration: 0 microseconds
    Receiver address: ASUSTekC_33:f1:1c (d4:5d:64:33:f1:1c)
    Destination address: ASUSTekC_33:f1:1c (d4:5d:64:33:f1:1c)
    Transmitter address: IntelCor_d9:9f:bd (14:f6:d8:d9:9f:bd)
    Source address: IntelCor_d9:9f:bd (14:f6:d8:d9:9f:bd)
    BSS Id: ASUSTekC_33:f1:1c (d4:5d:64:33:f1:1c)
    .... .... .... 0000 = Fragment number: 0
    0000 0000 0010 .... = Sequence number: 2
    Frame check sequence: 0xf6d6c86f [unverified]
    [FCS Status: Unverified]
v IEEE 802.11 Wireless Management
  v Fixed parameters
      Category code: HE (30)
    v HE Action: HE Compressed Beamforming And CQI (0)
        Total length: 1572
      > HE MIMO Control: 0x0792008299
      > Average Signal to Noise Ratio
      > Feedback Matrices
```

图 5-16　Action 帧数据

从数据报文能看到PPDU的帧为HE MU，而且能看到MU-MIMO 用户数量，如图 5-17 所示。

```
v HE information
  v HE Data 1: 0xc7f6, PPDU Format: HE MU, BSS Color known, UL/DL known, data MCS known, data DCM known, Coding known,
      .... .... .... ..10 = PPDU Format: HE_MU (0x2)
      .... .... .... .1.. = BSS Color known: Known
      .... .... .... 0... = Beam Change known: Unknown
      .... .... ...1 .... = UL/DL known: Known
      .... .... ..1. .... = data MCS known: Known
      .... .... .1.. .... = data DCM known: Known
      .... .... 1... .... = Coding known: Known
      .... ...1 .... .... = LDPC extra symbol segment known: Known
      .... ..1. .... .... = STBC known: Known
      .... .1.. .... .... = Spatial Reuse 1 known: Known
      .... 0... .... .... = Spatial Reuse 2 known: Unknown
      ...0 .... .... .... = Spatial Reuse 3 known: Unknown
      ..0. .... .... .... = Spatial Reuse 4 known: Unknown
      .1.. .... .... .... = dat BW/RU allocation known: Known
      1... .... .... .... = Doppler known: Known
  > HE Data 2: 0x437f, pri/sec 80 MHz known, GI known, LTF symbols known, Pre-FEC Padding Factor known, TxBF known, PE
  > HE Data 3: 0x6b25, Coding: LDPC
```

图 5-17　PPDU 数据帧内容

如果支持上行 MU-MIMO，分析报文中 Beacon 帧 Ext Tag、数据帧 PPDU Format，其中 Beacon 帧中 Ext Tag 包含 HE Capabilities 字段。

对于支持 MU-MIMO 和不支持 MU-MIMO 的 Wi-Fi 网络设备，MU-MIMO 在不同下行带宽情况下带来的吞吐量性能和多用户增益如图 5-18 和图 5-19 所示。

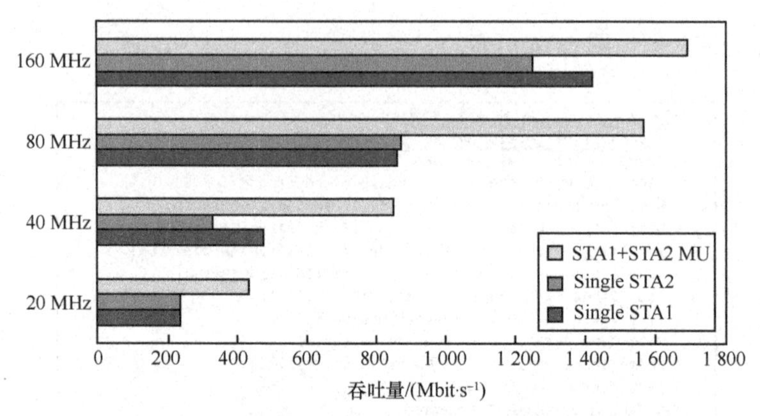

图 5-18　不同下行带宽下的 MU-MIMO 吞吐量性能

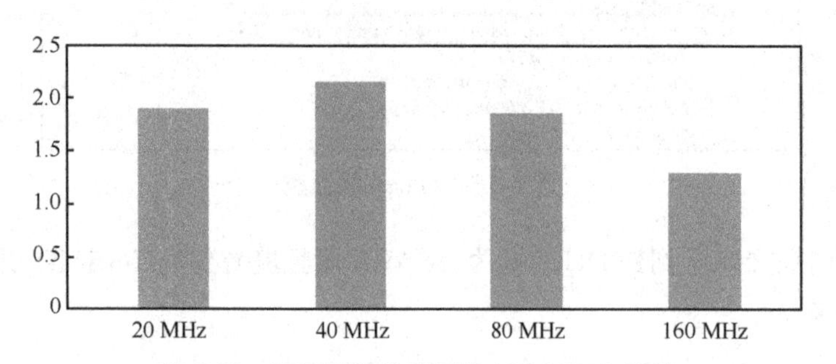

图 5-19　不同下行带宽下的 MU-MIMO 增益

5.1.5　BSS 着色组网增益

当其他无线电在同一信道上传输时，IEEE 802.11ax 无线电能够使用 BSS 颜色标识符来区分 BSS。如果颜色相同，则认为这是 BSS 内帧传输。换句话说，发射无线电与接收器属于同一个 BSS。如果检测到的帧具有与其自身不同的 BSS 颜色，则 STA 认为该帧是来自重叠 BSS 的 BSS 间帧。

IEEE 802.11ax Wi-Fi 网络设备可以检测到使用相同颜色的 OBSS，并可以更改其 BSS 颜色。OBSS 的重复颜色检测也称为颜色冲突。

当 Wi-Fi 6 网络设备自己检测到颜色冲突时，或者从自主客户端收集的 AP 报告中检测到颜色冲突信息时，Wi-Fi 6 网络设备可以决定更改其 BSS 颜色。

Wi-Fi 6 网络设备可以在称为 BSS 颜色更改公告框架的操作帧中将所有 BSS 颜色更改通知其所有关联的客户端。颜色变化信息还可以可选地包含在信标探测响应和重新关联响应帧中。如 Beacon 帧中携带“BSS Color”信息，如图 5-20 所示。

```
> Ext Tag: HE Capabilities (IEEE Std 802.11ax/D3.0)
v Ext Tag: HE Operation (IEEE Std 802.11ax/D3.0)
    Tag Number: Element ID Extension (255)
    Ext Tag length: 6
    Ext Tag Number: HE Operation (IEEE Std 802.11ax/D3.0) (36)
  > HE Operation Parameters: 0x000004
  v BSS Color Information: 0x25
      ..10 0101 = BSS Color: 0x25
      .0.. .... = Partial BSS Color: False
      0... .... = BSS Color Disabled: False
  > Basic HE-MCS and NSS Set: 0xfffc
> Ext Tag: MU EDCA Parameter Set
```

图 5-20 “BSS Color”通知消息

5.1.6 支持目标唤醒时间（TWT）功能

用最简单的术语来说，目标唤醒时间（TWT）是一项新功能，它允许 AP 和站点在协商的时间“唤醒”。站点和 AP 达成 TWT 协议，该协议定义站点何时醒来以接收和发送数据。该机制允许每个 Wi-Fi 终端设备与 Wi-Fi 网络设备协商其周期，以在信标周期之前发送和接收数据包。Wi-Fi 终端设备仅在 TWT 会话中唤醒，并在其余时间保持睡眠模式。

Wi-Fi 终端设备发给 Wi-Fi 网络设备的 Beacon 帧中的“TWT Responder Support”为 True，如图 5-21 所示。

```
v Tag: Extended Capabilities (10 octets)
    Tag Number: Extended Capabilities (127)
    Tag length: 10
  > Extended Capabilities: 0x04 (octet 1)
  > Extended Capabilities: 0x00 (octet 2)
  > Extended Capabilities: 0x08 (octet 3)
  > Extended Capabilities: 0x80 (octet 4)
  > Extended Capabilities: 0x01 (octet 5)
  > Extended Capabilities: 0x00 (octet 6)
  > Extended Capabilities: 0x00 (octet 7)
  > Extended Capabilities: 0x01c0 (octets 8 & 9)
  v Extended Capabilities: 0x40 (octet 10)
      .... ...0 = FILS Capable: False
      .... ..0. = Extended Spectrum Management Capable: False
      .... .0.. = Future Channel Capable: False
      .... 0... = Reserved: 0x0
      ...0 .... = Reserved: 0x0
      ..0. .... = TWT Requester Support: False
      .1.. .... = TWT Responder Support: True
      0... .... = OBSS Narrow Bandwidth RU in UL OFDMA Tolerance Support: False
> Tag: VHT Capabilities
> Tag: VHT Operation
> Tag: VHT Tx Power Envelope
v Ext Tag: HE Capabilities (IEEE Std 802.11ax/D3.0)
    Tag Number: Element ID Extension (255)
    Ext Tag length: 31
    Ext Tag Number: HE Capabilities (IEEE Std 802.11ax/D3.0) (35)
  v HE MAC Capabilities Information: 0x100012080005
      .... .... .... .... .... .... .... .... .... .... .... ...1 = +HTC HE Support: Supported
      .... .... .... .... .... .... .... .... .... .... .... ..0. = TWT Requester Support: Not supported
      .... .... .... .... .... .... .... .... .... .... .... .1.. = TWT Responder Support: Supported
      .... .... .... .... .... .... .... .... .... .... ...0 0... = Fragmentation Support: No support for dynamic fragmentation
      .... .... .... .... .... .... .... .... .... .... 000. .... = Reserved: 0x0
```

图 5-21 TWT Beacon 帧指示字段

Wi-Fi 网络设备回应 Wi-Fi 终端设备的 TWT 报文，如图 5-22 所示。

```
IEEE 802.11 wireless LAN
 Fixed parameters
   Category code: S1G (22)
   S1G Action: TWT Setup (6)
   Dialog token: 0x00
 Tag: Target Wake Time
    Tag Number: Target Wake Time (216)
    Tag length: 15
   Control Field: 0x00, Negotiation type: Individual TWT, Reserved: 0x0
   Request Type: 0x0438
      .... .... .... ...0 = Requester: This STA is a TWT Responding STA or a TWT scheduling AP
      .... .... .... 100. = Setup Command: Accept TWT (4)
      .... .... ...1 .... = Trigger: TWT SP includes trigger frames
```

图 5-22 Wi-Fi 网络设备 TWT 请求响应

5.1.7 安全性能

Wi-Fi 6 在安全性方面做了很大的增强，在原有的 WPA/WPA2 加密协议的基础上又增加 WPA3 加密协议。通过对 Wi-Fi 网络设备进行抓包分析，可以确定 Wi-Fi 网络设备支持的加密协议的种类和协议的完整性。

例如，如果 Wi-Fi 网络设备支持 WPA 加密协议，通过发起 WPA3 加密协议请求，就可以检查到 RSN 消息的 Pairwise Cipher Suite List 字段为 TKIP，Key Management 字段携带 PSK，如图 5-23 所示。

```
 Tag: RSN Information
    Tag Number: RSN Information (48)
    Tag length: 24
    RSN Version: 1
  > Group Cipher Suite: 00:0f:ac (Ieee 802.11) TKIP
    Pairwise Cipher Suite Count: 2
  > Pairwise Cipher Suite List 00:0f:ac (Ieee 802.11) AES (CCM) 00:0f:ac (Ieee 802.11) TKIP
    Auth Key Management (AKM) Suite Count: 1
  > Auth Key Management (AKM) List 00:0f:ac (Ieee 802.11) PSK
  > RSN Capabilities: 0x000c
```

图 5-23 WPA 加密协议 RSN 消息

如果 Wi-Fi 网络设备支持 WPA2 加密协议，通过发起 WPA2 加密协议请求，就可以检查到 RSN 消息的 Pairwise Cipher Suite List 字段为 AES，Key Management 字段携带 PSK，如图 5-24 所示。

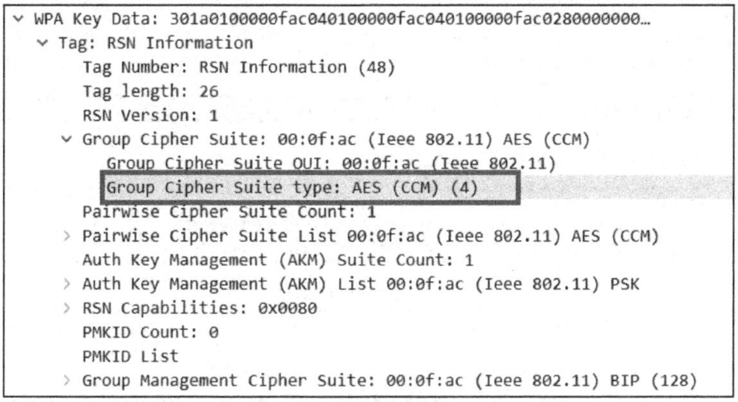

```
WPA Key Data: 301a0100000fac040100000fac040100000fac0280000000…
  Tag: RSN Information
    Tag Number: RSN Information (48)
    Tag length: 26
    RSN Version: 1
    Group Cipher Suite: 00:0f:ac (Ieee 802.11) AES (CCM)
      Group Cipher Suite OUI: 00:0f:ac (Ieee 802.11)
      Group Cipher Suite type: AES (CCM) (4)
    Pairwise Cipher Suite Count: 1
    Pairwise Cipher Suite List 00:0f:ac (Ieee 802.11) AES (CCM)
    Auth Key Management (AKM) Suite Count: 1
    Auth Key Management (AKM) List 00:0f:ac (Ieee 802.11) PSK
    RSN Capabilities: 0x0080
    PMKID Count: 0
    PMKID List
    Group Management Cipher Suite: 00:0f:ac (Ieee 802.11) BIP (128)
```

图 5-24 WPA2 加密协议 RSN 消息

如果 Wi-Fi 网络设备支持 WPA3 加密协议，通过发起 WPA3 加密协议请求，就可以检查到 RSN 消息的 Pairwise Cipher Suite List 字段为 AES，Key Management 字段携带 WPA3-SAE，如图 5-25 所示。

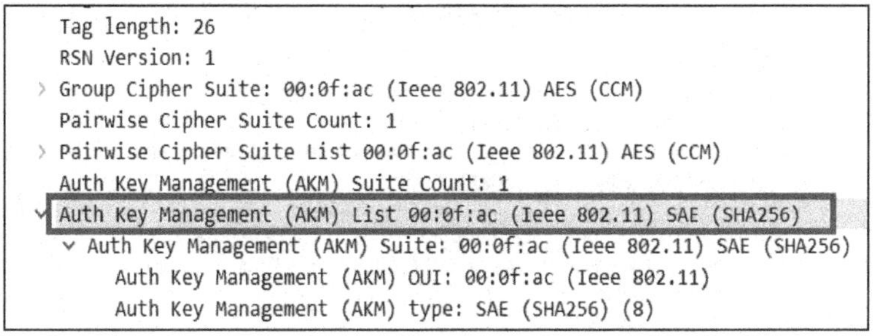

```
Tag length: 26
RSN Version: 1
Group Cipher Suite: 00:0f:ac (Ieee 802.11) AES (CCM)
Pairwise Cipher Suite Count: 1
Pairwise Cipher Suite List 00:0f:ac (Ieee 802.11) AES (CCM)
Auth Key Management (AKM) Suite Count: 1
Auth Key Management (AKM) List 00:0f:ac (Ieee 802.11) SAE (SHA256)
  Auth Key Management (AKM) Suite: 00:0f:ac (Ieee 802.11) SAE (SHA256)
    Auth Key Management (AKM) OUI: 00:0f:ac (Ieee 802.11)
    Auth Key Management (AKM) type: SAE (SHA256) (8)
```

图 5-25 WPA3 加密协议 RSN 消息

除此之外，在 WPA3 加密协议中，Wi-Fi 网络设备和终端设备之间还要进行 EAPOL 的 4 次握手过程，如图 5-26 所示。

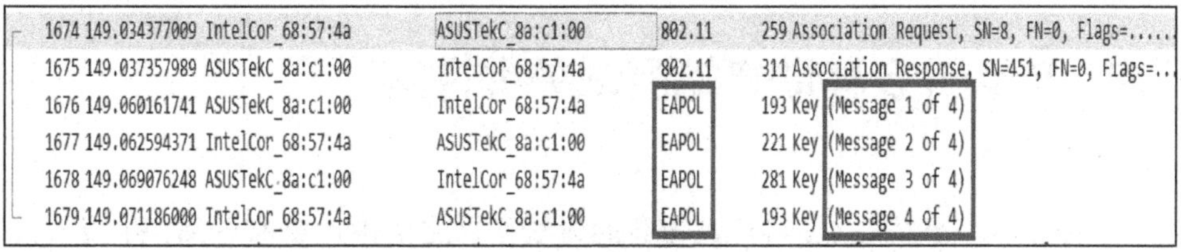

```
1674 149.034377009 IntelCor_68:57:4a   ASUSTekC_8a:c1:00   802.11   259 Association Request, SN=8, FN=0, Flags=.....
1675 149.037357989 ASUSTekC_8a:c1:00   IntelCor_68:57:4a   802.11   311 Association Response, SN=451, FN=0, Flags=..
1676 149.060161741 ASUSTekC_8a:c1:00   IntelCor_68:57:4a   EAPOL    193 Key (Message 1 of 4)
1677 149.062594371 IntelCor_68:57:4a   ASUSTekC_8a:c1:00   EAPOL    221 Key (Message 2 of 4)
1678 149.069076248 ASUSTekC_8a:c1:00   IntelCor_68:57:4a   EAPOL    281 Key (Message 3 of 4)
1679 149.071186000 IntelCor_68:57:4a   ASUSTekC_8a:c1:00   EAPOL    193 Key (Message 4 of 4)
```

图 5-26 WPA3 EAPOL 4 次握手

WPA3 加密过程中，SAE 的鉴权交互过程如图 5-27 所示。

```
> 802.11 radio information
> IEEE 802.11 Authentication, Flags: ........C
v IEEE 802.11 Wireless Management
  v Fixed parameters (104 bytes)
      Authentication Algorithm: Simultaneous Authentication of Equals (SAE) (3)
      Authentication SEQ: 0x0001
      Status code: Successful (0x0000)
      SAE Message Type: Commit (1)
      Group Id: 256-bit random ECP group (19)
      Scalar: 911c6575058e474ee6d73405b6aa4d6bf1445827659e2e62…
      Finite Field Element: 31ca199d1d331e09b8f781b3631a0db7e7d7542da5f97333…
```

(a) SAE Commit 消息

```
> 802.11 radio information
> IEEE 802.11 Authentication, Flags: ........C
v IEEE 802.11 Wireless Management
  v Fixed parameters (40 bytes)
      Authentication Algorithm: Simultaneous Authentication of Equals (SAE) (3)
      Authentication SEQ: 0x0002
      Status code: Successful (0x0000)
      SAE Message Type: Confirm (2)
      Send-Confirm: 0
      Confirm: 2877d0612f590319e9a0b5ca6f7e4276c55795aea08af2ca…
```

(b) SAE Confirm 消息

```
v WPA Key Data: 301a0100000fac040100000fac040100000fac0880000000…
  v Tag: RSN Information
      Tag Number: RSN Information (48)
      Tag length: 26
      RSN Version: 1
    > Group Cipher Suite: 00:0f:ac (Ieee 802.11) AES (CCM)
      Pairwise Cipher Suite Count: 1
    > Pairwise Cipher Suite List 00:0f:ac (Ieee 802.11) AES (CCM)
      Auth Key Management (AKM) Suite Count: 1
    v Auth Key Management (AKM) List 00:0f:ac (Ieee 802.11) SAE (SHA256)
      v Auth Key Management (AKM) Suite: 00:0f:ac (Ieee 802.11) SAE (SHA256)
          Auth Key Management (AKM) OUI: 00:0f:ac (Ieee 802.11)
          Auth Key Management (AKM) type: SAE (SHA256) (8)
    > RSN Capabilities: 0x0080
      PMKID Count: 0
      PMKID List
    > Group Management Cipher Suite: 00:0f:ac (Ieee 802.11) BIP (128)
```

(c) SAE AKM 设置

图 5-27 SAE 的鉴权交互过程

5.2 Wi-Fi 6 移动终端测试关键性能

一直以来，2G/3G/4G 等蜂窝覆盖的无线移动通信接入技术与 Wi-Fi 接入技术都在移动终端上作为两个必备的无线接入能力功能模块，而在一些 iPad 和可移动 PC 上，Wi-Fi 无线接入能力甚至成为必配。两种无线接入技术从技术层面上来说，一个主内，另一个主外。Wi-Fi 是移动网络的室内覆盖补充，也担负着很多数据流量卸载压力，同时也是很多需要进行无线互联的设备首选的无线通信技术手段，二者并存是相得益彰、相互补充的。

但是，随着5G网络发展得如火如荼，业内有一种声音，表示Wi-Fi没有存在的必要了，因为Wi-Fi 5的技术已经不能和5G网络提供的服务质量相匹配了，5G高带宽、低时延的网络特性也不是Wi-Fi网络所具备的。而随着Wi-Fi 6的推出，原来提出Wi-Fi技术已经过时的声音也逐渐变小，甚者随着5G网络建设的推进和5G移动终端产品的多样化，Wi-Fi 6技术对5G网络来说变得越来越重要。

新一代Wi-Fi 6（IEEE 802.11ax）的传输速度最大达到9.6 Gbit/s，换句话说基础理论传输速率超过了1.2 Gbit/s。随着技术逐渐成熟，Wi-Fi 6将会涉及更加多元化的运用，比如物联网、4K视频传输等。此外Wi-Fi 6引入了原来只有蜂窝通信采用的OFDMA技术，解决了多用户时延的问题。BSS Coloring的引入增加了抗干扰性能，TWT技术增加了终端待机性能等。

目前，移动终端智能化、PC化日趋明显，移动终端承载的应用种类变得多元化、多样化和复杂化，人们在移动终端上花费的时间越来越多。所有这些业务和应用都建立在一个基本的能力之上，那就是数据通信。数据通信主要承载在蜂窝通信和Wi-Fi通信上。如何让现在5G终端的应用在5G网络和Wi-Fi 6网络上进行平滑的切换而不影响用户体验？如何让5G终端的Wi-Fi 6模块发挥出应有的性能？如何在一个可控、可重复的实验室测试环境下进行终端的Wi-Fi 6性能测试？这些问题均对Wi-Fi 6移动终端的功能、性能、用户体验等测试提出了要求。

总体来说，移动终端应用的场景非常复杂，首先最为显著的一个场景就是移动终端可能应用在各种各样的路由器覆盖的环境中，最为理想的测试环境就是遍历所有的路由器，但是这种测试方法是不现实的。大数据给了我们很多的选型参考，可以根据网络大数据，选择不同芯片厂商市场部署最多的产品作为参考路由器，构建移动终端的性能测试场景，这样做也可以最大限度地确保实验室测试结果与现网测试结果更加接近，而不仅仅是一个理想场景的最好结果。

总体测试环境可以参考如图5-28所示的测试方案拓扑。

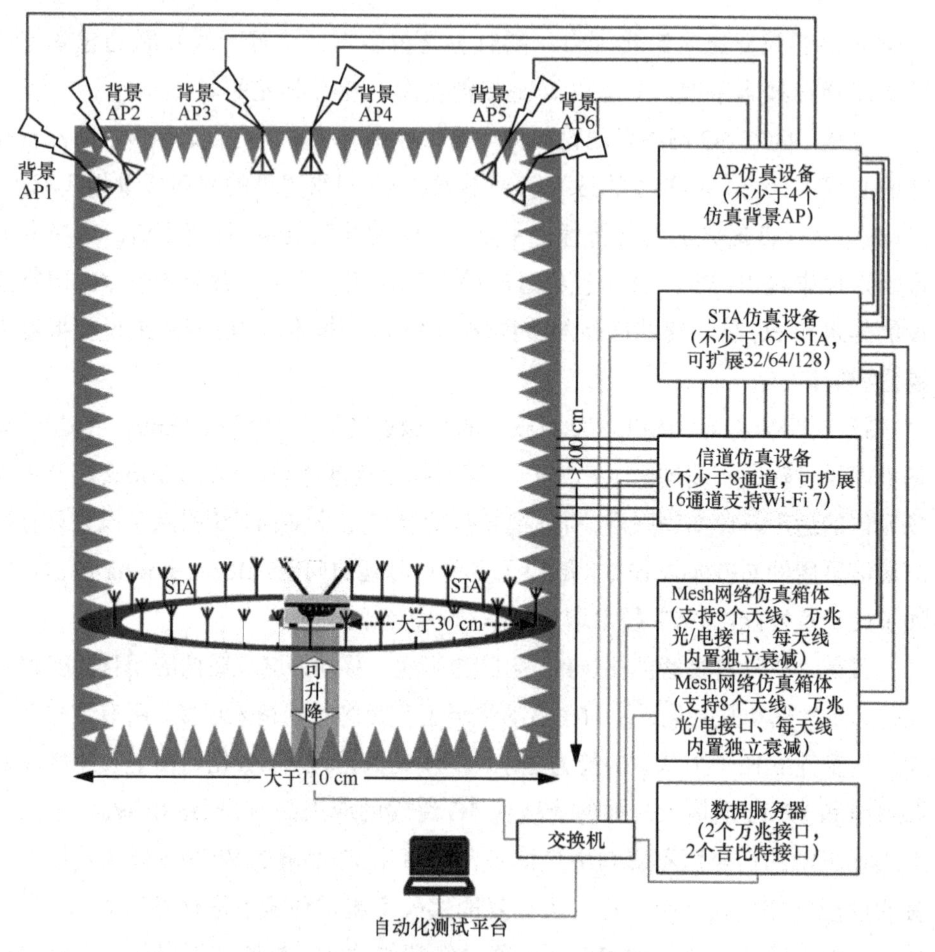

图 5-28　Wi-Fi 6 终端测试建议方案拓扑

通过以上的测试环境，可以针对 Wi-Fi 6 终端进行全面的、各种应用场景的测试。这里需要强调的是多个参考 AP 的自动化遍历的环境，由于需要遍历多个不同或者相同芯片的参考 AP，需要构建一个完全自动化的切换设备，进而达到测试环境的一致性，同时提高测试效率，确保测试结果的准确性。具体构建的各种测试场景，可以参考第 3 章的阐述。

Wi-Fi 6 移动终端与 Wi-Fi 6 网络接入设备（路由器/网关）的测试关注点基本相同，相对于 Wi-Fi 6 网络设备来说，Wi-Fi 6 移动终端设备的性能测试需要覆盖参考路由器的选择、Wi-Fi 6 终端的接收性能、Wi-Fi 6 特性（1 024QAM/MU-MIMO/OFDMA/TWT/安全性能）、多用户下场景、抗干扰性能等。

5.2.1　接收性能

相对于 Wi-Fi 6 的 PC 等设备，具备 Wi-Fi 6 功能的移动终端的 Wi-Fi 天线部署以及性能的挑战是非常大的。移动终端在一个尺寸很小的空间内，需要部署密密麻麻的各种无线信号的接收天线，将对 Wi-Fi 的性能产生非常大的影响。图 5-29 所示为一个具备 Wi-Fi 6 功能的 5G 移动终端的各种天线分布，可以看出在确保各种无线通信性能的前提下，对于天线设计和部署的挑战。

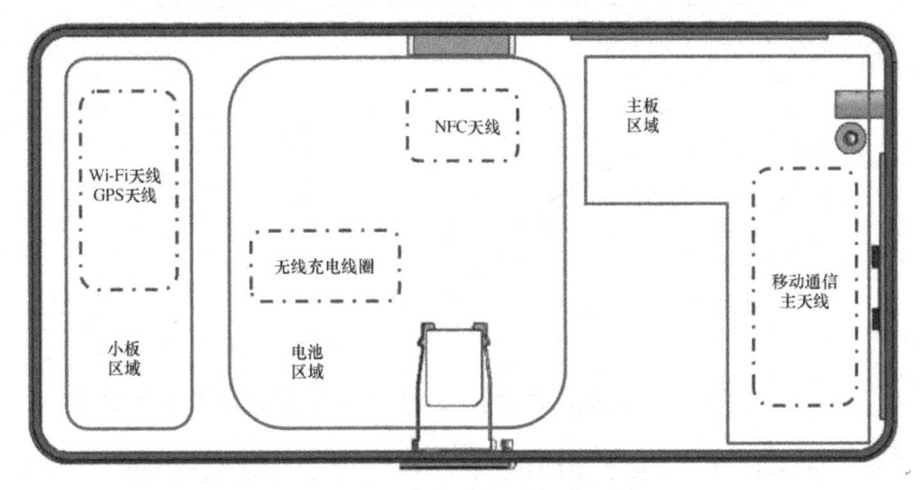

图 5-29　移动终端内部天线分布

从图 5-29 也可以看出，Wi-Fi 天线的性能直接影响 Wi-Fi 6 的性能表现。这一点可以从 Wi-Fi 6 的天线接收灵敏度以及不同覆盖条件下吞吐量的表现来进行综合的衡量。

Wi-Fi 6 移动终端的接收性能可以从两方面进行评估和测试，第一，类似于路由器的覆盖性能测试，同样可以进行 Wi-Fi 6 移动终端的 RVR 性能测试，为了更为直观和易于理解，可以采用以距离为补偿的 RVR 测试，也就是说可以仿真从移动终端到路由器的距离 1～50 m，从而可以仿真吞吐量性能随着距离增加的变化趋势；第二，设置一个吞吐量门限值，比如 5 Mbit/s、5%丢包率的场景下（参考 RFC2544 算法），验证保持此种吞吐量性能的最低功率覆盖，此时的路由器的功率覆盖作为当前终端在确保某种服务性能的条件下的接收灵敏度。测试结果如图 5-30 和图 5-31 所示。

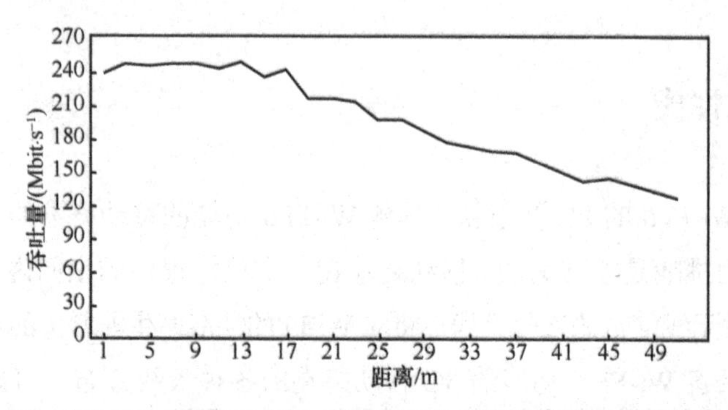

图 5-30　2.4 GHz 频段 20 MHz 带宽 Wi-Fi 6 移动终端性能与距离对比

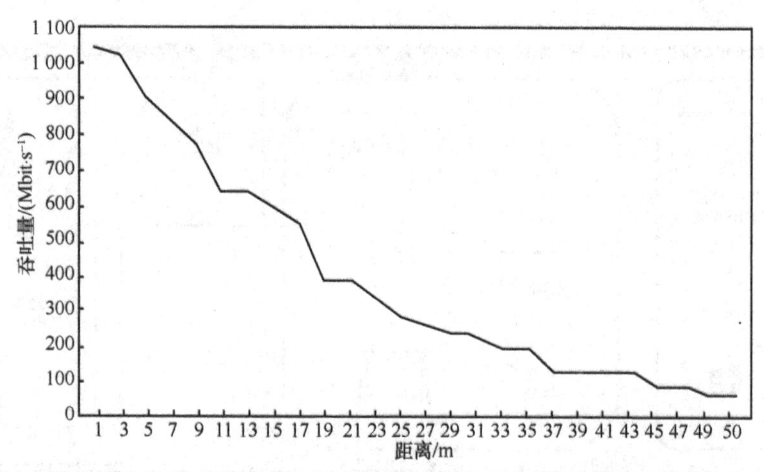

图 5-31　5 GHz 频段 80 MHz 带宽 Wi-Fi 6 移动终端性能与距离对比

5.2.2　吞吐量性能

对于 Wi-Fi 6 终端，最显著的增强是高带宽和吞吐量以及支持 1 024QAM 调制技术等。如果终端不支持 1 024QAM 调制，那么也就不能说此终端是 Wi-Fi 6 的终端。因为从物理层调制的角度来看，不支持 1 024QAM 调制的 Wi-Fi 终端不具备 Wi-Fi 6 的基本性能要求。和 Wi-Fi 6 路由器一样，这个特性一般通过抓包分析，查看协商过程就能看出其对 1 024QAM 支持的能力。可以通过查看报文中的 Beacon 帧 Tx HE-MCS Map 映射值、数据帧 HE information、PPDU 的 MCS 和 UL/DL 字段，判断终端是否支持下行 1 024QAM 调制，其中 Beacon 帧 Tx HE-MCS Map 的协议映射值包含 HE-MCS0-11，如图 5-32 所示。

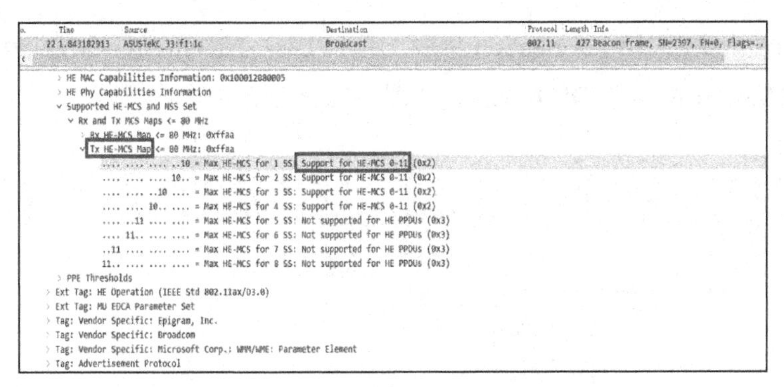

图 5-32　下行 1 024QAM Beacon 帧数据

数据帧中携带 HE information 字段，且 PPDU→HE-SIG-A→MCS 值为 11，PPDU→HE-SIG-A→UL/DL 值为 0，如图 5-33 所示。

```
∨ HE information
  > HE Data 1: 0xc7fc, PPDU Format: HE_SU, BSS Color known, Beam Change known, UL/DL known, data MCS known
  > HE Data 2: 0x007e, GI known, LTF symbols known, Pre-FEC Padding Factor known, TxBF known, PE Disambigu
  ∨ HE Data 3: 0x6b65, Coding: LDPC
      .... .... ..10 0101 = BSS Color: 0x25
      .... .... .1.. .... = Beam Change: 0x1
      .... .... 0... .... = UL/DL: 0x0
      .... 1011 .... .... = data MCS: 0xb
      ...0 .... .... .... = data DCM: 0x0
      ..1. .... .... .... = Coding: LDPC (0x1)
      .1.. .... .... .... = LDPC extra symbol segment: 0x1
      0... .... .... .... = STBC: 0x0
  > HE Data 4: 0x0000
  > HE Data 5: 0x2082, data Bandwidth/RU allocation: 80, GI: 0.8us, LTF symbol size: 2x, LTF symbols: 1x
  > HE Data 6: 0x7f02, NSTS: 2 space-time streams
> L-SIG
  Antenna signal: -25dBm
  Antenna: 0
```

图 5-33　下行 1 024QAM 数据帧内容

如果支持上行 1 024QAM 调制，分析报文中的 Beacon 帧 Rx HE-MCS Map 映射值、数据帧 HE information、PPDU 的 MCS 和 UL/DL 字段，其中 Beacon 帧 Rx HE-MCS Map 的协议映射值包含 HE-MCS 0-11，如图 5-34 所示。

```
No.  Time           Source              Destination   Protocol  Length  Info
22   1.843182913    ASUSTekC_33:f1:1c   Broadcast     802.11    427     Beacon frame, SN=2397, FN=0, Flags=..
  > HE MAC Capabilities Information: 0x100012080005
  > HE Phy Capabilities Information
  ∨ Supported HE-MCS and NSS Set
    ∨ Rx and Tx MCS Maps <= 80 MHz
      > Rx HE-MCS Map <= 80 MHz: 0xffaa
      ∨ Tx HE-MCS Map <= 80 MHz: 0xffaa
          .... .... .... ..10 = Max HE-MCS for 1 SS: Support for HE-MCS 0-11 (0x2)
          .... .... .... 10.. = Max HE-MCS for 2 SS: Support for HE-MCS 0-11 (0x2)
          .... .... ..10 .... = Max HE-MCS for 3 SS: Support for HE-MCS 0-11 (0x2)
          .... .... 10.. .... = Max HE-MCS for 4 SS: Support for HE-MCS 0-11 (0x2)
          .... ..11 .... .... = Max HE-MCS for 5 SS: Not supported for HE PPDUs (0x3)
          .... 11.. .... .... = Max HE-MCS for 6 SS: Not supported for HE PPDUs (0x3)
          ..11 .... .... .... = Max HE-MCS for 7 SS: Not supported for HE PPDUs (0x3)
          11.. .... .... .... = Max HE-MCS for 8 SS: Not supported for HE PPDUs (0x3)
  > PPE Thresholds
> Ext Tag: HE Operation (IEEE Std 802.11ax/D3.0)
> Ext Tag: MU EDCA Parameter Set
> Tag: Vendor Specific: Epigram, Inc.
> Tag: Vendor Specific: Broadcom
> Tag: Vendor Specific: Microsoft Corp.: WMM/WME: Parameter Element
> Tag: Advertisement Protocol
```

图 5-34　上行 1 024QAM Beacon 帧数据

数据帧中携带 HE information 字段，且 PPDU→HE-SIG-A→MCS 值为 11，PPDU→HE-SIG-A→UL/DL 值为 1，如图 5-35 所示。

```
No.     Time            Source              Destination          Protocol  Le
13389 85.621600042  04:f6:d8:f9:dc:d5   IntelCor_80:62:a0    802.11
13428 85.628563478  16:f6:d8:d8:dc:d5   10:e2:9f:84:62:a2    802.11
<
v HE information
  > HE Data 1: 0xc7fc, PPDU Format: HE_SU, BSS Color known, Beam Change known, UL/DL known, data MCS known, data DCM
  > HE Data 2: 0x007e, GI known, LTF symbols known, Pre-FEC Padding Factor known, TxBF known, PE Disambiguity known,
  v HE Data 3: 0x6be5, Coding: LDPC
      .... .... ..10 0101 = BSS Color: 0x25
      .... .... .1.. .... = Beam Change: 0x1
      .... .... 1... .... = UL/DL: 0x1
      .... 1011 .... .... = data MCS: 0xb
      ...0 .... .... .... = data DCM: 0x0
      ..1. .... .... .... = Coding: LDPC (0x1)
      .1.. .... .... .... = LDPC extra symbol segment: 0x1
      0... .... .... .... = STBC: 0x0
  v HE Data 4: 0x0000
      .... .... .... 0000 = Spatial Reuse: 0x0
      0000 0000 0000 .... = Reserved: 0x000
  > HE Data 5: 0x2082, data Bandwidth/RU allocation: 80, GI: 0.8us, LTF symbol size: 2x, LTF symbols: 1x
  > HE Data 6: 0x0c02, NSTS: 2 space-time streams
> L-SIG
```

图 5-35　上行 1 024QAM 数据帧内容

对于支持 1 024QAM 和不支持 1 024QAM 的 Wi-Fi 网络设备，1 024QAM 在同等带宽的情况下带来的吞吐量增益如图 5-36 所示。

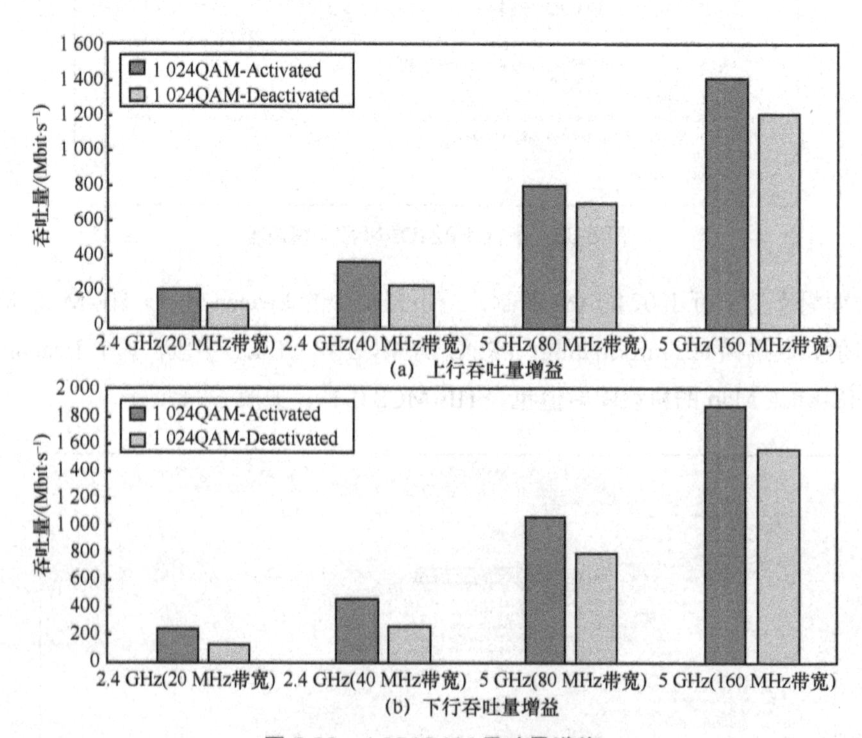

图 5-36　1 024QAM 吞吐量增益

5.2.3 OFDMA 特性

随着 Wi-Fi 6 移动终端的大规模部署，同时，各种时间敏感性很强的应用业务大量部署，尤其以在线游戏为代表的应用，具有很大的客户群，一个 Wi-Fi 覆盖环境下可能有很多的 Wi-Fi 6 终端同时并发地承载在线游戏业务。这时候，业务对并发的时延性能提出了非常高的挑战，而 Wi-Fi 6 引入了类似于蜂窝通信的 OFDMA 技术，从理论层面和实际验证结果方面都大大改善了多用户并发时的时延性能。那么 Wi-Fi 6 终端是否支持并且利用了 OFDMA 的特性，可以通过抓取 Wi-Fi 6 终端和路由器间的通信报文进行分析和验证，如图 5-37 所示。

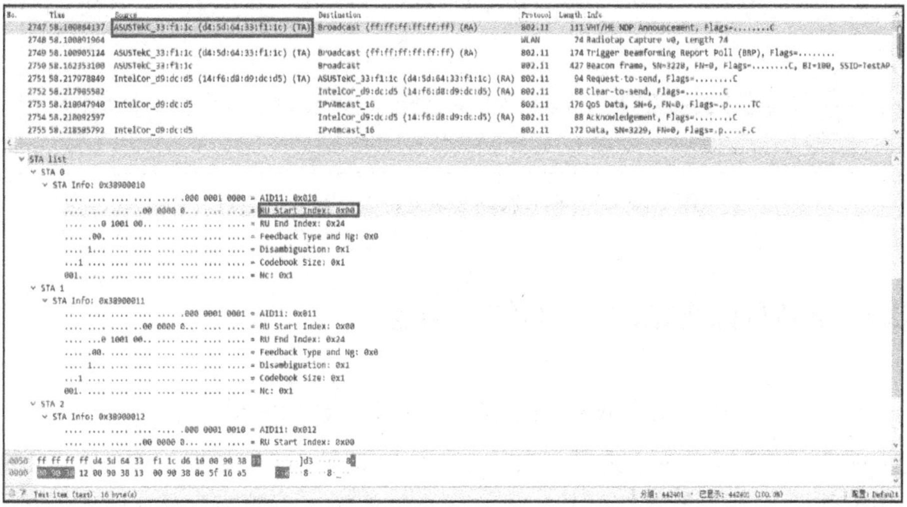

```
No.  Time             Source                                     Destination                                  Protocol Length Info
2747 58.100884137     ASUSTekC_33:f1:1c (d4:5d:64:33:f1:1c) (TA)  Broadcast (ff:ff:ff:ff:ff:ff) (RA)            802.11   111 VHT/HE NDP Announcement, Flags=........C
2748 58.100891964                                                                                               WLAN     74 Radiotap Capture v0, Length 74
2749 58.100905124     ASUSTekC_33:f1:1c (d4:5d:64:33:f1:1c) (TA)  Broadcast (ff:ff:ff:ff:ff:ff) (RA)            802.11   174 Trigger Beamforming Report Poll (BRP), Flags=........
2750 58.162353100     ASUSTekC_33:f1:1c                           Broadcast                                     802.11   427 Beacon frame, SN=3228, FN=0, Flags=........C, BI=100, SSID=TestAP
2751 58.217978849     IntelCor_d9:dc:d5 (14:f6:d8:d9:dc:d5) (TA)  ASUSTekC_33:f1:1c (d4:5d:64:33:f1:1c) (RA)    802.11   94 Request-to-send, Flags=........C
2752 58.217985582                                                 IntelCor_d9:dc:d5 (14:f6:d8:d9:dc:d5) (RA)    802.11   88 Clear-to-send, Flags=........C
2753 58.218047940     IntelCor_d9:dc:d5                           IPv4mcast_16                                  802.11   176 QoS Data, SN=6, FN=0, Flags=.p.....TC
2754 58.218092597                                                 IntelCor_d9:dc:d5 (14:f6:d8:d9:dc:d5) (RA)    802.11   88 Acknowledgement, Flags=........C
2755 58.218585792     IntelCor_d9:dc:d5                           IPv4mcast_16                                  802.11   172 Data, SN=3229, FN=0, Flags=.p....F.C

v STA list
  v STA 0
    v STA Info: 0x38900010
        .... .... .... .... .... .000 0001 0000 = AID11: 0x010
        .... .... .... ..00 0000 0... .... .... = RU Start Index: 0x00
        .... ...0 1001 00.. .... .... .... .... = RU End Index: 0x24
        .... .00. .... .... .... .... .... .... = Feedback Type and Ng: 0x0
        .... 1... .... .... .... .... .... .... = Disambiguation: 0x1
        ...1 .... .... .... .... .... .... .... = Codebook Size: 0x1
        001. .... .... .... .... .... .... .... = Nc: 0x1
  v STA 1
    v STA Info: 0x38900011
        .... .... .... .... .... .000 0001 0001 = AID11: 0x011
        .... .... .... ..00 0000 0... .... .... = RU Start Index: 0x00
        .... ...0 1001 00.. .... .... .... .... = RU End Index: 0x24
        .... .00. .... .... .... .... .... .... = Feedback Type and Ng: 0x0
        .... 1... .... .... .... .... .... .... = Disambiguation: 0x1
        ...1 .... .... .... .... .... .... .... = Codebook Size: 0x1
        001. .... .... .... .... .... .... .... = Nc: 0x1
  v STA 2
    v STA Info: 0x38900012
        .... .... .... .... .... .000 0001 0010 = AID11: 0x012
        .... .... .... ..00 0000 0... .... .... = RU Start Index: 0x00
0050  ff ff ff ff d4 5d 64 33  f1 1c d6 10 00 90 38 [illegible]   ]d3 ·····8
0060  [illegible] 12 00 90 38 13  00 90 38 8e 5f 16 a5   [illegible] ·8· ·8·_
Text item (text), 16 byte(s)                         分组: 442401 · 已显示: 442401 (100.0%)       配置: Default
```

图 5-37 Wi-Fi 6 终端下行 OFDMA Beacon 帧数据

5.2.4 MU-MIMO 特性

随着 Wi-Fi 用户数量的急剧增加，多个用户在 Wi-Fi 网络下的个体性能是很难保证的，为了解决这样的问题，MU-MIMO 技术从 IEEE 802.11ac 就引入了 Wi-Fi 网络中，到了 Wi-Fi 6， MU-MIMO 扩展到了 2.4 GHz 和上行链路。对于具备同等 MU-MIMO 能力的 Wi-Fi 6 移动终端来说，如果能够支持 MU-MIMO 技术，就可以极大限度地确保在多个 Wi-Fi 6 移动终端同时接入 Wi-Fi 网络时保持稳定的、一致的数据传输性能，防止起伏不定的数据传输波动带来糟糕的用户体验。Wi-Fi 6 移动终端同样要求支持 IEEE 802.11ax 规范定义的 MU-MIMO 能力。测试过程中，打开 Wi-Fi 6 网络的 MU-MIMO 能力，模拟构建 Wi-Fi 6 网络下的多用户场景，通过控制帧和数据帧抓包，从而确认 Wi-Fi 6 移动终端的 MU-MIMO 支持特性，如图 5-38 所示。

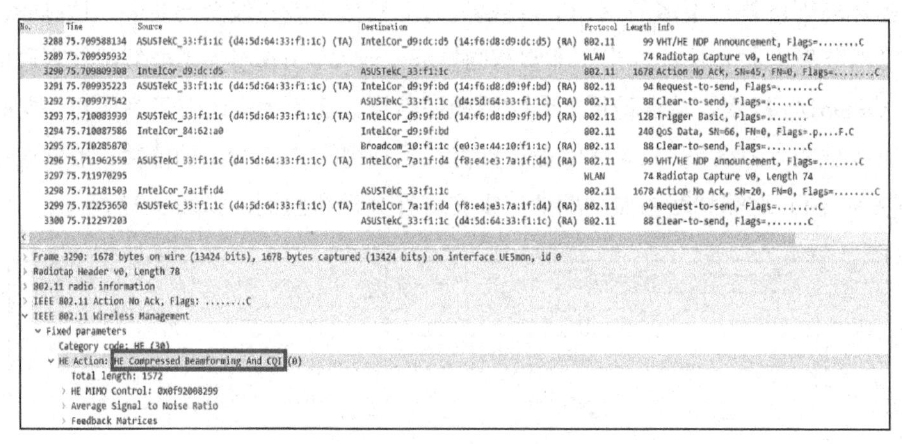

图 5-38　Wi-Fi 6 移动终端支持 MU-MIMO 特性

5.2.5　支持目标唤醒时间（TWT）功能

TWT 对于 Wi-Fi 6 移动终端来说，是一个很好的节能技术。具备 Wi-Fi 6 能力的 5G 移动终端由于提供了大带宽、低时延等 5G 的数据传输技术，数据应用的范畴被大大扩展，但是随之而来的就是功耗的增加。目前阶段，移动终端的电池容量在技术层面并没有跨代的技术革新，而是与 4G 时代的电池技术相当，因此 Wi-Fi 6 的 TWT 特性的推出，从硬件层面可以对节能带来增益。当然，这种技术或许在基于 Wi-Fi 6 的物联网终端上体现得更为突出，但是对于具备 Wi-Fi 6 能力的 5G 移动终端的待机时间来说，也有很大的帮助。

针对移动终端 TWT 的评估，分为功能和性能两个方面。功能上来说，主要针对 TWT 特性的协议进行分析，通过抓包方式，验证 Wi-Fi 6 的移动终端是否支持 TWT 的特性，如图 5-39 所示，Wi-Fi 6 移动终端设备发给 Wi-Fi 网络设备的 Beacon 帧中的“TWT Responder Support”为 True，那么说明 Wi-Fi 6 移动终端设备支持 TWT 的特性。

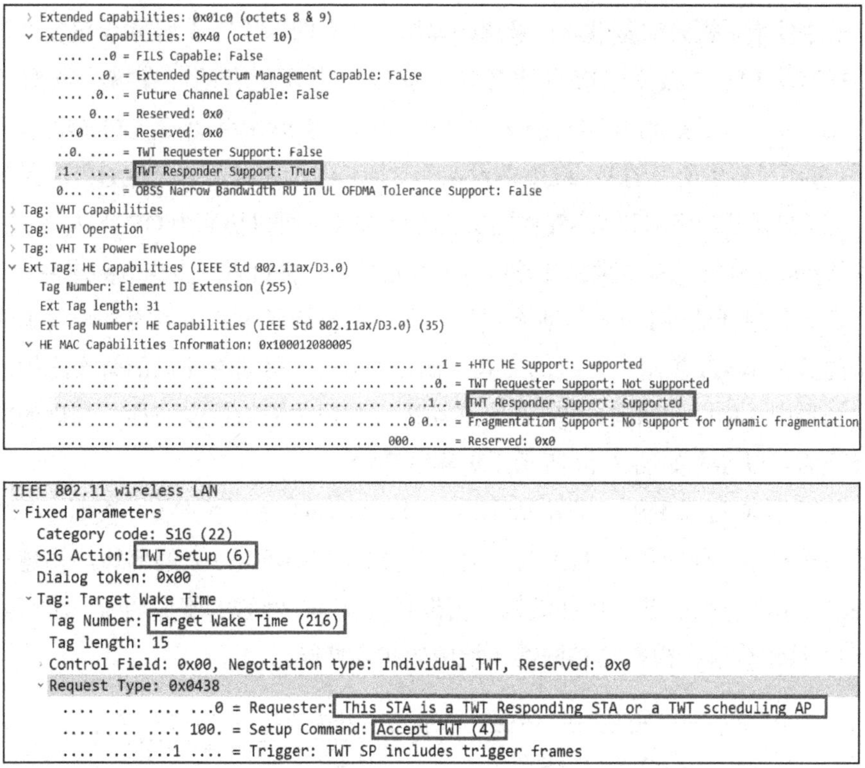

```
› Extended Capabilities: 0x01c0 (octets 8 & 9)
∨ Extended Capabilities: 0x40 (octet 10)
    .... ...0 = FILS Capable: False
    .... ..0. = Extended Spectrum Management Capable: False
    .... .0.. = Future Channel Capable: False
    .... 0... = Reserved: 0x0
    ...0 .... = Reserved: 0x0
    ..0. .... = TWT Requester Support: False
    .1.. .... = TWT Responder Support: True
    0... .... = OBSS Narrow Bandwidth RU in UL OFDMA Tolerance Support: False
› Tag: VHT Capabilities
› Tag: VHT Operation
› Tag: VHT Tx Power Envelope
∨ Ext Tag: HE Capabilities (IEEE Std 802.11ax/D3.0)
    Tag Number: Element ID Extension (255)
    Ext Tag length: 31
    Ext Tag Number: HE Capabilities (IEEE Std 802.11ax/D3.0) (35)
  ∨ HE MAC Capabilities Information: 0x100012080005
    .... .... .... .... .... .... .... .... .... .... .... ...1 = +HTC HE Support: Supported
    .... .... .... .... .... .... .... .... .... .... .... ..0. = TWT Requester Support: Not supported
    .... .... .... .... .... .... .... .... .... .... .... .1.. = TWT Responder Support: Supported
    .... .... .... .... .... .... .... .... .... .... ...0 0... = Fragmentation Support: No support for dynamic fragmentation
    .... .... .... .... .... .... .... .... .... .... 000. .... = Reserved: 0x0
```

```
IEEE 802.11 wireless LAN
∨ Fixed parameters
    Category code: S1G (22)
    S1G Action: TWT Setup (6)
    Dialog token: 0x00
  ∨ Tag: Target Wake Time
      Tag Number: Target Wake Time (216)
      Tag length: 15
    › Control Field: 0x00, Negotiation type: Individual TWT, Reserved: 0x0
    ∨ Request Type: 0x0438
        .... .... .... ...0 = Requester: This STA is a TWT Responding STA or a TWT scheduling AP
        .... .... .... 100. = Setup Command: Accept TWT (4)
        .... .... ...1 .... = Trigger: TWT SP includes trigger frames
```

图 5-39 Wi-Fi 6 移动终端支持 TWT 特性

针对 TWT 特性对于移动终端带来的续航时间的增益的性能测试，一般可以用以下两种方法进行评估。第一种方法是将 Wi-Fi 6 终端设备接入支持 TWT 特性的 Wi-Fi 6 网络设备，比较打开 TWT 特性时的功耗（电流）与关闭 TWT 特性时的功耗（电流）的大小，理论上来说，打开 TWT 特性时，当 TWT 激活时，电流会变小，而关闭 TWT 特性时，此时的电流应该基本保持不变；第二种方法是，测试打开和关闭 TWT 特性时，Wi-Fi 6 移动终端设备的续航时间，此时需要保持设备接入支持 TWT 特性的 Wi-Fi 6 网络设备，并且不在 Wi-Fi 网络上传输任何数据。将两种场景下的续航时间进行对比，比较 TWT 对 Wi-Fi 6 移动终端设备的续航时间产生的增益。

5.2.6 多用户场景

无论是 OFDMA 技术的引入还是针对 MU-MIMO 技术的增强，都是为了在多用户的条件下，提升服务性能以及用户体验。原有的 Wi-Fi 5 技术仅仅支持下行 MU-MIMO（5G）技术，提升服务性能有限，需要所有的终端客户同时支持 MU-MIMO 才可以激活和发挥 Wi-Fi 的 MU-MIMO 实际作用。但是 OFDMA 技术引入后，并不是要求所有的 Wi-Fi 终端设备都支持 OFDMA 才可以产生 OFDMA 的增益，而是只要部分终端和 Wi-Fi 网络支持 OFDMA 就可以协商为 OFDMA 的模式。不管从吞吐量还是从提供数据传输服务的稳定性上，都可以产生相应的增益。

那么如何评估 Wi-Fi 6 移动终端在真实多用户场景中的性能呢？一般来说采用构建真实 Wi-Fi 多用户场景的方式，然后 Wi-Fi 6 移动终端也部署在这样的多用户场景中，同时对所有的 Wi-Fi 6 终端进行数据传输的性能评估。具体的部署场景环境可以参考如图 5-40 所示系统测试环境。

从图 5-40 可以看出，STA 仿真器可以仿真 16/32/64 个 STA，根据 Wi-Fi 终端的部署模型，分配每个 STA 的方向，并分布在 Wi-Fi 6 AP 的周边，构建一个可控的 Wi-Fi 终端的部署拓扑结构，模拟真实 Wi-Fi 网络的服务场景，进而验证 Wi-Fi 6 移动终端在模拟真实网络环境中的实际性能。

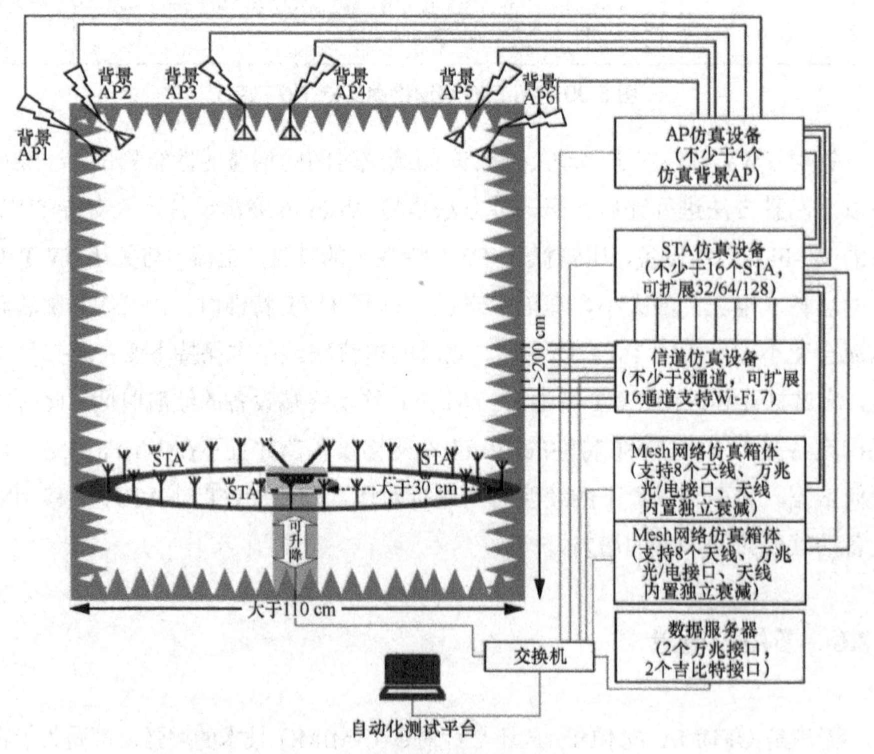

图 5-40　多用户场景测试系统

下面展示了几组典型 16 个 Wi-Fi 终端用户场景下的性能测试结果，通过图 5-41 和图 5-42 可以直观地看出不同的 Wi-Fi 6 移动终端在同样的多用户场景下，有不同的表现。

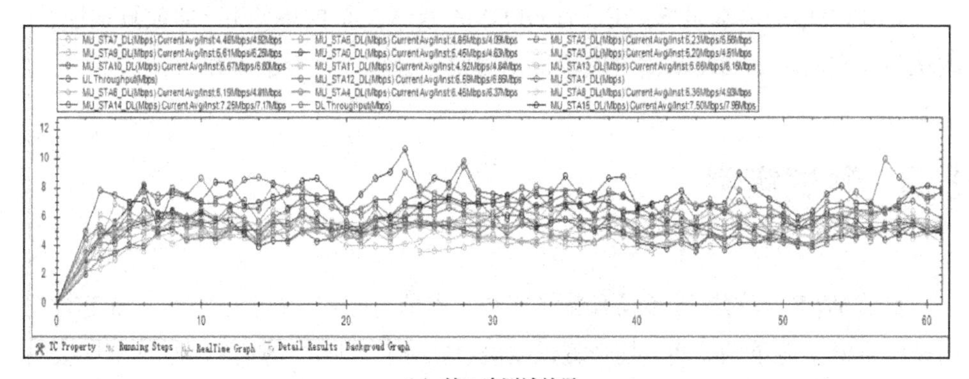

(a) 第 1 次测试结果

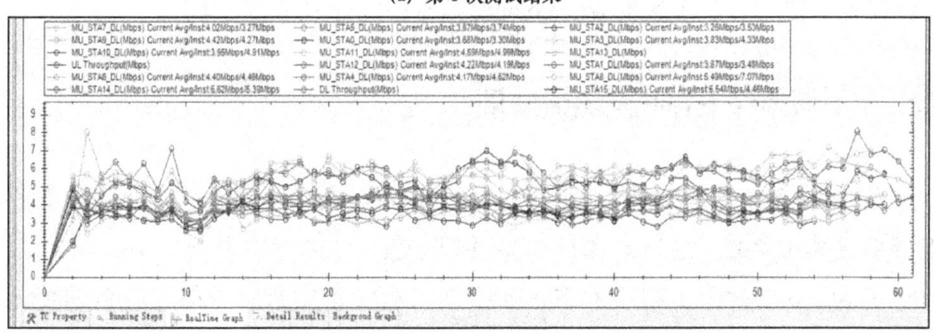

(b) 第 2 次测试结果

图 5-41　支持 OFDMA 技术的终端数据吞吐量测试结果（两次）

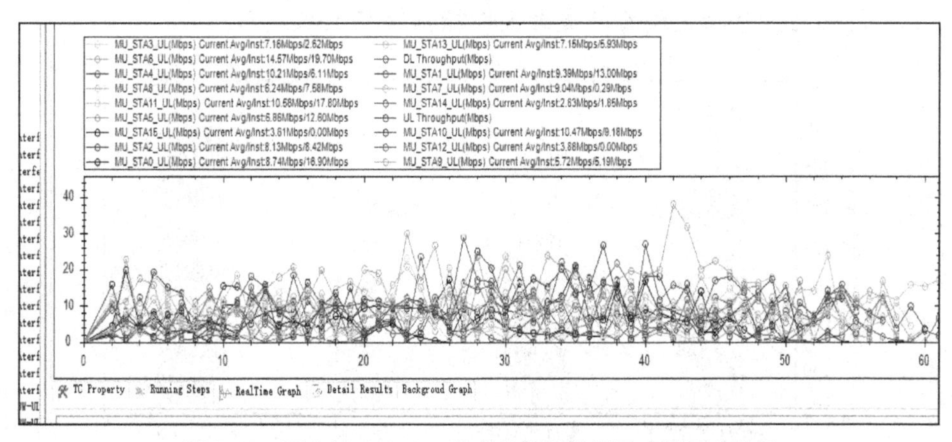

图 5-42　不支持 OFDMA 技术的终端数据吞吐量测试结果

Wi-Fi 6 移动终端组 A：两次的测试结果如图 5-41 所示，可以看到，在所有的终端都支持 OFDMA 的场景下，所有的终端表现得十分稳定。OFDMA 技术可以提供一个非常稳定的数据传输服务性能。

Wi-Fi 6 移动终端组 B：在没有 OFDMA 技术支持的条件下，即使测试场景、测试条件相同，不同终端的性能表现也发生了分化，性能波动很大。

5.3 测试实例

目前 Wi-Fi 6 的规范还没有最终冻结。本节对当前一些主流 Wi-Fi 6 芯片的测试结果做个简单的分析，整个测试主要包括 4 款不同品牌的芯片。本节主要对不同配置条件下的吞吐量和 Wi-Fi 6 的时延特性进行简单的对比。

5.3.1 不同条件下吞吐量测试结果

图 5-43 展示了 Wi-Fi 6 芯片平台在 2.4 GHz 频段 20 MHz 带宽条件下的上行数据传输性能。通过对测试结果进行分析，可以发现得益于 1 024QAM，所有 Wi-Fi 6 芯片平台在 2.4 GHz 频段 20 MHz 带宽条件下的上行数据传输性能相对于 Wi-Fi 5 都有了很大的提高。但不同芯片平台可能采用不同的上下行调度策略，因此部分芯片上行的数据传输能力表现得不是很理想。可以看到不同的芯片平台之间吞吐量最大性能差异在 15%左右。

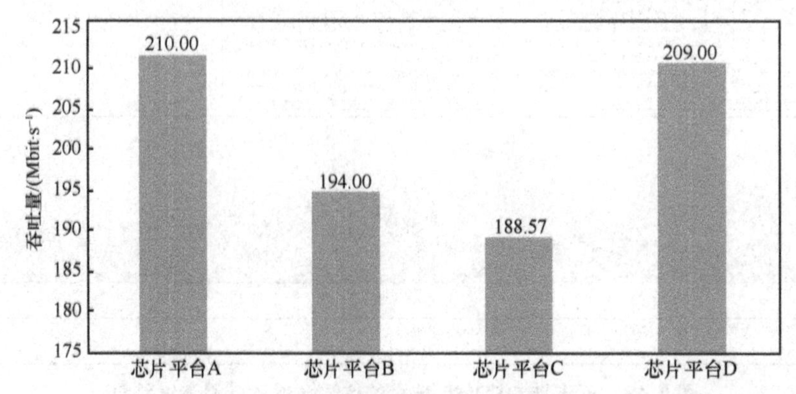

图 5-43　4 组芯片平台在 2.4 GHz 频段 20 MHz 带宽条件下的上行数据传输性能

图 5-44 展示了 Wi-Fi 6 芯片平台在 2.4 GHz 频段 40 MHz 带宽条件下的上行数据传输性能。可以看到在 2.4 GHz 频段 40 MHz 上行测试中也同样有上述的性能差异问题。因为在实际网络环境中 2.4 GHz 频段 40 MHz 带宽使用的机会比较少，以下的性能差异也可以只做参考。

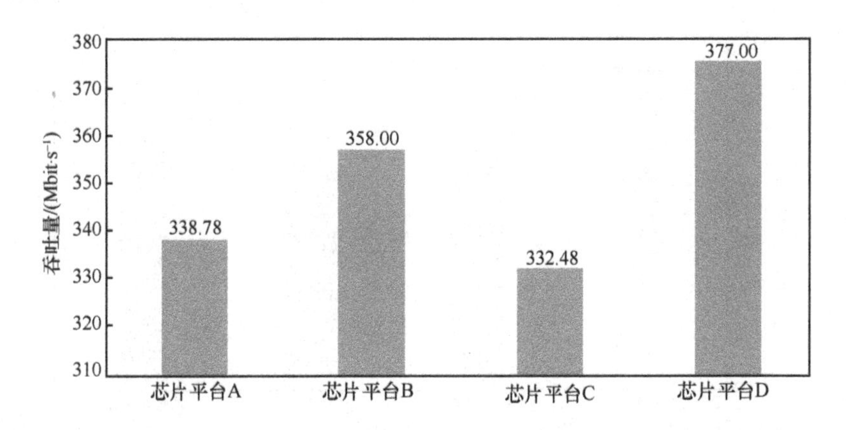

图 5-44　4 组芯片平台在 2.4 GHz 频段 40 MHz 带宽条件下的上行数据传输性能

图 5-45 展示了 Wi-Fi 6 芯片平台在 5 GHz 频段 80 MHz 带宽条件下的上行数据传输性能。如上所述，上行的数据传输性能跟芯片厂商采取的策略有关。可以看到不同的芯片平台之间吞吐量差异不大，基本偏差在 5%以内。

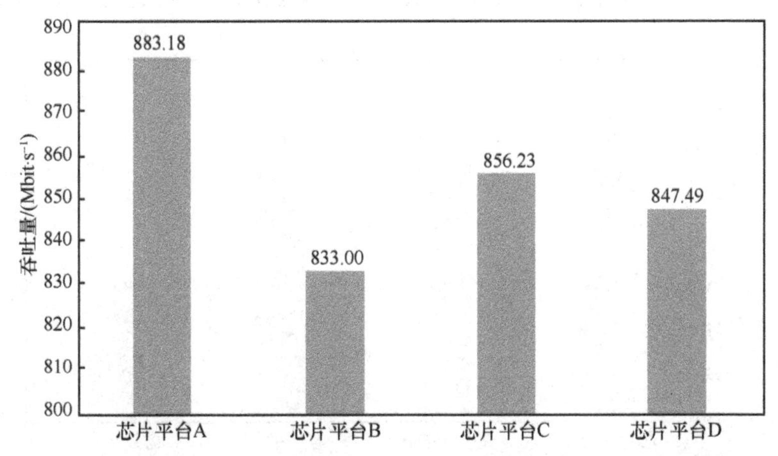

图 5-45　4 组芯片平台在 5 GHz 频段 80 MHz 带宽条件下的上行数据传输性能

目前大部分的应用业务如视频业务、网页浏览业务等的下行带宽需求更大，因此运营商上下行带宽分配往往不平衡。相对于上行，在相同带宽条件下下行的数据传输能力更需要引起注意。图 5-46 展示了 Wi-Fi 6 芯片平台在 2.4 GHz 频段 20 MHz 带宽下行数据传输性能。可以看到有些芯片的下行传输效率很高，比如芯片平台 A，物理层转化为应用层效率可以达到 85%。对于 2.4 GHz 频段来说，这个结果是非常优秀的。

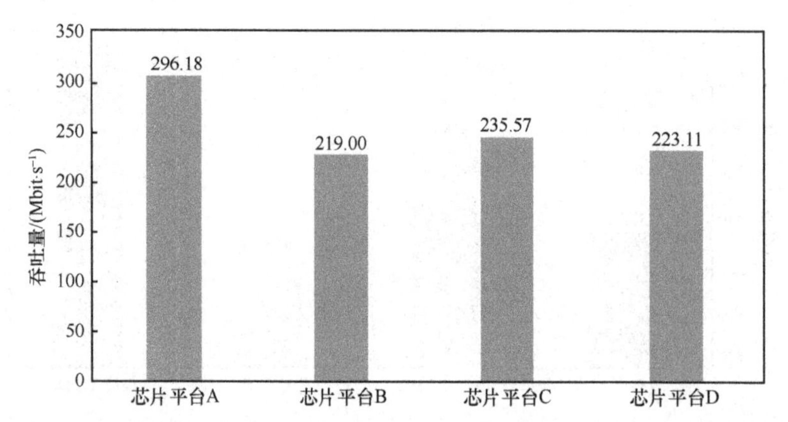

图 5-46　4 组芯片平台在 2.4 GHz 频段 20 MHz 带宽条件下的下行数据传输性能

图 5-47 展示了 Wi-Fi 6 芯片平台在 2.4 GHz 频段 40 MHz 带宽条件下的下行数据传输性能。通过与上行 2.4 GHz 频段 40 MHz 带宽的测试结果进行联合分析，可以看到下行数据传输性能表现好的，上行表现就差，反之亦反。芯片平台 D 的这种特性表现很明显。这个分析结果与上面提到的上下行策略保持一致。

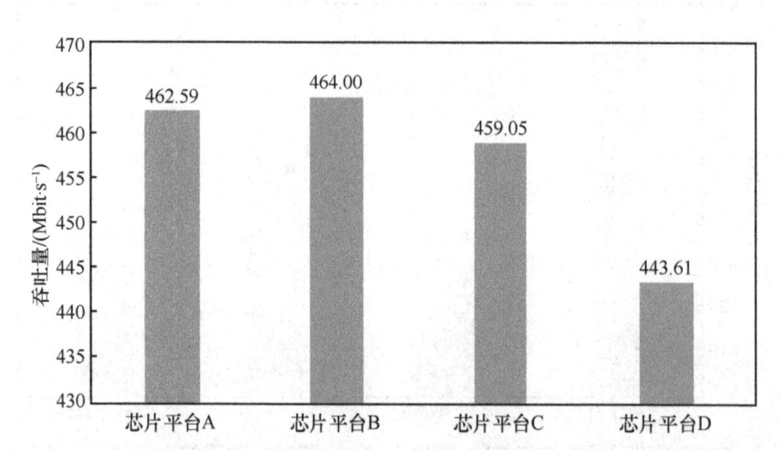

图 5-47　4 组芯片平台在 2.4 GHz 频段 40 MHz 带宽条件下的下行数据传输性能

图 5-48 展示了 Wi-Fi 6 芯片平台在 5 GHz 频段 80 MHz 带宽条件下的下行数据传输性能。可以看到绝大部分的芯片都能达到 80%以上的物理层转化效率，

但小部分芯片的下行传输性能只能达到物理层速率的 70%。因为在实际 Wi-Fi 部署场景中，5 GHz 频段承载了主要的数据传输负荷，并对用户体验影响较大，因此这部分产品需要进一步在解调性能、功率等方面做些优化，以提升传输性能。

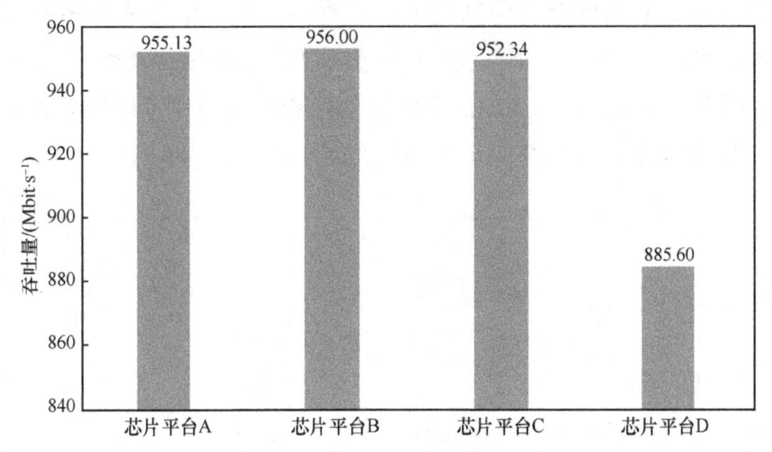

图 5-48　4 组芯片平台在 5 GHz 频段 80 MHz 带宽条件下的下行吞吐量测试结果

一个更重要的 Wi-Fi 接入产品下行实际数据传输性能评估标准是多用户并发场景下的实际数据承载能力，图 5-49 测试结果展示了 2.4 GHz 频段配置 20/40 MHz 自适应带宽，5 GHz 频段配置为 80 MHz 带宽，并发 16 个无线接入终端用户（其中 8 个承载在 2.4 GHz 频段上，8 个承载在 5 GHz 频段上）的整体数据承载能力。可以看到，芯片平台间的差异比较大，有些性能相对较弱的平台还需要在 MU-MIMO、OFDMA、多用户处理等方面进行优化，以提升多用户并发下的数据承载能力。

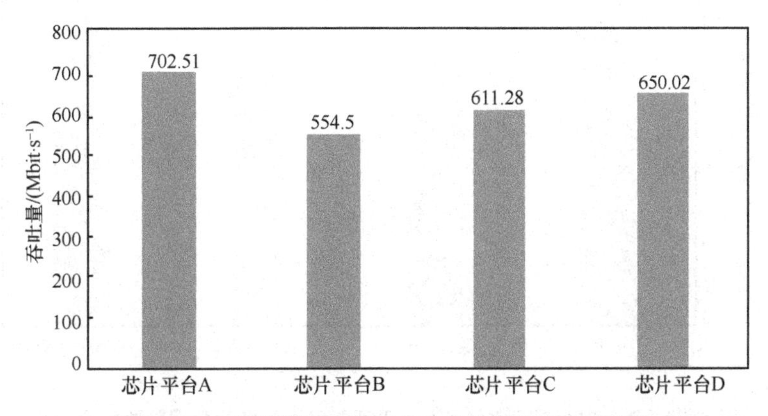

图 5-49　4 组芯片平台多用户并发总吞吐量测试结果

为了更好地区分 2.4 GHz 频段和 5 GHz 频段的数据传输能力，进一步做了测试和统计。图 5-50 展示了 2.4 GHz 频段和 5 GHz 频段多用户并发的数据传输能力的对比情况。可以看到，芯片平台 A 可以更好地承载 5 GHz 频段业务。综合考虑 2.4 GHz 频段的性能，可以看出，芯片平台 A 是所有芯片组里面表现最佳的芯片，因为它不仅仅实现了最高的综合数据传输性能，而且 5 GHz 频段的传输性能也最佳。5 GHz 频段传输性能好的芯片可以将业务更多地承载在 5 GHz 频段上，可以更大限度地降低 2.4 GHz 频段的干扰。

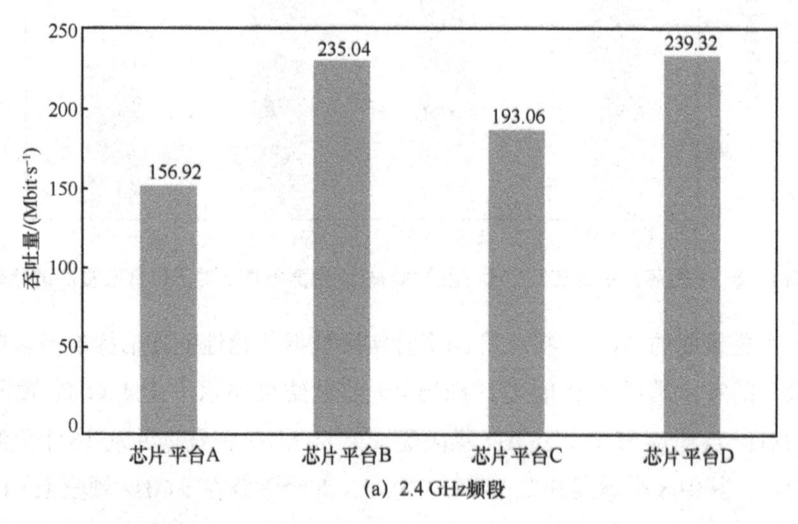

(a) 2.4 GHz频段

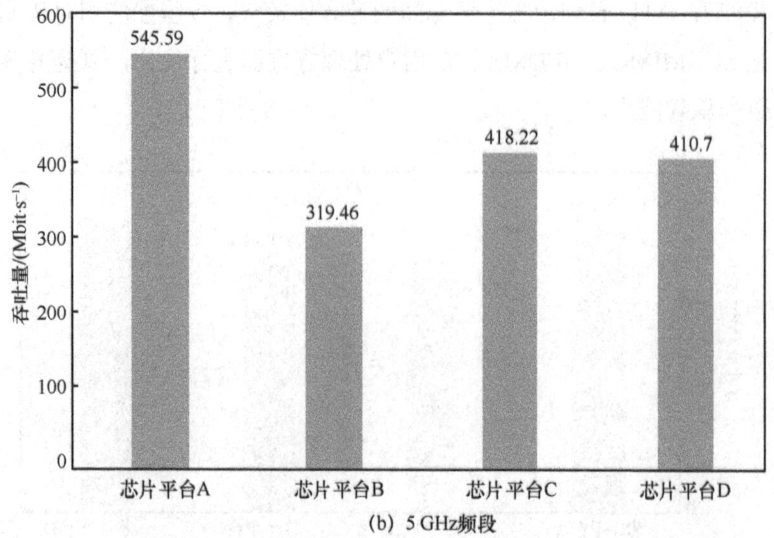

(b) 5 GHz频段

图 5-50　2.4 GHz 频段和 5 GHz 频段多用户并发的数据传输能力对比

5.3.2　时延测试结果

图 5-51 和图 5-52 展示了不同芯片平台时延性能的对比情况。此次测试分别在 2.4 GHz 频段 20 MHz 带宽和 5 GHz 频段 80 MHz 带宽的环境下，并发 4 个终端用户进行上下行的时延性能测试。可以看到 2.4 GHz 频段和 5 GHz 频段的一个共同特点就是上行时延性能要比下行时延性能差，2.4 GHz 频段的时延性能要比 5 GHz 频段的时延性能差。造成不同芯片平台时延性能差异的主要原因是 OFDMA 的特性是否被激活。

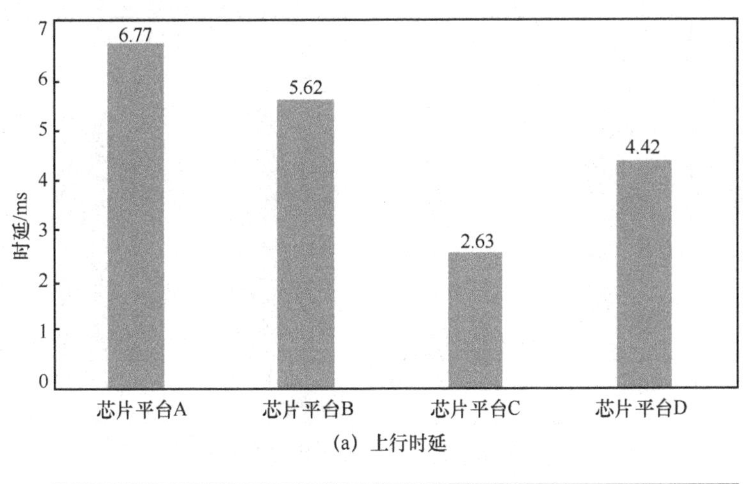

(a) 上行时延

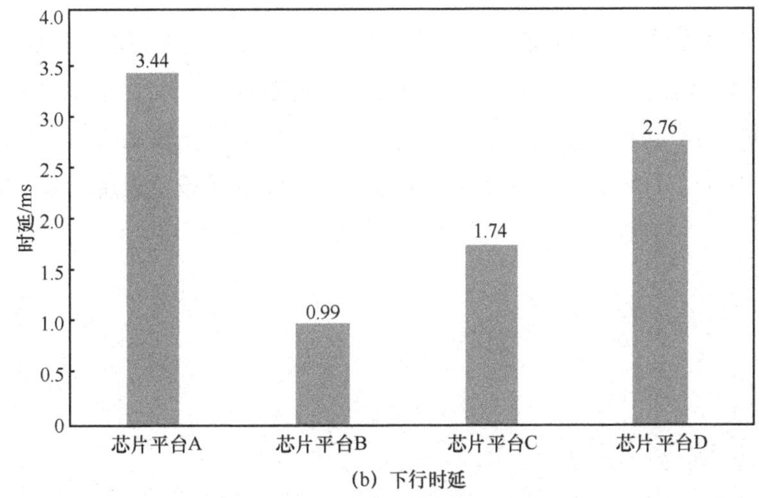

(b) 下行时延

图 5-51　2.4 GHz 频段时延性能对比

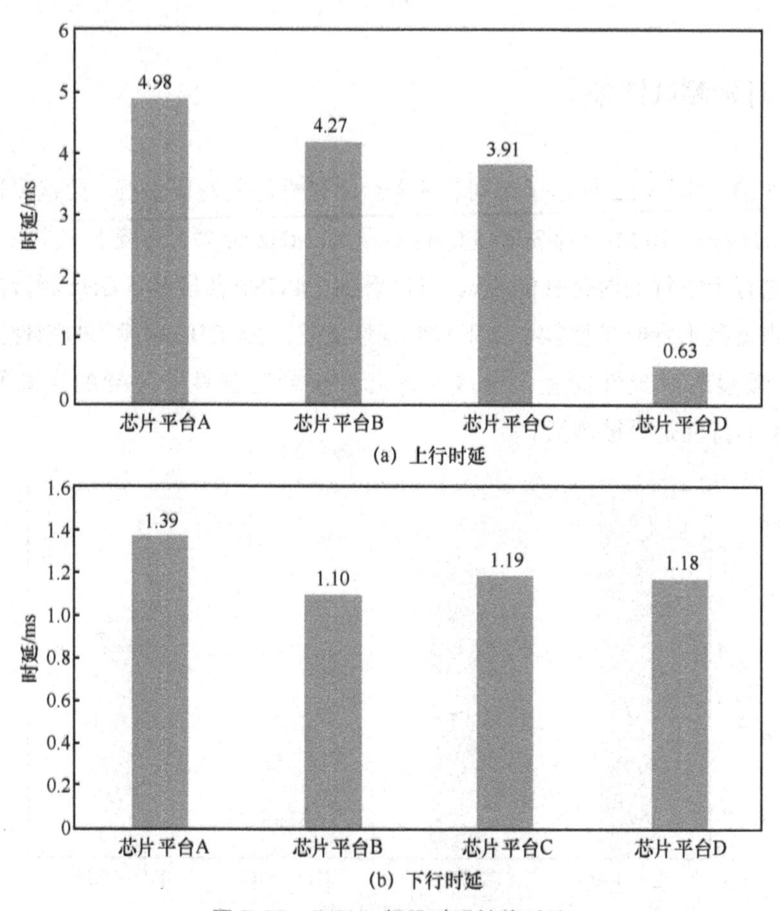

图 5-52　5 GHz 频段时延性能对比

从以上数据看出，所有芯片平台都激活了 5 GHz 频段下行的 OFDMA 特性，体现在时延数据的一致性并且带来了很好的时延增益。芯片平台 D 的 5 GHz 频段上行 OFDMA 的特性也应该得到了激活，时延性能增益较其他芯片平台明显；芯片平台 B 的下行时延性能在 2.4 GHz 频段和 5 GHz 频段上表现得都不错。

第6章

Wi-Fi 6 设备远程管理思路与方法

近年来，国内三大运营商纷纷推出智能组网业务，为家庭用户提供组网和上门安装的服务。常见的组网设备主要包括家庭网关（也称“光猫”）、无线路由器、“电力猫”等，可以预见支持 Wi-Fi 6 的无线路由器不久以后将会在用户家庭中逐渐普及。为了给用户提供更好的上网体验，运营商需要对组网设备进行远程管理，以便及时了解设备和网络的运行状况。本章主要介绍 Wi-Fi 6 无线路由器远程管理的思路和方法。

6.1 家庭终端典型组网场景

场景一：单个路由器组网

在该场景中，家庭路由器以路由的形式（包括 PPPoE 拨号和 DHCP）为用户提供组网服务，该路由器下不下挂其他组网终端，如图 6-1 所示。

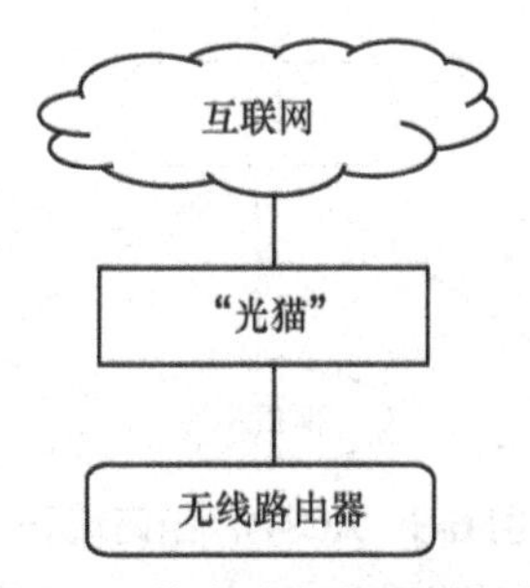

图 6-1 单个路由器组网场景

场景二：主路由器下挂 AP 组网

在该场景中，主路由器通过下挂无线网桥、“电力猫”等桥接型的组网终端设备（这里统称 AP）的方式为用户提供组网服务，如图 6-2 所示。

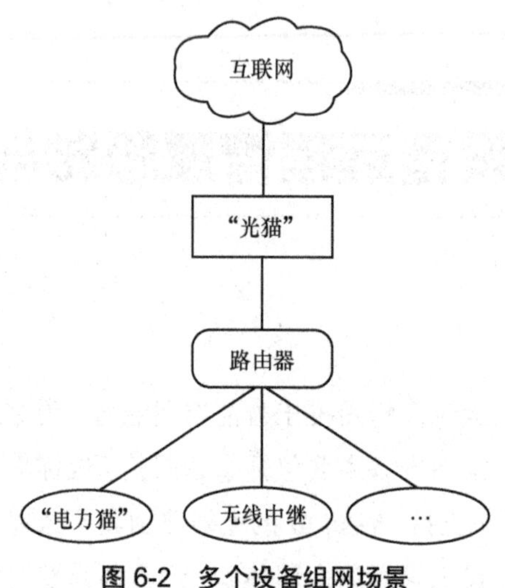

图 6-2　多个设备组网场景

场景三：纯桥接组网终端

在该场景中，路由器以纯桥接的模式为用户提供组网服务，如 AC+AP 组网，如图 6-3 所示。

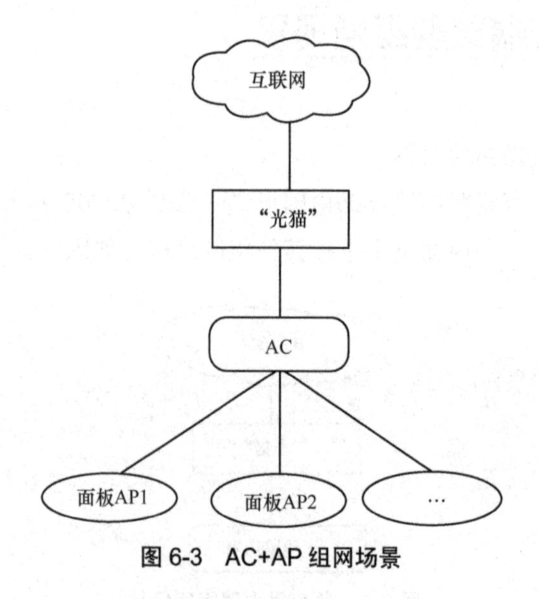

图 6-3　AC+AP 组网场景

6.2　家庭组网终端远程管理的主流方式

经过近些年的积极探索，前期运营商对家庭组网终端的远程管理方式主要借鉴家庭网关的管理思路并采用了 TR069（Technical Report 069）协议进行管理。但是由于 TR069 协议过于臃肿，可扩展性较差，后期运营商更多地采用了基于轻量化 MQTT 协议的插件管理方式。

6.2.1　TR069 管理方式

TR069 始于由宽带联盟（Broadband Forum，BBF）的前身 DSL Forum 牵头制订的一份技术规范。该规范是应用层的管理协议，命名为“CPE 广域网管理协议（CPE WAN Management Protocol）”。TR069 定义的是一套网管体系结构，包括管理模型、交互接口及基本的管理参数，能够对家庭网络设备实施有效的管理。

在 TR069 协议定义的网管模型中，管理服务器被称为自动配置服务器（ACS），负责完成对用户终端设备（CPE）的管理。在运营商的运维管理体系中，ACS 一般被称为 ITMS 或 RMS，而 CPE 就是用户家中的家庭网关或无线路由器，组网架构如图 6-4 所示。

图 6-4　ITMS/RMS 组网架构

一般来说，拨号上网可以由家庭网关或无线路由器来完成。如果由家庭网关负责拨号上网，则无线路由器通过 DHCP 方式获得 IP 地址并可连接下挂设备；如果由无线路由器负责拨号上网，则家庭网关仅作为上网的桥接通道。无论家庭网关或无线路由器工作在哪种模式下，ACS 均可以通过 TR069 协议对它们进行远程管理。管理的内容主要包括以下几个方面。

（1）设备注册认证

设备注册认证是指 CPE 终端注册认证功能，ACS 依据 CPE 终端信息，调用其他接口内容，完成软件升级、参数配置（包括设备和业务的参数）等操作。

（2）参数监视

参数监视是指 ACS 对 CPE 终端参数模型、实时数据、性能参数等的获取，以及参数变更上报的设置及 CPE 终端参数值变更后上报等操作。

（3）参数配置

参数配置是指 ACS 对 CPE 终端的参数配置、CPE 终端配置文件的上传、配置 CPE 终端参数属性及参数属性查询等操作。

（4）软件升级

软件升级是指 ACS 对 CPE 终端的软件升级、配置文件的备份和下发，以及软件版本信息的查询等操作。

（5）测试诊断

测试诊断是指 ACS 开展对 CPE 终端的测试诊断任务（包括 Ping 测试、ATM F5 Loop 测试、DSL 测试等），以及对 CPE 终端进行重启、恢复出厂设置等操作。

（6）NAT 穿越

NAT 穿越采用标准的 TR111 协议，用于 ACS 管理 NAT 组网场景下的 CPE 终端。

6.2.2 MQTT 及插件管理方式

运营商虽然对家庭路由器管理的实时性要求不高，但是由于路由器的数量庞大，相对于工作在业务层的 TR069 协议而言，运营商更需要一个轻量化的管理协议，其中基于消息队列遥测传输（Message Queuing Telemetry Transport，MQTT）协议的 API 管理方式是一个更合适的选择。

MQTT 是一种基于发布/订阅（Publish/Subscribe）模式的“轻量级”通信协议，该协议的构建基于 TCP/IP，由 IBM 在 1999 年发布。MQTT 最大的优点是可以以极少的代码和有限的带宽，为连接远程设备提供实时可靠的消息服务。作为一种低开销、低带宽占用的即时通信协议，MQTT 协议在物联网、小型设备、移动应用等领域有较广泛的应用。MQTT 管理拓扑如图 6-5 所示。

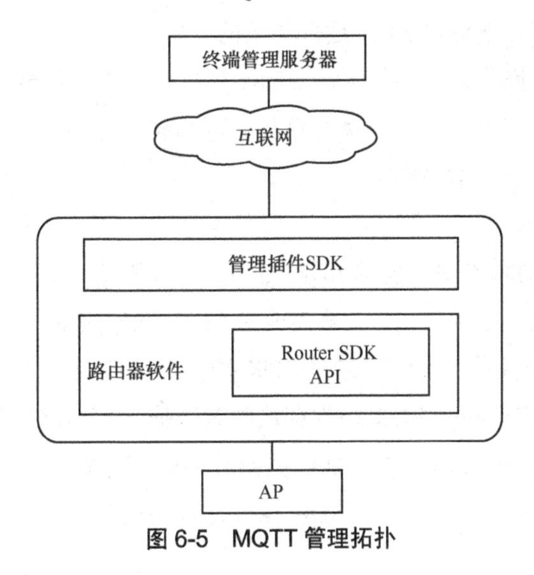

图 6-5　MQTT 管理拓扑

用户家庭中的路由器品牌繁多，型号各异，运营商为了进行统一管理，必须为路由器安装管理插件，并要求路由器开放相应的能力并进行功能适配。安装在路由器中的 SDK 插件，与上层的家庭网络管理平台采用 MQTT 协议进行通信，所需要管理的内容比采用 TR069 协议更加丰富一些。要求路由器开放的能力包括设备查询、Wi-Fi 管理、设备重启、软件版本升级等，开放的方式一般是采用 API 函数供 SDK 插件调用。

采用 SDK 插件方式的重点管理内容在于 Wi-Fi 的管理。运营商的主要目的是获取用户路由器设备 Wi-Fi 的运行参数，在必要的时候可以远程设置和优化这些参数，以提升用户无线上网的体验。相对于交互内容复杂的 TR069 协议而言，通过轻量化的 MQTT 协议可以采集到更多的信息，如下行丢包率、下挂无线设备信息等，同时可以采取更多的远程设置手段，例如设置信道重选、无线 SSID 配置等，另外还可以开展远程测试，如 HTTP 测速等。

6.2.3 SDK 运行环境要求

采用 SDK 插件方式进行远程管理时，对路由器的运行环境及信息导入有一定的要求，主要内容如下。

（1）路由器需要编译供 SDK 插件调用的 API。

（2）路由器的操作系统最好采用 Linux 内核，且版本不低于 3.0。

（3）需要提供一个可写、可执行目录、可存储文件不小于 8 MB，供插件运行的内存空间（不小于 16 MB）。

（4）运行要求如下：

1）在系统启动脚本中，调用 SDK 提供的入口程序；

2）在安装 SDK 插件时，路由器需要为 SDK 插件在插件的安装目录下创建一个 Data/和 Temp/目录，Data/目录供 SDK 插件存放持久化的数据文件，路由器重启后不会丢失；Temp/供 SDK 插件存放临时数据文件，路由器重启后会丢失，且要求 Data/和 Temp/目录在 SDK 插件更新时不可被覆盖；

3）路由器提供一个专门用于 SDK 插件运行的用户，用于启动与 SDK 插件相关进程。

（5）路由器需要提供编译工具链以编译 SDK 插件。

6.3 Wi-Fi 6 路由器远程管理新增内容

针对 Wi-Fi 6 的新特性，在原来远程管理的基础上可以增加以下内容。

（1）RU 资源占用分布率

由于 Wi-Fi 6 采用了 OFDMA 技术，在原 OFDM 的基础上对频道资源进行了细分，以 RU 为最小资源单位分配给用户，而常用的 RU 资源类型根据子载波数量的不同又分为了 26 波、52 波、106 波、242 波等，所以为了掌握 Wi-Fi 6 路由器在处理不同用户/业务数量场景时分配资源的有效性，有必要将 RU 资源分配能力开放给对应的 SDK 插件，以便于插件及时上报路由器分配 RU 资源的相关信息。

（2）BSS着色及同频干扰监控

对于同一区域内相隔较近的不同路由器（如邻居间、办公室内等），在IEEE 802.11ac及之前的时期采用了远程监测同频干扰，即如果两个路由器在同一频段经常出现相互干扰的情况，一般采取人工选择不同信道的方式。Wi-Fi 6的BSS着色特性使得即使不同的路由器使用相同的信道，两个Wi-Fi设备同信道同频也可以进行数据传输。所以一方面，需要对于两个（或者多个）Wi-Fi 6路由器的BSS着色有效性进行监控，确认是否仍存在严重的同频干扰问题；另一方面，由于Wi-Fi 6路由器普及尚待时日，对于Wi-Fi 6与Wi-Fi 5路由器同时工作的场景，有必要对Wi-Fi 6的着色有效性进行监控，必要时还需手动进行同频干扰的信道调整。

（3）TWT唤醒列表及有效性

随着智慧家庭的逐步普及，用户家中使用Wi-Fi进行连接的设备会越来越多，目标唤醒时间功能可以有效地降低设备的功耗，对于使用电池供电的设备而言尤其重要。建立路由器与目标设备之间的连接列表，实时监控路由器与这些设备的连接情况，在唤醒功能失败时及时告警并引入自动重试机制，可以有效地保证TWT功能的正常运行，确保用户家中设备连接网络的可靠性。

第7章

Wi-Fi 6 应用测试系统

7.1 Wi-Fi 6 路由器和终端测试系统

7.1.1 测试系统概述

自 Wi-Fi 技术诞生以来，已经部署了数以十亿计的多种 Wi-Fi 设备和终端，好像我们到了任何一个地点，包括机场、酒店、咖啡厅、餐馆等，最常做的一件事就是找到 Wi-Fi 接入点，接入自己的 Wi-Fi 终端设备。随着智能物联网、智能家居、5G 数据分流需求等的驱动，Wi-Fi 网络设备数量的部署快速增长，尤其进入了 Wi-Fi 6 时代后，相对于 Wi-Fi 5 技术的革新，Wi-Fi 6 提供了一个与 5G 用户体验更为接近（甚至更高速率带宽）的能力，如果站在用户的角度在实验室评估 Wi-Fi 6 设备的能力，那么一个基本的测试准则就是最大限度地贴近用户使用的场景，从 Wi-Fi 6 覆盖距离、干扰、用户数、承载业务流量模型等角度，根据实际的 Wi-Fi 6 性能指标测试数据对 Wi-Fi 6 设备的整体性能进行客观的评价。

7.1.2 测试系统拓扑结构及能力

为了确保测试结果最大限度地接近真实 Wi-Fi 网络接入用户的应用体验，任何一个测试系统的架构都需要从以下几点考虑。

（1）测试系统仿真的场景建模需要来自真实网络。

（2）仿真不仅仅考虑理想场景，也要考虑承载真实业务时服务环境以及周围无线环境的仿真。

（3）系统机构必须考虑测试结果的一致性，也就是可重复性和可控性。

（4）测试须考虑控制自动化。

以最为常见的场景作为测试原型。将普通用户家用 Wi-Fi 网络和 Wi-Fi 终端的场景作为一个测试系统就能够满足仿真的最基本要求。相对于西方国家的居住文化，我国的家庭结构基本比较接近。在东亚，90%的人口居住环境为公寓，一个楼层有 2～6 个家庭。下面对这种典型的 Wi-Fi 覆盖场景做原型描述。

目前，大部分家庭都至少部署一个路由器。典型场景下，一个家庭周围有 2～6 户邻居。取 4 个最近的住宅，那么家庭内可以接收到另外 4 个家庭部署的 Wi-Fi 信号，包括 Wi-Fi 接入网络设备和 Wi-Fi 终端设备。此场景的特点总结如下。

（1）不同家庭部署的 Wi-Fi 设备采用的技术不同，包括 IEEE 802.11 a/b/g/n/ac/ax 中的多种或者一种，取最典型的 IEEE 802.11n/ac 和 IEEE 802.11ax 两种。

（2）每个家庭 Wi-Fi 设备的工作频段和信道、带宽不同。

（3）不同家庭的 Wi-Fi 设备信号到达此住宅的信号水平是不同的，隔了至少一堵墙或者更多。可以定义信号水平为−55 dBm、−60 dBm、−65 dBm、−70 dBm。

（4）每个周边住宅内部的 Wi-Fi 设备接入的终端数量不同，最基本的配置包括 3 台智能手机、2 台平板计算机、2 台笔记本计算机、1 台 IPTV 机顶盒等。

（5）每个周边住宅内部的 Wi-Fi 承载流量模型不同，根据各种接入终端的定位和应用场景不同，有脉冲型数据流量或者持续稳定数据流量或者混合流量（自定义）。

（6）现在分析自己家庭 Wi-Fi 场景，首先有一个服务 Wi-Fi 路由器，与周边家庭一样，在此 Wi-Fi 网络下，也同样会包括智能手机、平板计算机、笔记本计算机、机顶盒等具备 Wi-Fi 接入能力的设备，随着物联网、智能家居技术的发展，

Wi-Fi 网络的接入终端设备的数量也越来越多。根据以上接入终端的特点，Wi-Fi 路由器和家庭网关测试需要满足以下几个关键的需求。

- 测试场景需要考虑包括覆盖距离、穿墙等情况。
- 当前 Wi-Fi 终端设备的数量和类型以及每个 Wi-Fi 终端设备承载的业务模型。
- 周边家庭 Wi-Fi 网络和 Wi-Fi 终端设备仿真，包括信号和承载的业务。
- 是否需要 Wi-Fi Mesh 网络扩大覆盖范围。
- 是否存在漫游切换场景。
- 采用何种加密模式。

总之，测试方案需要结合实际的场景，根据被测网络设备和终端设备的功能和性能、覆盖面积、接入终端的类型、承载的业务流量模型、部署环境特征以及周围环境的影响因素等，提供一个灵活的、可以覆盖各种真实场景的 Wi-Fi 应用的实验室仿真方案。换句话说，所有的模拟测试的场景都来源于真实的应用，并且最大限度地仿真各种真实应用场景。这样的测试系统才具有价值，得到的测试结果才能够最大限度地接近真实的用户体验。

7.1.3 真实 Wi-Fi 6 用户体验实验室环境仿真典型案例

在此，引用灿芯技术的 CSWi-Fi 600 Wi-Fi 性能和协议测试系统，对典型 Wi-Fi 网络设备和终端设备的实验室仿真进行详细描述。

（1）针对网关、路由器等具备 Wi-Fi 6 接入能力的 Wi-Fi 6 网络设备的应用环境仿真和测试

如上所述，对于 Wi-Fi 网络设备而言，需要一个能够提供综合真实 Wi-Fi 部署的应用环境，包括覆盖面积、信道（衰减、时延、多径等）、真实用户部署（距离、角度、承载业务等）、周围环境（干扰源 AP、干扰业务模型、干扰距离等）、客户端天线角度变化等。只有具备了这些基本仿真能力，才能够构建各种真实 Wi-Fi 网络的应用场景，测试的结果才能与真实的用户体验结果更为接近。

参考 CSWi-Fi 600 测试系统中 Wi-Fi 网络设备的逻辑拓扑，如图 7-1 所示，对典型 Wi-Fi 应用场景进行详细的剖析。

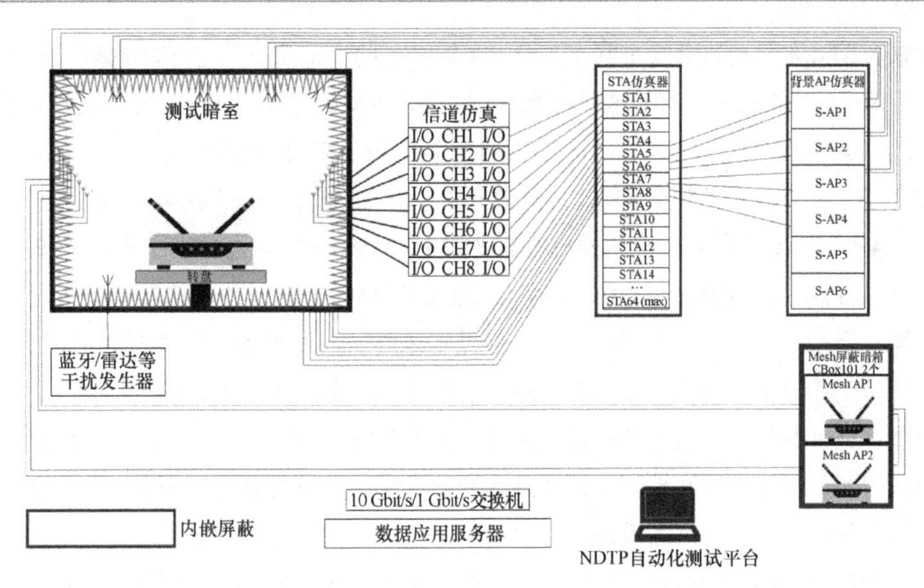

图 7-1 CSWi-Fi 600 测试系统中 Wi-Fi 网络设备的逻辑拓扑

从图 7-1 可以看出，系统主腔体在一个 1D 转盘上部署了被测 Wi-Fi 网络设备（路由器、网关等），能确保路由器可以 360°自由转动。同时，转盘可以进行高度调节，这样做的目的是可以改变路由器相对于周围 STA 的纵向角度变化。在研究 MU-MIMO、波束成形等增益和路由器与 STA 之间的角度变化的关系时，可以灵活地控制路由器的位置，并且可重复、测试结果定量，从而对优化 Wi-Fi 网络设备的天线部署方案提供量化的数据支撑。

STA 的天线均匀分布在 Wi-Fi 网络设备 4 个方向上，同时天线高度和正对 Wi-Fi 网络设备的角度都可以进行自动控制调节，于是一个简单 STA 慢速移动场景也可以进行灵活仿真。顶部天线可以部署干扰信号，分不同的角度注入干扰信号。转台可以替换为 2D 三维转台，这时候可以进行 Wi-Fi 终端设备的 360°全方位测试，绘制吞吐量球面模型。此场景中仿真 AP 的信号从主腔体顶部正上方注入（天线分布取决于 Wi-Fi 网络设备的实际天线分布）。此外，系统配置了信道仿真器，可以提供距离（衰减+时延两个维度）的真实仿真。进行环境仿真时，可以直接设定距离。信道仿真器自动计算设定距离的衰减和时延，因此可以让测试场景描述起来更为直观、更容易理解。

除此之外，信道仿真器还支持进行多径的仿真，可以灵活配置路径数以及每条路径的时延和衰减，对于 Wi-Fi 网络环境，这种信道仿真环境已经完全可以满足室内信道模型构建的要求。STA 仿真器可以进行大规模的用户仿真，支持的完全独立射频的STA数目可以从8个到128个。每个STA的天线都配置独立的衰减和开关，可以进行独立的控制。有了这些功能后，可以灵活设置STA到Wi-Fi网络设备的距离，结合测试主暗室里STA的天线在Wi-Fi网络设备周边的均匀分布，就可以实现仿真STA在Wi-Fi网络设备周边的离散分布（不同距离、不同角度等）。

AP仿真器的配置可以构建一个被测Wi-Fi网络设备周边的干扰环境。AP仿真器和STA仿真器配合就可以实现任意承载数据模型驱动的干扰环境的仿真，比如一个家庭独立Wi-Fi网络设备，经过实地测试，发现有6个周围邻居的AP在工作，其中4个功率大于−65 dBm，那么这个时候，根据每个家庭的常用业务模型，通过STA仿真器分配STA单元接入各个仿真AP中，承载设置的数据业务模型比如持续、脉冲等恒定速率或者变化速率的数据传输。每个AP的射频信号引入测试暗室中，可以根据实际的功率强度和方向进行控制，承载在AP仿真器上的各个STA信号也引入测试暗室中，通过控制链路衰减，使路由器或者终端接收到不同AP和STA的信号，进而构建了一个与真实干扰环境匹配的场景，且这个场景可重复并且完全可控。

此外，测试系统还包括了Wi-Fi网络设备Mesh组网的功能和覆盖能力的性能测试，可根据实际需求组建2个节点或者2个以上节点的Mesh网络。

综合来说，以上测试系统结构可以提供一个灵活构建真实Wi-Fi网络应用场景的平台，真实场景抽象出的模型基本上都可以进行对应的仿真，达到实验室仿真测试系统环境的基本要求，即可控、可重复、真实性和有效性。

以上测试方案构建了模拟多个终端和Wi-Fi网关实际分布的典型应用场景，验证和评估了路由器和家庭网关在构建的特定真实场景下的性能，包括IEEE 802.11 a/b/g/n/ac/ax路由器、家庭网关等接入设备的理论最大性能、MU-MIMO、OFDMA、真正多用户（独立射频/用户）、流量干扰模型、自定义流量模型、终端上下线连接时间性能、漫游性能等。

如果希望进行MU-MIMO的性能和增益测试，那么可以采用图7-1所示的连接方式。激活4个2×2或者2个4×4 MIMO的STA进行8流的Wi-Fi网络设备的MU-MIMO性能增益评估与验证。

以上测试方案部署了支持IEEE 802.11 a/b/g/n/ac/ax路由器、家庭网关等接入设备的MU-MIMO的最大（独立射频/用户）性能测试等现网典型场景。可以切换不同STA相对于Wi-Fi网络设备的角度以及两个STA的角度来评估角度变化、距离变化、功率变化对 MU-MIMO 的性能增益影响；可以任意增加或者减少接入 STA 的数量，STA 相对于 AP 的角度和距离等，验证和评估路由器和家庭网关在构建的特定真实场景下的 MU-MIMO 的最大性能。

对于 OFDMA、Wi-Fi 网络设备真实容量、真实多用户性能评估等测试需求，也可以按照图 7-1 所示的系统连接方式进行，以上方案部署支持 IEEE 802.11a/b/g/n/ac/ax 路由器、家庭网关等接入设备的 OFDMA、真正多用户（独立射频/用户）性能测试等现网典型应用场景，可以任意增加或者减少接入的 STA 数据，改变 MIMO 工作模式（1×1、2×2 等），验证和评估路由器和家庭网关在构建的特定真实场景下的多用户和 OFDMA 性能。

Wi-Fi 网络设备的 Mesh 组网功能是 Wi-Fi 网络设备非常重要的功能，测试拓扑如图 7-1 所示。对 Wi-Fi 网络设备的 Mesh 功能和性能进行验证和评估，也是当前 Wi-Fi 6 测试的重点。在此系统整体方案中，我们看到了这部分的功能。

图 7-2 展示了更加清晰和详细的 Wi-Fi Mesh 网络性能测试系统结构。

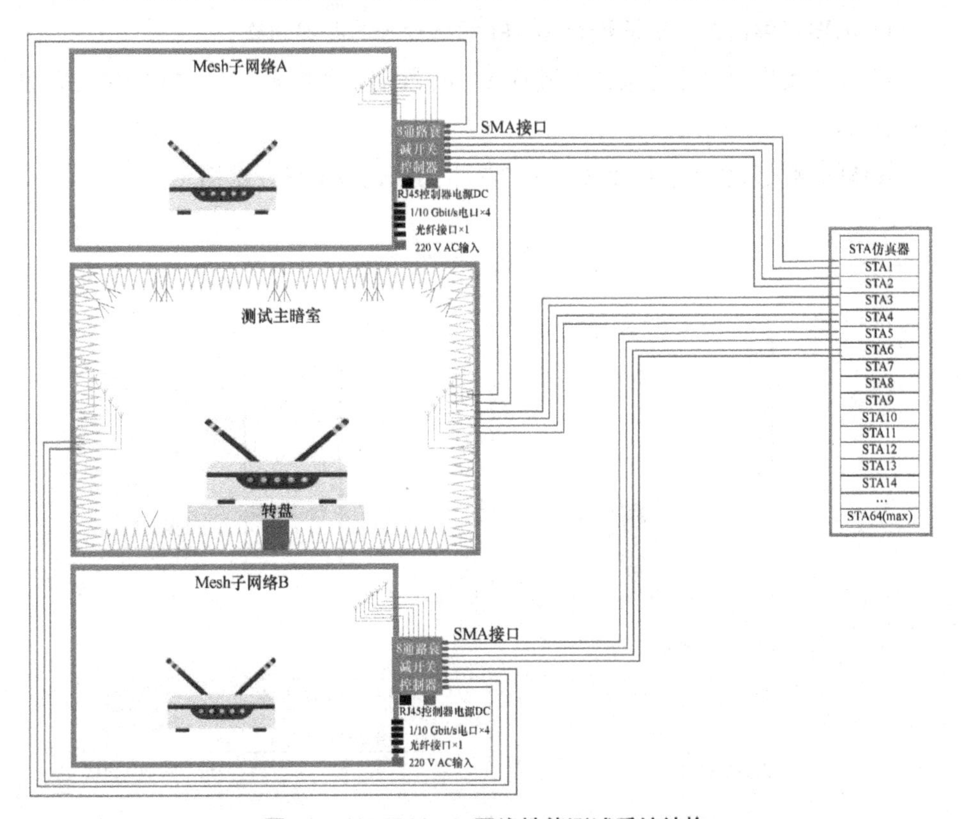

图 7-2 Wi-Fi Mesh 网络性能测试系统结构

作为 Mesh 子网络的腔体可以根据实际需要验证的 Mesh 子网节点数目进行自由扩展，每个子网络的屏蔽腔体都有自己的独立网口、衰减矩阵和电源输入等，可以进行独立或者联合的 Mesh 网络性能测试。这种测试方法也可以进行漫游等性能测试。

（2）Wi-Fi 6 终端性能测试系统方案搭建

Wi-Fi 终端设备性能测试系统的搭建相对于网络设备系统方案的区别主要包括以下几个关键点。

1）测试系统需要能够具备构建多用户场景的能力，用户可以部署在不同距离、不同角度，承载不同带宽流量。

2）测试系统需要能够构建多个周边 AP 的干扰模型，干扰模型的驱动来自于每个干扰源的数据流量模型以及流量发生模型。

3）需要提供三维转台，可以进行 Wi-Fi 终端尤其是移动 Wi-Fi 终端的数据吞吐量球面模型测试。

4）需要提供信道仿真器配合 Wi-Fi 网络设备的距离仿真。

5）需要提供射频矩阵箱体，进行 Wi-Fi 终端设备在多个 Wi-Fi 网络接入设备的遍历。

具体的测试系统环境可以参考图 7-3 中的测试系统拓扑结构。

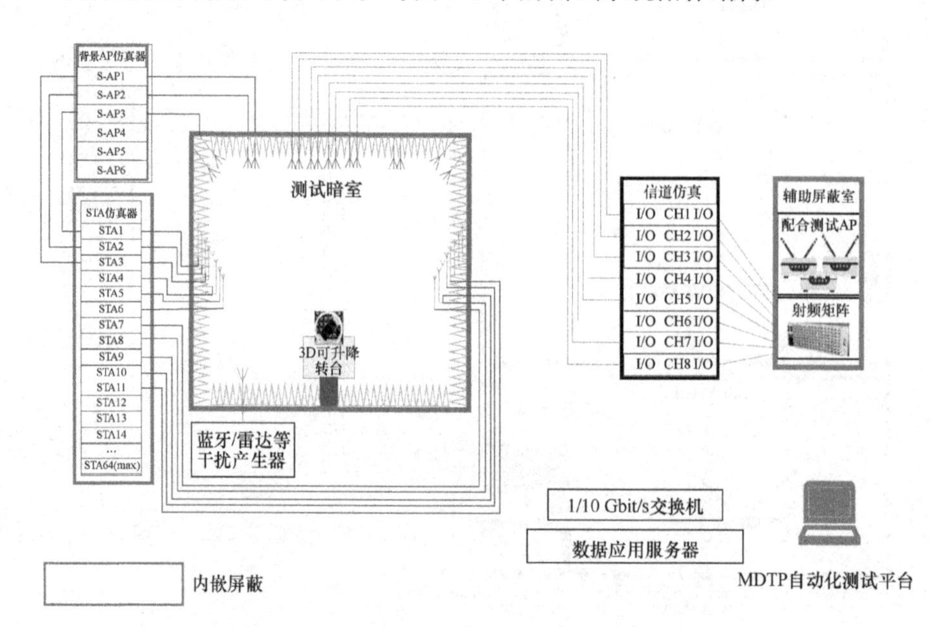

图 7-3　Wi-Fi 6 终端性能测试系统拓扑结构

从图 7-3 可以看出，以上测试方案支持 IEEE 802.11 a/b/g/n/ac/ax Wi-Fi 接入终端设备的理论最大性能、MU-MIMO、OFDMA、真正多用户（独立射频/用户）、流量干扰模型、自定义流量模型、终端上下线连接时间性能、漫游性能等测试。

7.2 Wi-Fi 6 测试系统的关键能力

7.2.1 独立 Wi-Fi 6 设备网络部署仿真能力

独立 Wi-Fi 6 网络设备主要用于解决家庭、小型办公室等室内的 Wi-Fi 覆盖。这种场景的基本特点为高层公寓框架结构。家庭用户室内结构相对复杂，穿墙场景比较多。小型办公室的结构相对比较开阔，面积基本在 200 m^2 以下，大概覆盖距离为 20 m 左右。另外小型办公室场景最大的一个特点是独立 Wi-Fi 设备部署非常密集，所有设备承载的业务类型比较接近，信号同邻频干扰比较严重，需要尤其注意。由于 Wi-Fi 网关与用户距离比较近，因此信道传播模型中的多径效应影响相对不大。

7.2.1.1 独立 Wi-Fi 6 设备部署真实场景描述

独立 Wi-Fi 6 设备主要解决一般家庭的 Wi-Fi 覆盖和各种设备的业务承载问题。接入的设备包括 PC、笔记本计算机、手机、平板计算机等个人消费类具备 Wi-Fi 功能的产品，从覆盖的特点来说，这种 Wi-Fi 设备的特点是覆盖距离相对较小，一般在 20 m 以内，一般会有穿越 1 堵墙、2 堵墙的场景，没有多普勒和更为复杂的多径场景；从干扰环境角度来看，这种覆盖一般在多层住宅或者写字楼，周围 Wi-Fi 设备比较多，至少为 5 个，所有 AP 的业务承载模型比较相似；从用户数的角度来看，这种 Wi-Fi 设备承载的用户数在 5 个以上，如果考虑到智能家居互联 Wi-Fi 设备，那么用户数为 10～20 个。典型居住环境 Wi-Fi 覆盖如图 7-4 所示。

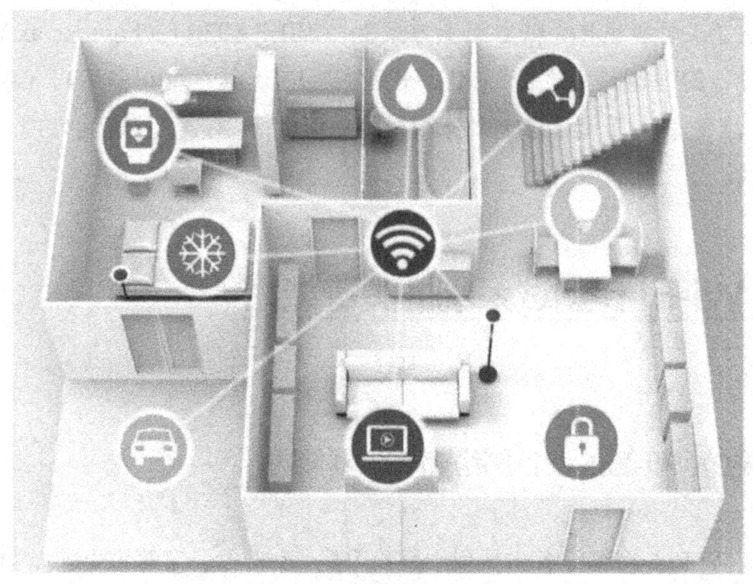

图 7-4　典型居住环境 Wi-Fi 覆盖

7.2.1.2　独立 Wi-Fi 6 设备部署场景仿真关键点

结合独立 Wi-Fi 6 设备的主要覆盖场景和业务承载以及用户数等因素，具体测试可以从以下几个方面考虑。

（1）验证不同覆盖距离的吞吐量性能，比如从 2 m 到 30 m。

（2）穿透单堵墙和多堵墙的 Wi-Fi 性能影响，支持无 LOS 信号的多径（类似 Model.B 信道模型）的无线信道仿真。

（3）干扰场景仿真。考虑到独立 Wi-Fi 设备的部署场景，一般情况下，在任何一个地点，除了当前服务的 AP 外，都可以非常容易地扫描到 6 个以上较强 AP 的信号，每个 AP 都会成为一个干扰源，根据每个干扰占用的信道和信号功率情况，假设当前服务 AP 的工作信道为 2.4 GHz 信道，可以做出一个干扰 AP 的数据业务模型，产生相应的干扰模型。干扰用户采用 2 个 AP 业务并发，3 组 AP 业务串行下行流量模型，即干扰源 AP1、AP5 并发流量持续 3 s 后停止，开启干扰 AP2、AP4 并发流量持续 3 s 后停止，再开启干扰 AP3、AP5 并发流量持续 3 s 后停止，再开启干扰源 AP1、AP5 并发流量持续 3 s 后停止，按照以上干扰时序模型循环执行。具体干扰背景 AP 单元配置参数见表 7-1。

表7-1 干扰背景AP单元配置参数

背景干扰AP	协议版本	信道编号	在线用户数/个	信号水平/dBm	数据包类型	数据包大小/Byte	速率/（$Mbit \cdot s^{-1}$）	优先级
AP1	IEEE 802.11ax	5	1	−50±2	UDP	1 470	6	BE
AP2	IEEE 802.11ax	8	1	−55±2	UDP	512	4	BE
AP3	IEEE 802.11ax	3	1	−60±2	UDP	128	2	BE
AP4	IEEE 802.11ax	1	1	−55±2	UDP	1 470	6	BE
AP5	IEEE 802.11ax	11	1	−50±2	UDP	128	2	BE
AP6	IEEE 802.11ax	7	1	−60±2	UDP	512	4	BE

根据不同场景的要求，可以灵活调整背景AP工作的信道、流量、业务（TCP/UDP）以及功率水平和业务模型执行的模型，进而扩展为仿真真实环境中不同业务承载环境的真实流量模型特点，最大限度地贴近真实环境的干扰模型。最根本的原则就是干扰模型的驱动者为承载的流量模型，这样才是可控、可重复的实验室仿真环境。

（4）多用户MU-MIMO的性能增益评估算法建议。大部分独立Wi-Fi 6网络设备的接入用户的STA在实际Wi-Fi网络覆盖环境的分布相对来说比较离散，而这些STA设备主要以2×2 MIMO为主。为测试Wi-Fi 6网络设备的MU-MIMO技术特性引入的性能增益，实验室测试方案设计主要从以下几个关键点考虑。

- 根据Wi-Fi 6网络设备的最大支持流数确定用户数量，比如，如果Wi-Fi网络设备支持4流，为了验证MU-MIMO技术带来的性能增益，配置2×2 MIMO STA数目为2个，如果是Wi-Fi 6网络设备支持8流，为了验证MU-MIMO技术带来的性能增益，配置2×2 MIMO STA数目为4个。
- STA分布方面的建议。MU-MIMO的性能增益效果对于STA在Wi-Fi 6网络设备周边的分布相当敏感。STA间的空间角度越大，波束成形增益和MU-MIMO的性能增益越大。因此，如果纯粹评估Wi-Fi 6网络设备的MU-MIMO性能增益的效果，那么最好需要多个STA能够分布在Wi-Fi 6网络设备周围。根据实际需要，选择不同的角度进行多次测试评估，找到最大MU-MIMO性能增益情况下的STA分布方法。如果单纯只评估大部分Wi-Fi 6终端的MU-MIMO技术带来的性能增益，当配置2个STA时，建议2个STA到Wi-Fi 6设备的最小夹角大于90°；配置4个STA时，建议4个STA均匀分布在Wi-Fi 6网络设备的4个方向上，如图7-5所示。

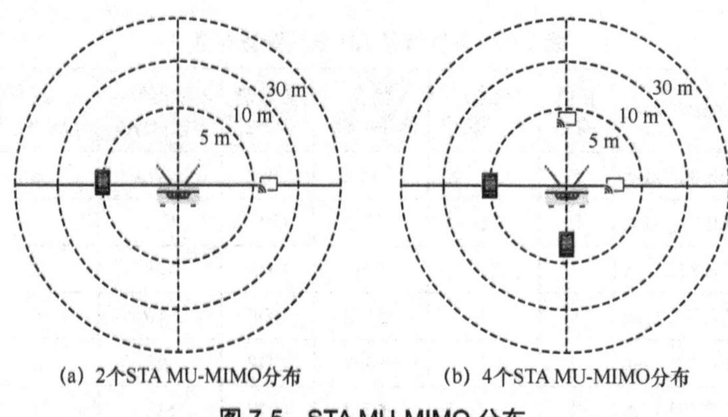

(a) 2个STA MU-MIMO分布　　(b) 4个STA MU-MIMO分布

图 7-5　STA MU-MIMO 分布

- STA 到 AP 的距离采用一个典型的距离。对于 2.4 GHz MU-MIMO 性能增益的测量，可以采用 5 m 距离的衰减和时延进行测试；对于 5 GHz MU-MIMO 性能增益的测量，建议采用 2 m 距离的衰减和时延，进行不同条件下的 MU-MIMO 技术带来的性能增益测试和评估。

（5）针对独立 Wi-Fi 6 设备 OFDMA 性能增益评估的建议。OFDMA 技术的引入，可以并发对多个用户同时提供业务，相对于 OFDM 技术，OFDMA 技术可以确保多个 Wi-Fi 接入终端同时占用不同的无线资源，从而提高每个 Wi-Fi 接入终端的时延、数据传输等用户体验。OFDMA 技术更适用于小包小数据流量业务，这种业务一般对时延比较敏感，比如游戏业务、物联网设备控制应用业务等。因此，评估 OFDAM 的性能增益主要针对小包小数据流量的时延增益进行评估。通过控制 Wi-Fi 网络设备启用 OFDMA 技术和禁用 OFDMA 技术，对比多个小包小数据流量的 Wi-Fi 网络终端设备在时延性能方面的差异，可以得出 OFDMA 技术的引入带来的性能增益。针对不同的带宽，根据实际的 RU 数量，配置低于 RU 数量的 Wi-Fi 网络终端设备的同时接入 Wi-Fi 网络。典型的 20 MHz 带宽 Wi-Fi 网络下的 OFDMA 性能增益评估的终端数量和承载流量的配置方法见表 7-2。

表 7-2　典型的终端数量和承载流量的配置方法

接入终端	业务类型	带宽/($kbit \cdot s^{-1}$)	包长/Byte	传输时长/s	平均时延
STA1	UDP	100	64	300	—
STA2	UDP	100	65	300	—
STA3	UDP	100	66	300	—
STA4	UDP	100	67	300	—

针对每个 STA 计算 5 min 的 UDP 传输时延的平均值，对比打开和关闭 OFDMA 的结果，得出 OFDMA 的性能增益值。

（6）RVR（Range vs RSSI）性能测试建议。RVR 测试针对 Wi-Fi 网络设备的数据传输能力和覆盖能力进行综合评估，从传输和覆盖两个维度来评估 Wi-Fi 网络设备的综合性能，理想情况下，Wi-Fi 网络设备在高于某个 RSSI 的网络覆盖条件下，吞吐量基本是恒定的，波动很小，但是当 RSSI 低于某个值（不同 Wi-Fi 网络设备表现可能不同）时，吞吐量将会随着 RSSI 的降低而降低。这个拐点出现得越晚越好，或者出现后，吞吐量和 RSSI 的降低变化得越慢越好，这样就能保证即使在覆盖相对较差的区域，也能够保证较好的数据传输能力和用户体验。

为了能够准确地评估出 RVR 测试结果中拐点的准确位置以及拐点出现后吞吐量和 RSSI 的关系，一般会从一个相对功率较大的位置，比如 Wi-Fi 接入终端测量的 RSSI 大于−35 dBm 的点开始按照 1 dB 衰减步长进行 120 s 吞吐量测试，记录当前衰减点吞吐量数值和测试 Wi-Fi 网络终端测量的 RSSI 值，当 Wi-Fi 网络终端设备接收的 RSSI 值小于−90 dBm 时，停止 RVR 测试，绘制吞吐量和 RSSI 的对应 RVR 曲线。测试结果如图 7-6 所示。

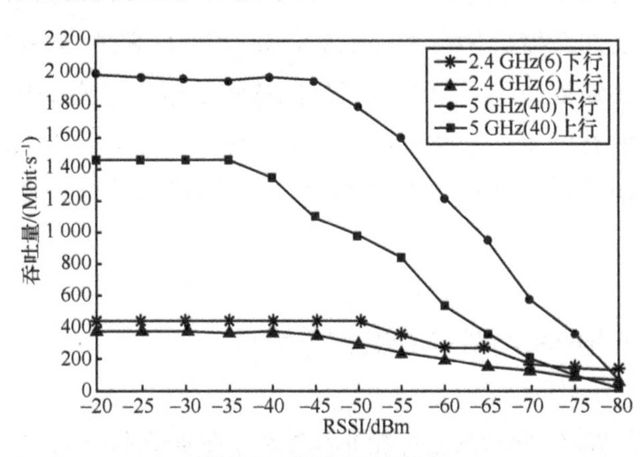

图 7-6 实测 RVR 性能

（7）针对真实多用户场景综合性能的实验室仿真测试的建议。按照典型场景的用户数分布和独立 Wi-Fi 网络设备的性能需求，建议配置 16 个 STA 仿真，工作模式在 2×2 MIMO，16 个 STA 划分为至少 4 组（每组 4 个 STA），每组分布在路由器的 4 个不同的方向，相邻方向成 90°角，同一个方向上的 STA 角度可以有所差异。通过控制每个 STA 两个天线的衰减来仿真 STA 和 Wi-Fi 网络设备的不同距离，从而构建一个多个 Wi-Fi 接入终端设备近似离散分布的场景，如图 7-7 所示。

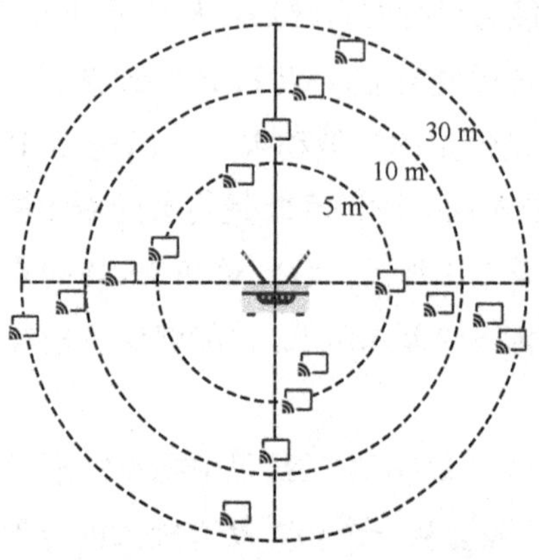

图 7-7　多 Wi-Fi 用户分布拓扑结构

根据需要分配仿真 STA 进行的 TCP/UDP 业务的比例，比如 50%的 STA 承载 TCP 业务，50%的 STA 承载 UDP 业务。业务模型可以根据实际场景的需要进行灵活的调配，包括 STA 上承载的业务带宽，默认可以高于每个 STA 理论上最大可能的带宽。同时发起业务，统计每个 STA 的实际数据传输能力和总的数据传输能力。可以从最终性能的评估报告中看到所有 STA 的最小吞吐量和总的吞吐量、丢包率等。判断在该拓扑结构中处于该位置的 STA 的最低吞吐量是否符合理论预期，实际数据传输能力是否满足典型业务承载需求等。

7.2.2　Wi-Fi 6 Mesh 网络部署实验室仿真

测试多节点 Wi-Fi 网状网络可能非常复杂，在实验室层面，需要对 Wi-Fi 网状测试提供许多集成的子网空间，需要完全控制每个子网在其他周边子网空间的信号功率水平，从而模拟真实的 Wi-Fi Mesh 网络覆盖。每个子网需要提供一个屏蔽空间环境，实现高度可重复、可控制和自动化的网状测试平台。

通过实验室可控、可重复的 Wi-Fi Mesh 网络仿真技术，可以实现在实验室中创建整个家庭网络。这些场景仿真模拟房间和 STA 的位置、每个房间中的 Wi-Fi

接入终端设备以及承载的业务类型和带宽等。同时还可以对仿真的 Wi-Fi Mesh 网络的环境腔体进行自动化控制，用来模拟 Wi-Fi Mesh 网络的覆盖距离和范围的变化。

7.2.2.1 Wi-Fi 6 Mesh 网络部署真实场景描述

在真实 Wi-Fi 网络服务中，以下两点是一个健康高效 Wi-Fi 网络需要解决的关键问题。

（1）Wi-Fi 网络可用性

没有 Mesh Wi-Fi 技术，家庭或办公室容易出现 Wi-Fi 服务死区，意味着电子设备在部分位置无法获得连接互联网所需的无线服务，也意味着随着移动可能会在任何时候丢失 Wi-Fi 信号，比如在应用程序更新或产品下载过程中停止网络服务。

Mesh Wi-Fi 技术通过获取 Wi-Fi 网络设备的原始无线信号并以其原始强度重新广播来消除中断服务的可能性。虽然 Wi-Fi 网络设备的信号范围可能只有约 50 m，但 Mesh Wi-Fi 技术可以实现 Wi-Fi 信号的覆盖范围延伸，从而覆盖整个建筑物。图 7-8 和图 7-9 可以说明这一点。

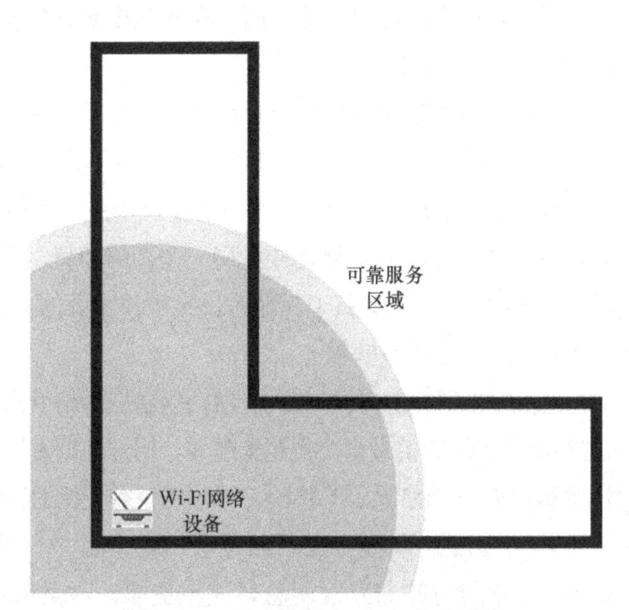

图 7-8 L 形建筑单个 Wi-Fi 设备覆盖

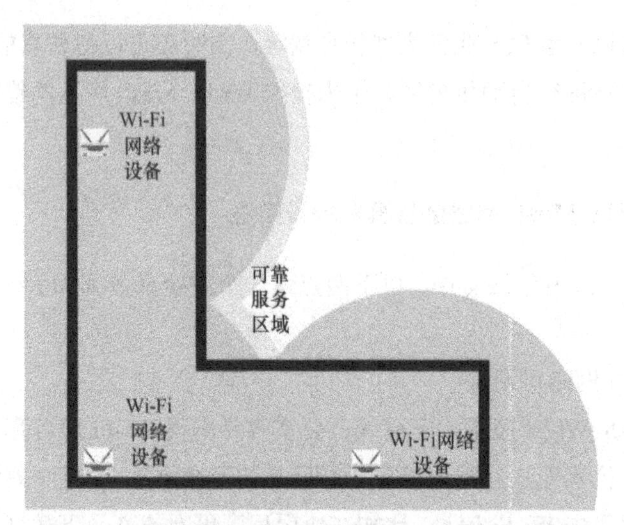

图 7-9　L 形建筑 Wi-Fi Mesh 网络（1 主 2 从）覆盖

在第一个示例中，我们要处理的是 L 形建筑模型，如图 7-8 所示，在后角房间中只有一个 Wi-Fi 网络设备。虽然那个房间可能提供了一流的 Wi-Fi 服务，但该建筑物信号覆盖区域之外的其余部分仍然是服务死区。

有了所谓的服务死区，便意味着接入网络的用户必须处于限定的较小的服务范围内，才能获得正常的互联网连接服务。同一座建筑中额外配备了 2 个 Mesh Wi-Fi 节点的组网覆盖场景如图 7-9 所示。

经过对比，添加多个网状 Wi-Fi Mesh 节点极大地扩展了原有的 Wi-Fi 网络设备信号的有效覆盖范围。值得注意的是，Wi-Fi Mesh 节点不是独立的网络，而是会重新广播原始的 Wi-Fi 网络设备信号。这意味着在整个建筑物覆盖范围内，用户不需要进行 Wi-Fi 重连接操作，只需要连接到同一个网络即可。因此 Mesh Wi-Fi 技术不仅提升了连接的可靠性，还提供了其他对日常用户重要的好处。

（2）速率的稳定性（稳定的吞吐量）

由于无线信号传输衰减的特点，每个 Wi-Fi 网络设备广播信号只能覆盖一定距离。随着信号传播得越来越远，信号会变得越来越弱。用户在距离无线路由器较远时容易丢失信号。随着 Wi-Fi 网络设备的移动，用户将获得较低的吞吐量和速率。

信号质量的不均匀分配造成客户在不同位置能够体验的网络速率存在较大差异。变弱的 Wi-Fi 信号意味着互联网总体速率变慢。如果用户住在一间较小的房子中（如 30 m^2），那么用户可能不会注意到从客厅到卧室的速度差异。但如果用户住在较大的房子中（如 180 m^2），则客厅和卧室之间的速度差异可能会较大。用户可以在客厅中观看高清直播，但在卧室就可能无法使用此类吞吐量敏感业务。用户会对不稳定的网络质量产生不好的体验。

Wi-Fi Mesh 网络技术可以解决 Wi-Fi 覆盖不稳定的问题。将 Wi-Fi Mesh 网络的子节点根据需要放置在整个建筑物的不同地方，形成深度覆盖，用户在建筑物中的任何地方，都可以获得更加一致甚至更快的速度。一般来说，用户可以在建筑物中的每个房间都安装一台 Wi-Fi Mesh 子节点，以确保每个房间都能得到稳定的 Wi-Fi 信号覆盖。但对于大多数网状 Wi-Fi 用户来说，无须在每个房间安装一台 Wi-Fi Mesh 子节点，只需要额外安装一两个 Wi-Fi Mesh 子节点就足以保持稳定的连接速度。

如果有需要，企业用户也可以在会议室、IT 热点区域或者在远离无线路由器的各个办公室中使用 Wi-Fi Mesh 子节点网络，通过这种方式可以将传统 Wi-Fi 随覆盖范围的扩大而产生的速率体验和其他性能体验损失降至最低。采用 Wi-Fi Mesh 方案后，如果用户开通吉比特级别的互联网服务，则在建筑物中的任何位置，都可以享受到期望的速率水平（或接近该水平），而不必浪费实际的互联网接入的消费，却只享受到几兆级别的速率水平。

7.2.2.2 Wi-Fi 6 Mesh 网络部署场景仿真关键点

为了真实有效地进行 Wi-Fi Mesh 网络的功能和性能测试，需要紧密结合真实的 Wi-Fi Mesh 网络的部署场景和 Wi-Fi Mesh 网络部署的主要目标，在实验室搭建一个可控、可重复的 Wi-Fi Mesh 网络的仿真环境平台。通过分析真实 Wi-Fi Mesh 网络的部署场景，并以上述描述的 Wi-Fi Mesh 网络环境作为参考，Wi-Fi Mesh 仿真环境的构建主要包括主 Wi-Fi 网络设备和两个 Mesh 网络设备。3 个 Wi-Fi 网络设备组成的 Mesh 网络包括如下 3 种。

（1）星形组网。两个子 Wi-Fi Mesh 网络设备直接连接到主 Wi-Fi 网络设备，如图 7-10 所示。

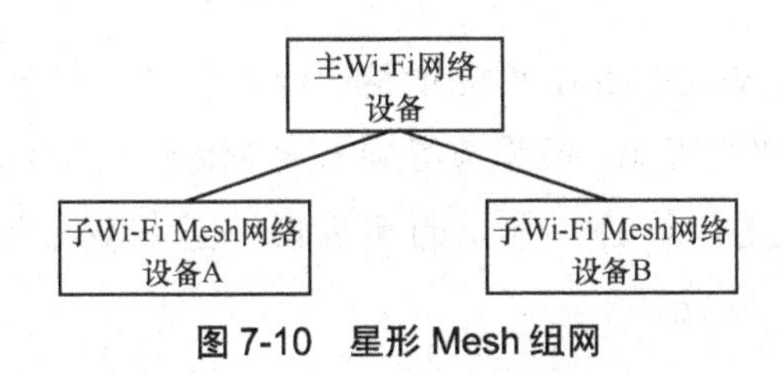

图 7-10 星形 Mesh 组网

这种连接就是 Wi-Fi Mesh 网络覆盖场景的典型设备连接，根据场景中的建筑模型特点，这种连接是最高效的。每个子 Mesh 网络的性能也可以达到最高。这种组网方式适用于可以把主 Wi-Fi 网络设备部署在中心位置，其他所有子 Mesh 网络在周边扩展延伸的建筑物。每个 Mesh 子网络覆盖的 Wi-Fi 网络终端设备只通过一个节点就可以到达主 Wi-Fi 网络设备，因此传输效率相对较高。

（2）串行组网。一个子 Wi-Fi Mesh 网络设备 A 连接到主 Wi-Fi 网络设备，另外一个子 Wi-Fi Mesh 网络设备 B 连接到子 Wi-Fi Mesh 网络设备 A，如图 7-11 所示。

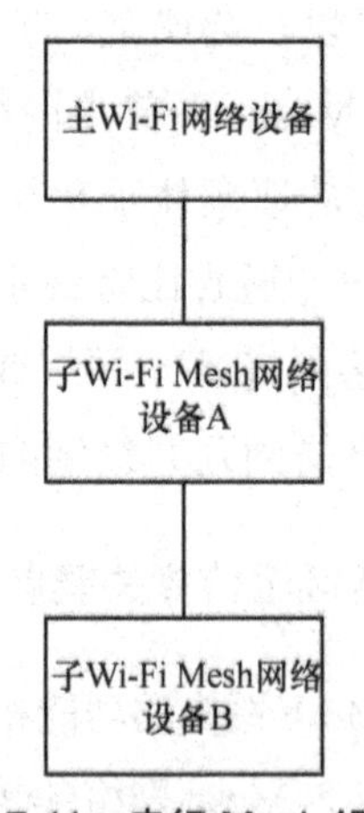

图 7-11　串行 Mesh 组网

这种组网方式适用于互联网接口位置受限，只能把主 Wi-Fi 网络设备部署在建筑物的一端的场景。通过将 Mesh 子网络串行连接，才能达到扩大 Wi-Fi 网络覆盖的目的。末端 Mesh 子网络覆盖下的 Wi-Fi 网络终端设备必须通过两个节点才能到达主 Wi-Fi 网络设备，传输效率相对于星形 Mesh 组网方式来说会低一些，而且串行节点越多，远离主 Wi-Fi 网络设备的 Wi-Fi 网络终端设备的性能和用户体验越差。

（3）混合组网。Wi-Fi Mesh 网络的混合组网包含了星形组网和串行组网，理论上来说拓扑可以很复杂，但是考虑到末端 Mesh 子网络覆盖的 Wi-Fi 网络终端设备的性能和用户体验，常见的建筑物中基本不适合部署混合组网的 Mesh 网络，如图 7-12 所示。

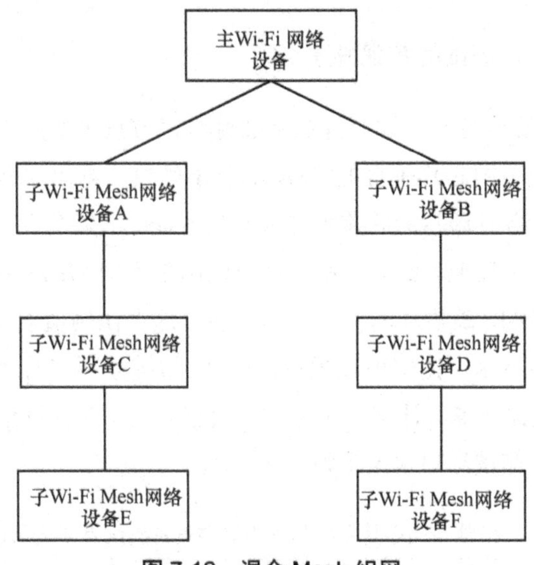

图 7-12　混合 Mesh 组网

针对以上描述的各种要求，Wi-Fi Mesh 网络实验室仿真需要能够满足以上各种组网方式的要求，实现可控、可重复的仿真系统平台。

关键的仿真要求是在主 Wi-Fi 网络和子 Wi-Fi Mesh 网络之间实现信号强度变化的完全自由控制，从而可以灵活仿真每个子 Mesh 网络的覆盖区域，并进行完全可控、可重复的 Wi-Fi 网络终端设备的功能、性能、用户体验等各方面的测试。

7.2.3　Wi-Fi 6 测试设备的芯片互通性测试能力开发

7.2.3.1　芯片互通性测试的意义

不同的 Wi-Fi 网络设备采用不同的芯片，而不同的 Wi-Fi 网络终端设备也会采用不同的芯片。因此在同一个 Wi-Fi 网络设备覆盖的环境中可能有多种不同芯片的网络终端设备。性能优越的 Wi-Fi 网络设备应对于接入的任何芯片的性能差异都不会很大，具备很高的兼容性。所有的 Wi-Fi 网络设备在研发过程中基本都会对多种芯片的互通性能进行系统测试和评估，确保产品部署后配置不同芯片的 Wi-Fi 网络终端设备的功能和用户性能体验能够保持一致。

7.2.3.2 芯片互通性测试的实现方法

Wi-Fi 网络终端设备对不同芯片的互通性测试方法主要是在相同的测试场景中，对比分析搭载不同芯片平台的 STA 的测试结果，得出 Wi-Fi 网络终端设备对于不同 Wi-Fi 网络终端芯片的兼容性和互通性能。一般情况下，芯片间的最低性能差异不超过一定比例，比如 20%，这个比例是不同 Wi-Fi 网络设备根据自己的实际要求来决定的，高要求的设备厂商可能将这个比例值设定得低一些，低要求的设备厂商可能将这个比例值设置得高一些。将搭载不同芯片平台的网络终端设备的测试结果记录下来，计算一个平均的性能结果，并计算出超出设定门限比例值的平台数量，测试结果记录模板见表 7-3。

表 7-3 搭载不同芯片平台的网络终端设备测试结果记录模板

芯片平台类型	测试指标	最低差异	平均性能	差异门限	性能门限	测试结果（pass/fail）
芯片平台 A						
芯片平台 B						
芯片平台 C						
芯片平台 D						

为了满足多芯片的互通性能测试，需要提供多芯片的 STA 仿真器，支持多种芯片的各种性能和功能的测试，测试系统拓扑可以参考图 7-13。

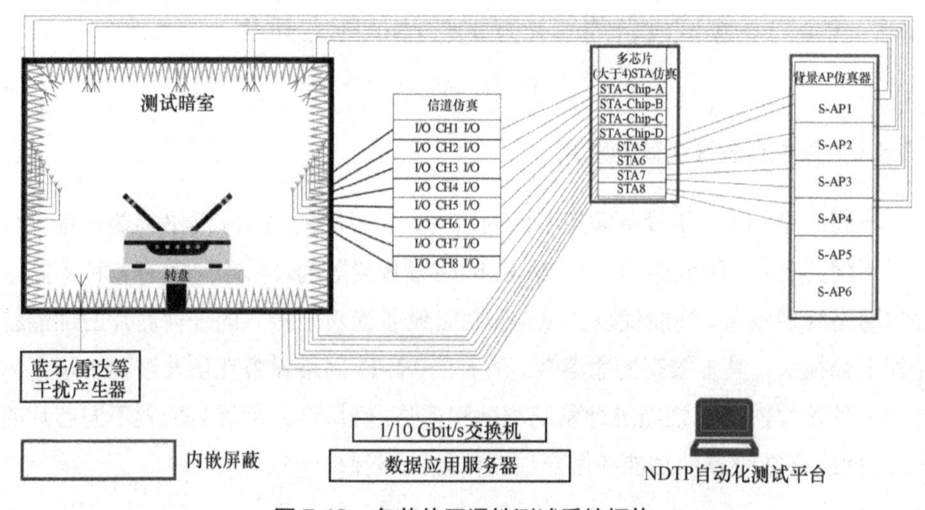

图 7-13 多芯片互通性测试系统拓扑

以上的测试系统平台基本可以覆盖各种芯片在各种场景如距离、时延、干扰、多用户以及各个芯片的 RVR 等互通性能测试需求。

7.2.4　Wi-Fi 6 测试自动化测试覆盖要求

针对 Wi-Fi 网络设备和 Wi-Fi 网络终端的测试场景非常多，需要遍历的配置也种类繁多，具体见表 7-4～表 7-7。这些测试内容需要测试系统具备完全自动化的测试能力才能提高测试效率、节省测试设备资源并保证测试结果的一致性。

表 7-4　Wi-Fi 6 测试内容

序号	Wi-Fi 6 协议测试内容	备注
1	2.4 GHz 上行 1 024QAM	协议
2	2.4 GHz 下行 1 024QAM	协议
3	5 GHz 上行 1 024QAM	协议
4	5 GHz 下行 1 024QAM	协议
5	2.4 GHz 上行 OFDMA	协议
6	2.4 GHz 下行 OFDMA	协议
7	5 GHz 上行 OFDMA	协议
8	5 GHz 下行 OFDMA	协议
9	2.4 GHz 上行 MU-MIMO	协议
10	2.4 GHz 下行 MU-MIMO	协议
11	5 GHz 上行 MU-MIMO	协议
12	5 GHz 下行 MU-MIMO	协议
13	2.4 GHz BSS Coloring	协议
14	5 GHz BSS Coloring	协议
15	2.4 GHz TWT	协议
16	5 GHz TWT	协议

表 7-5　数据传输性能测试内容

序号	数据传输性能测试内容	备注
1	2.4 GHz 20/40 MHz 强覆盖上行吞吐量	性能
2	2.4 GHz 20/40 MHz 强覆盖下行吞吐量	性能
3	2.4 GHz 20/40 MHz 强覆盖上下行并行吞吐量	性能
4	2.4 GHz 20/40 MHz 弱覆盖上行吞吐量	性能
5	2.4 GHz 20/40 MHz 弱覆盖下行吞吐量	性能
6	2.4 GHz 20/40 MHz 弱覆盖上下行并行吞吐量	性能
7	5 GHz 20/40/80/160 MHz 强覆盖上行吞吐量	性能
8	5 GHz 20/40/80/160 MHz 强覆盖下行吞吐量	性能
9	5 GHz 20/40/80/160 MHz 强覆盖上下行并行吞吐量	性能
10	5 GHz 20/40/80/160 MHz 弱覆盖上行吞吐量	性能
11	5 GHz 20/40/80/160 MHz 弱覆盖下行吞吐量	性能
12	5 GHz 20/40/80/160 MHz 弱覆盖上下行并行吞吐量	性能
13	单堵墙 20/40 MHz 带宽 2.4 GHz 吞吐量	性能
14	两堵墙 20/40 MHz 带宽 2.4 GHz 吞吐量	性能
15	单堵墙 20/40/80/160 MHz 带宽 5 GHz 吞吐量	性能
16	2.4 GHz 20/40 MHz 强覆盖同频干扰	性能
17	2.4 GHz 20/40 MHz 强覆盖邻频干扰	性能
18	5 GHz 20/40/80/160 MHz 强覆盖同频干扰	性能
19	2.4 GHz 20/40 MHz 弱覆盖同频干扰	性能
20	2.4 GHz 20/40 MHz 弱覆盖邻频干扰	性能
21	5 GHz 20/40/80/160 MHz 弱覆盖同频干扰	性能
22	2 个 2×2 MIMO 用户 80 MHz 带宽性能（若被测终端支持 4×4 MU-MIMO）	性能
23	2 个 2×2 MIMO 用户 160 MHz 带宽性能（若被测终端支持 4×4 MU-MIMO）	性能
24	4 个 2×2 MIMO 用户 80 MHz 带宽性能（若被测终端支持 8×8 MU-MIMO）	性能
25	4 个 2×2 MIMO 用户 160 MHz 带宽性能（若被测终端支持 8×8 MU-MIMO）	性能

（续表）

序号	数据传输性能测试内容	备注
26	LAN to WAN TCP 转发性能	性能
27	LAN to WAN UDP 转发性能	性能
28	LAN to LAN TCP 转发性能	性能
29	LAN to LAN UDP 转发性能	性能
30	Wi-Fi 和有线满负载性能	性能
31	2.4 GHz 20/40 MHz 带宽上行传输时延	性能
32	2.4 GHz 20/40 MHz 带宽下行传输时延	性能
33	5 GHz 20/40/80/160 MHz 带宽上行传输时延	性能
34	5 GHz 20/40/80/160 MHz 带宽下行传输时延	性能
35	2.4 GHz 漫游切换	性能
36	5 GHz 漫游切换	性能
37	2.4 GHz 最大独立射频 STA 连接数	性能
38	5 GHz 最大独立射频 STA 连接数	性能
39	多独立射频 STA 并发性能	性能
40	2.4 GHz 多独立射频 STA 并发性能	性能
41	2.4 GHz 多独立射频 STA（可定义 STA 数目，最大 64 个）上行并发性能	性能
42	2.4 GHz 多独立射频 STA（可定义 STA 数目，最大 64 个）下行并发性能	性能
43	2.4 GHz 20 MHz 带宽 RVR 性能	性能
44	2.4 GHz 40 MHz 带宽 RVR 性能	性能
45	5 GHz 20 MHz 带宽 RVR 性能	性能
46	5 GHz 40 MHz 带宽 RVR 性能	性能
47	5 GHz 80 MHz 带宽 RVR 性能	性能
48	5 GHz 160 MHz 带宽 RVR 性能	性能
49	5 GHz 多终端并发性能	性能
50	5 GHz 上行并发性能	性能
51	5 GHz 下行并发性能	性能

表 7-6 兼容性测试内容

序号	兼容性测试内容	备注
1	协议兼容性	性能
2	兼容 Wi-Fi 5	性能
3	兼容 Wi-Fi 4	性能
4	跨平台 STA 连接	性能
5	2.4 GHz 跨平台 STA 互通性	性能
6	5 GHz 跨平台 STA 互通性	性能
7	跨平台 AP 连接	性能
8	2.4 GHz 跨平台 AP 连接	性能
9	5 GHz 跨平台 AP 连接	性能

表 7-7 稳定性测试内容

序号	稳定性测试内容	备注
1	5×24 h 多终端模拟实际环境拷机	性能

参考文献

[1] 张路桥. 无线网络技术——原理、安全及实践[M]. 北京: 机械工业出版社, 2018.

[2] 华为. WLAN 从入门到精通-基础篇[Z]. 2017.

[3] 张智江, 胡云, 王健全, 等. WLAN 关键技术及运营模式[M]. 北京: 人民邮电出版社, 2014.

[4] 中国互联网络信息中心. 第 45 次《中国互联网络发展状况统计报告》[R]. 2020.

[5] 华为. Wi-Fi 6 技术白皮书[R]. 2020.

[6] 华为. 释放 Wi-Fi 的潜能 2019—2023 企业级 Wi-Fi 6 产业发展与展望白皮书[R]. 2019.

[7] 吴日海, 杨讯, 周霞, 等. 企业 WLAN 架构与技术[M]. 北京: 人民邮电出版社, 2019.

[8] 马修·加斯特. Wi-Fi 网络权威指南——802.11ac[M]. 李靖, 魏毅, 王赛, 等译. 西安: 西安电子科技大学出版社, 2018.

[9] 高峰, 李盼星, 杨文良, 等. HCNA-WLAN 学习指南[M]. 北京: 人民邮电出版社, 2015.

[10] 佟学俭, 罗涛. OFDM 移动通信技术原理与应用[M]. 北京: 人民邮电出版社, 2003.

[11] IEEE P802.11ax™/D3.0[Z]. 2018.

[12] 刘春晓, 周津, 王秀芹, 等. 无线 Mesh 网络中负载均衡路由技术研究[M].

北京: 科学出版社, 2019: 4-5.

[13] 柴远波, 郑晶晶. 无线 Mesh 网络应用技术[M]. 北京: 电子工业出版社, 2015: 1-5.

[14] Wi-Fi Alliance. Wi-Fi CERTIFIED WPA3 技术概述[Z]. 2018.